高等学校专科教材

高 等 数 学

（第三版）

（上册）

滕桂兰
杨万禄 编

天津大学出版社

内容提要

本书是根据教育部1998年颁布的全国成人高等教育工学专科高等数学课程教学基本要求编写的.

该书分上、下两册共十三章.上册内容为函数、极限与连续、导数与微分、中值定理与导数应用、不定积分、定积分、定积分应用.

本书每节后配有一定数量的习题,书末附有习题答案.每章后有总结,指出本章的基本要求、重点与难点、学习中应注意的几个问题.每章后配有综合性测验作业题,用来检查学生对本章基本内容掌握的程度.

本书可作为大学高职、高专及高等函授大学、夜大学、电视大学、职工业大、高等教育自学考试等专科生的教材,亦可供工程技术人员自学用书.

图书在版编目(CIP)数据

高等数学.上册/滕桂兰,杨万禄编.—修订版—天津:天津大学出版社,2000.1(2017.9重印)
ISBN 978-7-5618-0904-4

Ⅰ.高... Ⅱ.①滕...②杨... Ⅲ.高等数学-高等学校-教材 Ⅳ.013

中国版本图书馆CIP数据核字(1999)第29239号

出版发行 天津大学出版社
出 版 人 杨欢
地　　址 天津市卫津路92号天津大学内(邮编:300072)
网　　址 publish. fju. edu. cn
电　　话 营销部:022-27403647
印　　刷 昌黎县佳印印刷有限责任公司
经　　销 全国各地新华书店
开　　本 148mm×210mm
印　　张 10.5
字　　数 313千
版　　次 1996年10月第1版
印　　次 2017年9月第29次
定　　价 22.00元

第三版前言

本书自2003年再版以来，经过了十余年的教学实践，先后印刷28次. 为了进一步提高教材的质量，更好地满足提高教学质量的需要，我们认真总结了原教材在使用中存在的问题，对再版教材进行修改，作为第三版.

这次修改是根据教育部1998年的全国成人高等教育工学专科高等数学课程教学基本要求，结合我们十余年来教学实践的经验，吸取了使用本书教师提出的宝贵意见，并充分考虑到目前成人教育的现状和成人教育的特点，对再版教材进行了修改.

这次修改在内容及体系结构上没有大的变化，着重在文字叙述上做了一些修改，改正了叙述不确切或不妥之处，纠正了习题的错误答案. 本着成人专科教材“以应用为目的，以必须、够用为度”的原则，对再版教材的某些内容加上了“ * ”号. 对带“ * ”号的内容及例题、习题可根据不同专业的需要及学生实际情况而定，不做一般要求. 考虑到成人学习高等数学，感到比较抽象难懂，不易抓住要领，缺少解题思路，为此我们编写了一本与教材配套的《高等数学学习辅导》书，该书按照教材章节对应编写，每章紧扣教学基本要求，它可以作为本书的一个辅助性参考书. 我们希望学习辅导书能成为读者的不见面的无声辅导教师.

本书在编写修订过程中，虽然我们尽了很大的努力，但由于水平有限，仍会有些错误和不妥之处，恳请各位读者批评指正.

编者

2017年1月于天津大学

前　　言

高等数学(上、下册)是根据全日制大学专科教学大纲和“全国普遍高等理工院校成人教育研究会数学研究组”制定的专科高等数学课程的基本要求编写的.

本书可作为大学专科、高等专科学校及高等函授大学、夜大学、电视大学、职工业大等专科生学习高等数学的教材.

在编写本书时,我们力求做到:概念清楚,重点突出,条理清晰,文字准确,通俗易懂,便于自学;注重基本运算能力的培养.为此在教材中配有适量的例题,通过这些例题的讲解和分析,帮助学员加深对基本内容的理解,提高他们解决问题的能力;贯彻少而精的原则,力求基本内容写清楚,写透彻,写详细,对一些枝节问题避免冗长的述叙,以专业和后继课程够用为度.

本书各节都配有适量的习题,并在书末附有答案,在各章内容之后安排本章综合性的测验作业题,用来检查和考核学生对本章基本内容掌握的程度.

书中标有 * 号的章节,可供有关专业选用.标有 * 号的例题和习题不做一般要求,可供学员选读.

考虑到成人学习高等数学,往往感到比较抽象难懂,不易抓住要领,缺少解题思路,为此,配合高等数学(上、下册)的学习,我们已出版了《高等数学自学辅导》,它可作为学习本书的一个辅助性的参考书,希望能起到一个无声辅导教师的作用.

全书分上、下两册,共十三章.第一、二、三、八、九、十、十一章由杨万禄编写.第四、五、六、七、十二、十三章由滕桂兰编写.

本书在编写过程中得到天津大学成人教育学院和天津大学出版社的热情支持,在此表示深切的感谢.

由于我们教学经验和水平所限,错误和不妥之处恳切希望读者批评指正.

编者

1991 年 10 月于天津大学.

目 录

第1章 函 数

函数是高等数学研究的主要对象,也是高等数学中最重要的基本概念之一,是学习微积分的基础.本章将在中学数学已有函数知识的基础上,进一步理解函数概念,并介绍反函数、复合函数以及初等函数的主要性质.

1.1 函数

1.1.1 常量与变量

1. 常量与变量

在观察各种自然现象或实验过程中,会遇到很多的量.这些量一般可分为两种:一种量在某过程中不起变化,保持一定的数值,这种量称为常量;还有一种在某过程中变化的量,即可取不同的数值的量,这种量称为变量.

例如,自由落体的下降速度和下落的距离是不断变化的,它们都是变量;而自由落体的质量在这一过程中则保持不变,因而是常量.

一个量是常量还是变量,要在具体问题中作具体分析.例如,火车行驶时的速度.在开始阶段或刹车阶段是变化的,因而在该过程中是变量;在匀速行驶时速度不变,因而是常量.

通常用字母 a、b、c 等表示常量;用字母 x、y、z 等表示变量.在数学上把常量与变量又分别叫做常数与变数.在几何上,如果一个数 a 是常数,则用数轴上的一个定点表示;如果数 x 是变数,则用数轴上的一个动点表示.

2. 变量变化范围的表示方法

任何一变量,总有一定的变化范围.例如,一天的时间 t 所取的值,总是介于0到24(小时)之间,即变量 t 的变化范围是0～24.如果变量的变化是连续的,变量的变化范围常常是用区间来表示.下面我们列表给出区间的名称、定义和符号.

名　称	定　义	符　号
闭区间	$a\leqslant x\leqslant b$	$[a,b]$
开区间	$a<x<b$	(a,b)
左半开区间	$a<x\leqslant b$	$(a,b]$
右半开区间	$a\leqslant x<b$	$[a,b)$
无限区间	$a<x$	$(a,+\infty)$
无限区间	$a\leqslant x$	$[a,+\infty)$
无限区间	$x<b$	$(-\infty,b)$
无限区间	$x\leqslant b$	$(-\infty,b]$
无限区间	$-\infty<x<+\infty$	$(-\infty,+\infty)$

注意　$+\infty$和$-\infty$分别读做“正无穷大”和“负无穷大”,它们不是数,仅仅是个记号.在数轴上,表示区间的端点时,实圆点“·”表示区间包括端点;空心圆点“◦”表示区间不包括端点.

例1　满足不等式$-\pi\leqslant x<\pi$的全体实数x,是右半开区间,记做$[-\pi,\pi)$.在数轴上可用图1-1表示出来.

例2　满足不等式$-\infty<x\leqslant 2$的全体实数x,是无限区间,记做$(-\infty,2]$.在数轴上可用图1-2表示.

图1-1　　　　图1-2

1.1.2　绝对值与邻域

1.绝对值

定义　任意实数a的绝对值用符号“$|a|$”表示,定义为

$$|a|=\begin{cases}a, & a\geqslant 0,\\ -a, & a<0.\end{cases}$$

由定义可知,任何一个实数a的绝对值是非负的.显然有

$$|a|=\sqrt{a^2},\ |-a|=|a|.$$

a的绝对值$|a|$,在几何上表示数轴上的点a到原点的距离.

由绝对值的定义,还可以得到下列一些论断:

(1) $-|a|\leqslant a\leqslant|a|$. (1)

事实上,如果 $a\geqslant0$,有 $-|a|\leqslant a=|a|$;如果 $a<0$,有 $-|a|=a<|a|$.因此,对任何实数 a,式(1)总是成立的.

(2) $|x|<r \quad (r>0)$,与 $-r<x<r$ 是等价的.即,若 $|x|<r$,则有 $-r<x<r$;反之,若 $-r<x<r$,则有 $|x|<r$.

事实上,从几何上看这是非常显然的,因为 $|x|<r$,表示点 x 与原点的距离小于 r,所以点 x 必落在区间 $(-r,r)$ 内,即 $-r<x<r$;反之,若 $-r<x<r$ 成立,则点 x 落在区间 $(-r,r)$ 内,所以点 x 与原点的距离小于 r,因而有 $|x|<r$.

同理还可以得到,绝对值不等式 $|x-a|<r$.与 $a-r<x<a+r$ 是等价的.

(3) $|x|>N \quad (N>0)$,与 $x>N$ 和 $x<-N$ 是等价的,请读者自证.

绝对值的性质

(1) $|a+b|\leqslant|a|+|b|$.

(2) $|a-b|\geqslant|a|-|b|$.

(3) $|ab|=|a||b|$.

(4) $\left|\frac{a}{b}\right|=\frac{|a|}{|b|} \quad (b\neq0)$.

证(1) 由公式(1)得

$$-|a|\leqslant a\leqslant|a|,$$

$$-|b|\leqslant b\leqslant|b|,$$

把两式相加,得

$$-(|a|+|b|)\leqslant a+b\leqslant|a|+|b|,$$

它与不等式

$$|a+b|\leqslant|a|+|b|,$$

等价,性质(1)得证.

证(2) 因为 $|a|=|(a-b)+b|$,利用性质(1)得,

$$|(a-b)+b|\leqslant|a-b|+|b|,$$

于是 $\quad |a|\leqslant|a-b|+|b|,$

即 $\quad |a-b|\geqslant|a|-|b|.$

性质(2)得证.

关于绝对值乘法和除法的性质(3)、(4)利用绝对值的定义,即可得证.

2. **邻域**

定义　设 a 与 δ 是两个实数,而 $\delta>0$,满足不等式

$$|x-a|<\delta \tag{2}$$

的实数 x 的全体称为点 a 的 δ 邻域.点 a 称为邻域的中心,δ 称为邻域的半径.不等式又可写成

$$-\delta<x-a<\delta \text{ 或 } a-\delta<x<a+\delta.$$

因此,点 a 的 δ 邻域就是以点 a 为中心,而长度为 2δ 的开区间 $(a-\delta, a+\delta)$,如图 1-3.

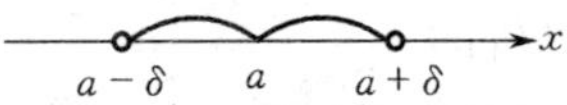

$a-\delta$　a　$a+\delta$　x

图 1-3

例 3　点 2 的 $\delta=\frac{5}{2}$ 的邻域,可表示为

$$|x-2|<\frac{5}{2},$$

即 $$2-\frac{5}{2}<x<2+\frac{5}{2},$$

即 $$-\frac{1}{2}<x<\frac{9}{2},$$

该邻域是开区间 $\left(-\frac{1}{2}, \frac{9}{2}\right)$.

1.1.3　函数概念

在某一自然现象或实验过程中,往往同时遇到两个或多个变量,这些变量不是孤立地变化,而是互相联系、互相依赖,遵循着一定的规律变化.下面仅就两个变量的情形举例说明.

例 4　圆的面积 S 与它的半径 r 间的关系,由公式 $S=\pi r^2$ 确定.当半径 r 取某一正的数值时,圆面积 S 相应地有一个确定的数值.

例 5　在初速度为零的自由落体运动中,路程 s 和时间 t 是两个变

量，当时间 t 变化时，所经历的路程也相应地变化，它们之间有下列关系：

$$s=\frac{1}{2}gt^2, 0\leqslant t\leqslant T, g \text{ 是重力加速度(常量)}.$$

例 6 两个质点做相对运动，彼此间的距离 r 与相互作用的引力 f 是两个变量．根据万有引力定律，它们之间的关系式是

$$f=G\frac{m_1 m_2}{r^2} \quad (G \text{ 是引力常数}, m_1、m_2 \text{ 是两质点的质量}).$$

上述三例都表达了两个变量之间的依赖关系，这种依赖关系给出了一种对应规律．根据这种对应规律，当其中一个变量在某一个范围内取一个数值时，另一个变量就有一个确定的值与之对应，两个变量间的这种对应关系就是函数关系．

定义 设有两个变量 x 和 y，如果当变量 x 在实数的某一范围 I 内，任意取定一个数值时，变量 y 按照一定的规律，总有一个确定数值和它对应，则变量 y 称为变量 x 的函数，记做

$$y=f(x), x\in I.$$

其中变量 x 称为自变量，变量 y 称为函数(或因变量)．自变量的取值范围 I，称为函数的定义域．

在函数的定义中要着重理解以下几点：

(1)函数的两个要素　函数的定义表明函数是由定义域和对应规律所确定的．对两个变量只要给出定义域和对应规律就构成了一个函数关系．因此，又把函数的定义域和对应规律称为函数的两个要素．

(2)函数的定义域　如果自变量取某一数值 x_0 时，函数有一个确定的值和它对应，那末就称函数在 x_0 处有定义．因此函数的定义域就是使函数有定义的实数的全体．如何确定函数的定义域呢？通常是按下面两种情况考虑：

①对于实际问题，是根据问题的实际意义具体确定．如例 4 函数的定义域为$(0,+\infty)$，因为半径不能取负值．例 5 函数的定义域为$[0,T]$，其中 T 为自由落体落地的时间．

②函数由公式给出时，不考虑函数的实际意义，这时函数的定义域

就是使表达式有意义的自变量的一切实数值.

例 7 求函数 $y=\frac{1}{x+1}$的定义域.

解 显然只有在分母 $x+1\neq 0$,即 $x\neq -1$ 时,表达式才有意义.因此,函数的定义域为 $x\neq -1$ 的全体实数,即$(-\infty,-1)$和$(-1,+\infty)$.

例 8 求函数 $y=\frac{1}{\sqrt{1-x^2}}$的定义域.

解 因为根式$\sqrt{1-x^2}$中的 $1-x^2$ 不能为负,又因为这个根式是分母,不能为零.因此,必须有 $1-x^2>0$,即 $x^2<1$,故函数的定义域为

$-1<x<1$,或写成$(-1,1)$.

例 9 求 $y=\ln(x-1)$的定义域.

解 因为对数的真数必须大于零,故 $x-1>0$,或 $x>1$.即函数的定义域为 $x>1$,或写成$(1,+\infty)$.

例 10 求函数 $y=\sqrt{(x-a)(b-x)}\quad(b>a>0)$的定义域.

解 因为根式内的$(x-a)(b-x)$不能为负,即 x 满足不等式

$$(x-a)(b-x)\geqslant 0.$$

它可分为两种情况.x 适合不等式组:

$$\begin{cases}x-a\geqslant 0,\\ b-x\geqslant 0;\end{cases}\tag{3}$$

或者适合不等式组:

$$\begin{cases}x-a\leqslant 0,\\ b-x\leqslant 0.\end{cases}\tag{4}$$

由(3)可以解出:$a\leqslant x\leqslant b$,而(4)无解.因此函数的定义域为$a\leqslant x\leqslant b$,或写成$[a,b]$.

例 11 求函数 $y=\sqrt{x^2-x-6}+\arcsin\frac{2x-1}{7}$的定义域.

解 此题是求两个函数之和的定义域,先分别求出每个函数的定义域.$\sqrt{x^2-x-6}$的定义域必须满足 $x^2-x-6\geqslant 0$,即

$$(x-3)(x+2)\geqslant 0,$$

解得 $x \geqslant 3$，或 $x \leqslant -2$.

而 $\arcsin \dfrac{2x-1}{7}$ 的定义域是 $\left|\dfrac{2x-1}{7}\right| \leqslant 1$，即

$$-7 \leqslant 2x-1 \leqslant 7,$$

解得 $-3 \leqslant x \leqslant 4$.

这两个函数定义域的公共部分是：$-3 \leqslant x \leqslant -2$ 与 $3 \leqslant x \leqslant 4$，于是，所求函数的定义域是：

$$-3 \leqslant x \leqslant -2 \text{ 与 } 3 \leqslant x \leqslant 4.$$

(3)函数记号　函数记号 $y=f(x)$ 表示 y 是 x 的函数.如果函数关系由某个式子具体给出时，记号“$f(\quad)$”表示 x 与 y 之间的确定的对应规律.如例 5 中 s 是 t 的函数写成 $s=f(t)$，则 $f(t)=\frac{1}{2}gt^2$.再如，$y=f(x)=x^2-2x+3$，对于这个具体函数，记号 $f(\quad)=(\quad)^2-2(\quad)+3$，表示把 x 代入括号内进行运算而得到 y.

y 是 x 的函数，可以记做 $y=f(x)$，也可以记做 $y=G(x)$ 或 $y=F(x)$ 等.但同一函数在讨论中应取定同一种记法.同一问题中涉及多个函数时，则应取不同的记号分别表示它们各自的对应规律.为方便起见，有时也用记号 $y=y(x)$，$u=u(x)$，$s=s(x)$ 等表示函数.

(4)函数值　对于函数 $y=f(x)$，当自变量 x 在定义域内取得值 x_0，函数 $f(x)$ 的对应值 y_0，叫做当 $x=x_0$ 时的函数值，记做

$$y_0=f(x_0)，\text{或 } y\big|_{x=x_0}=y_0.$$

注意　$f(x_0)$ 与 $f(x)$ 的区别，前者是一个固定值，后者一般地是变量.在函数的定义中规定对于自变量 x 的确定值，函数 y 只有一个值与其对应(单值函数).但有时会遇到变量 y 有一个以上的值与之对应的情形，此时我们称 y 是 x 的多值函数.对于变量 y 多值的情形，我们限制 y 的取值范围使之成为单值，再进行研究，例如反三角函数 $y=\mathrm{Arcsin}\,x$，它是多值的，当 y 限制在 $-\frac{\pi}{2} \leqslant y \leqslant \frac{\pi}{2}$ 时，就是单值的(这时反正弦函数记为 $y=\arcsin x$).当我们研究了 $y=\arcsin x$ 之后，对 $y=\mathrm{Arcsin}\,x$ 也就不难了解了.

例 12　求函数 $f(x)=x^2-2x+3$,在 $x=3$,$x=x_0+\Delta x$ 处的函数值.

解　$x=3$ 时,$f(3)=(3)^2-2(3)+3=6$.

$x=x_0+\Delta x$ 时,

$$\begin{aligned} f(x_0+\Delta x) &= (x_0+\Delta x)^2-2(x_0+\Delta x)+3 \\ &= x_0^2+2x_0(\Delta x-1)+\Delta x(\Delta x-2)+3. \end{aligned}$$

例 13　设 $f(x)=\dfrac{1}{x}\sin\dfrac{1}{x}$,求 $f(\dfrac{2}{\pi})$.

解　$f(\dfrac{2}{\pi})=\dfrac{1}{\dfrac{2}{\pi}}\sin\dfrac{1}{\dfrac{2}{\pi}}=\dfrac{\pi}{2}\sin\dfrac{\pi}{2}=\dfrac{\pi}{2}$.

例 14　设 $f(x+1)=x^2+3x+5$,求 $f(x)$.

解　令 $t=x+1$,则 $x=t-1$,代入上式得

$$\begin{aligned} f(t) &= (t-1)^2+3(t-1)+5 \\ &= t^2+t+3, \end{aligned}$$

即　$$f(x)=x^2+x+3.$$

例 15　设 $f(x)=e^x$,证明 $\dfrac{f(x)}{f(y)}=f(x-y)$.

证　$\dfrac{f(x)}{f(y)}=\dfrac{e^x}{e^y}=e^{x-y}=f(x-y)$.

1.1.4　函数的表示法

函数通常有三种表示法:表格法、图示法和公式法(或解析法).

1. 表格法

表格法就是把自变量 x 与因变量 y 的一些对应值用表格列出.例如常用的平方表、对数表、三角函数表等都是用表格法表示函数的.表格法表示函数的优点是使用方便.

2. 图示法

把自变量 x 与因变量 y 当做平面直角坐标系中点的横坐标与纵坐标,y 是 x 的函数可用直角坐标系中的平面曲线表示.

例如,$y=f(x)$是定义在区间$[a,b]$上的一个函数.在平面上取定

直角坐标系后，对于区间$[a,b]$上的每一个x，由$y=f(x)$都可确定平面上一点$M(x,y)$，当x取遍$[a,b]$中所有值时，点$M(x,y)$描出一条平面曲线，称为函数$y=f(x)$的图形，如图1-4.

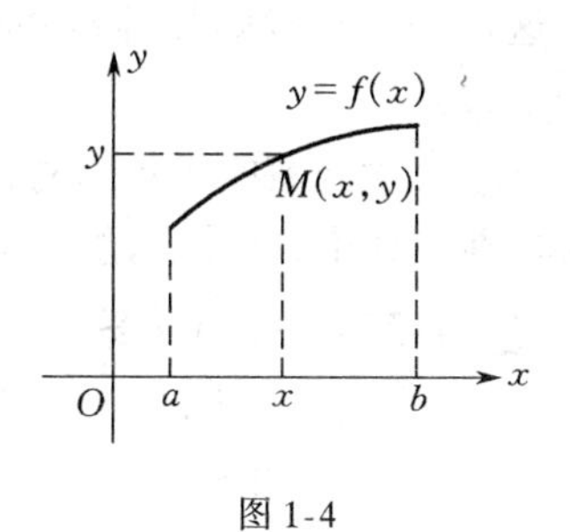

图1-4

图示法表示函数的优点是直观性强，函数的变化一目了然，并且便于研究函数的几何性质，缺点是不便于做理论上的推导运算.

3.公式法(解析法)

把两个变量之间的函数关系直接用数学公式表出，对数学公式进行运算就可由自变量的值得到对应的函数值.在高等数学中所涉及的函数大多数是用公式法给出的.例如：

$$s=\frac{1}{2}gt^2, S=\pi r^2, y=3x^2-2x+1,$$

等等，都是用公式法表示的函数.

用公式法表示函数的优点是便于对函数进行理论上的研究，简明准确，便于计算.缺点是不够直观.为了克服这个缺点，有时将函数同时用公式法与图示法表示，这样对函数既便于理论上的研究，又具有直观性强、一目了然的优点.

用公式法表示函数时，有时自变量x在不同范围内需要用不同的式子来表示，这种函数称为“分段函数”.例如，旅客携带行李旅行时，行李的重量不超过20千克时不收费.若超过20千克，每超过1千克收运费0.1元，运费y就是行李重量x的一个分段函数.

因为，当$0\leqslant x\leqslant 20$时，$y=0$；当$x>20$时，只有超过的部分$(x-20)$收运费，因而$y=0.1(x-20)$，于是函数$y=f(x)$可写成如下形式：

$$y=f(x)=\begin{cases}0, & 0\leqslant x\leqslant 20,\\ 0.1(x-20), & 20<x.\end{cases}$$

这个函数在定义域不同的范围内，函数是用不同的式子分段表示的，所以这是一个分段函数. 需要注意的是, 分段函数是一个函数, 而不是两个函数.

求分段函数的函数值时, 应把自变量的值代入所对应的式子中去. 例如在上式中, 当 $x=12$ 时, 应代入第一个式子中求 y 值, 得 $y|_{x=12}=0$. 当 $x=25$ 时, 应代入第二个式子求 y 值, 得

$$y|_{x=25}=0.1(25-20)=0.5.$$

例 16 已知函数

$$y=f(x)=\begin{cases}-1, & x<0,\\ 0, & x=0,\\ x^2+1, & x>0.\end{cases}$$

试求: $f(-3)$, $f(0)$, $f(3)$.

解 因为 $x=-3<0$, 所以 $f(-3)=-1$; 当 $x=0$, $f(0)=0$; 因为 $x=3>0$, 所以 $f(3)=3^2+1=10$. 函数的图形如图 1-5 所示.

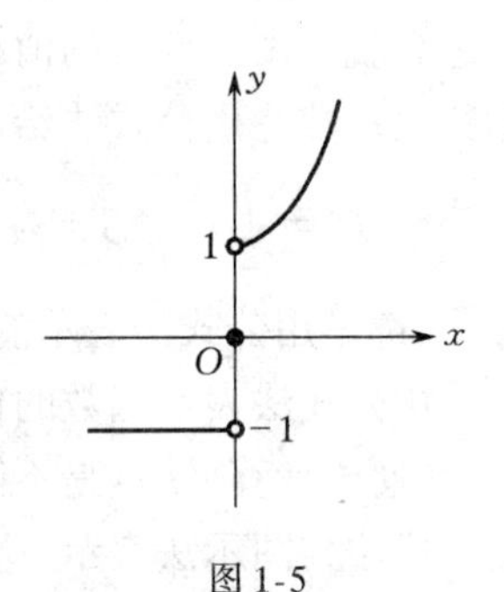

图 1-5

1.1.5 函数的几种性质

1. 函数的有界性

我们知道三角函数 $y=\sin x$, $y=\cos x$, 它们的函数值总介于 -1 与 $+1$ 之间, 即

$$|\sin x|\leqslant 1, |\cos x|\leqslant 1.$$

而函数 $y=x^2$ 的函数值则不然, 对于不管怎样大的正数 M, 总可以找到 x, 使 $x^2>M$. 为了区别这两种函数的性态, 我们给出有界函数与无界函数的定义.

定义 设 I 为某一区间, 如果存在一个正数 M, 使得对一切 $x\in I$ (读 x 属于 I), 都有

$$|f(x)|\leqslant M,$$

则称函数 $f(x)$ 在区间 I 内有界, 如果这样的 M 不存在, 则称函数 $f(x)$ 在区间 I 内无界.

例如，$y=\sin x$，$y=\cos x$ 在 $(-\infty,+\infty)$ 内有界，而函数 $y=\dfrac{1}{x}$ 在 $(0,1)$ 内无界，因为不存在这样正数 M，使对于 $(0,1)$ 内的一切 x 值，都有 $\left|\dfrac{1}{x}\right|\leqslant M$ 成立．但是 $f(x)=\dfrac{1}{x}$ 在 $(1,2)$ 内是有界的．例如，取 $M=1$，对一切 $x\in(1,2)$ 都有 $\left|\dfrac{1}{x}\right|\leqslant 1$．

因此，函数是否有界，不仅与函数有关，而且还与给定的区间有关．

2．函数的单调性

有些函数如 $y=x$，$y=x^3$，$y=e^x$ 等，函数值随自变量 x 的增大而增大，其图形从左向右上升；而有的函数则相反，如 $y=x^2$ 在 $(-\infty,0)$ 内，函数值随 x 的增大而减小，具有这种性质的函数，在所给定的区间内都是单调函数．

定义　如果在区间 (a,b) 内，任取两点 $x_1<x_2$，都有

$$f(x_1)<f(x_2)\ (\text{或 } f(x_1)>f(x_2)),$$

则称函数 $f(x)$ 在 (a,b) 内是单调增（或单调减）函数．

单调增函数与单调减函数统称为单调函数．

单调增函数的图形是沿横轴正向上升的（图 1-6），单调减函数的图形是沿横轴正向下降的（图 1-7）．

例如，函数 $f(x)=x^3$ 在 $(-\infty,+\infty)$ 上是单调增的（图 1-8），函数 $f(x)=x^2$ 在 $(-\infty,0)$ 上是单调减的，而在 $(0,+\infty)$ 上是单调增的（图 1-9），在 $(-\infty,+\infty)$ 上 $f(x)=x^2$ 不是单调函数．

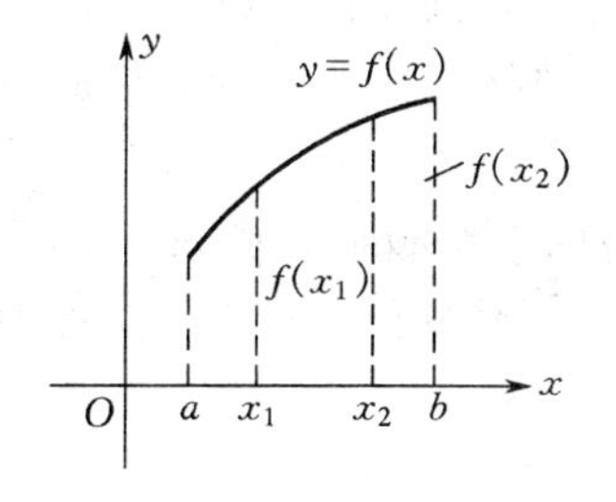

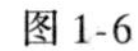
图 1-6

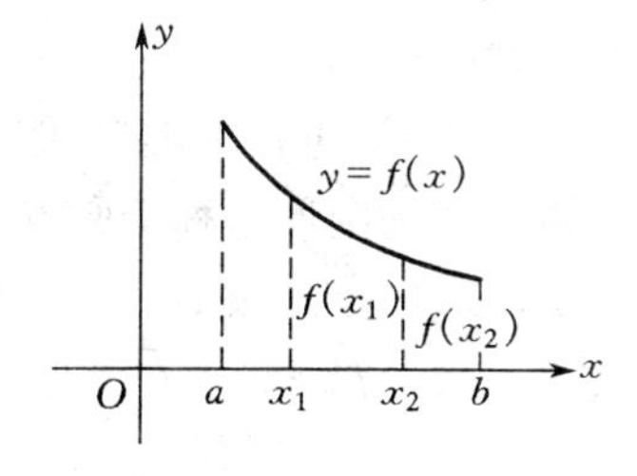

图 1-7

例 17　证明函数 $f(x)=1-\ln x$ 在定义域 $(0,+\infty)$ 上是单调减

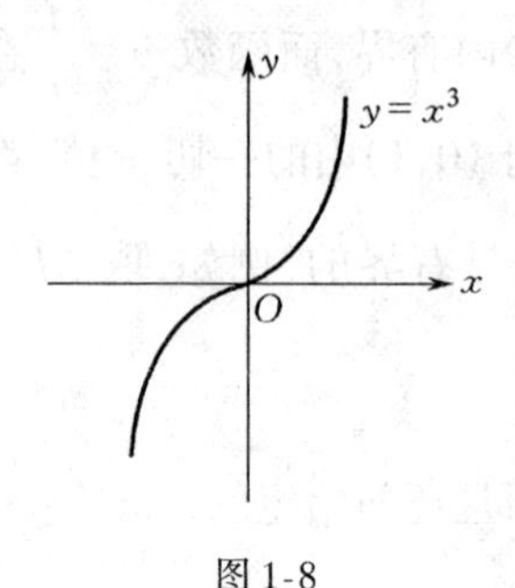

图 1-8

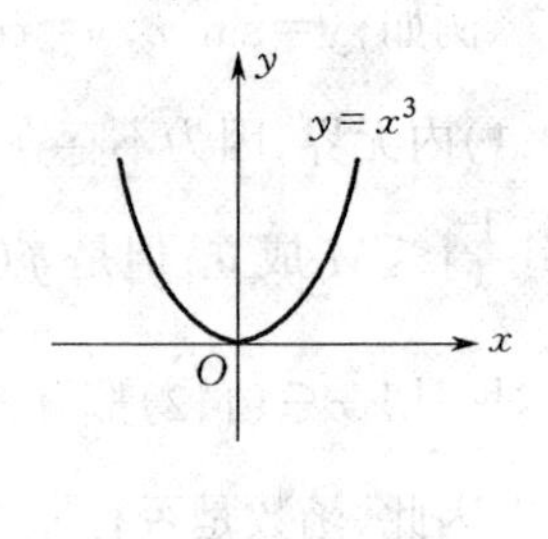

图 1-9

函数.

证　任取 x_1,x_2 两点,满足 $0<x_1<x_2<+\infty$,则有

$$f(x_1)-f(x_2)=(1-\ln x_1)-(1-\ln x_2)$$
$$=\ln\frac{x_2}{x_1}>0.$$

根据单调函数的定义,知 $f(x)=1-\ln x$ 在 $(0,+\infty)$ 上是单调减函数.

3. 函数的奇偶性

定义　设函数 $f(x)$ 的定义域 I 对称于原点,如果 I 内的任何 x 都满足 $f(-x)=f(x)$,则称这个函数为偶函数;如果都满足 $f(-x)=-f(x)$,则称这个函数为奇函数.

例如, $f(x)=x^2$ 是偶函数,因为 $f(-x)=(-x)^2=x^2=f(x)$,而 $f(x)=x^3$ 是奇函数,因为 $f(-x)=(-x)^3=-x^3=-f(x)$.

偶函数的图形对称于 y 轴.因为如果 $f(x)$ 是偶函数,则 $f(-x)=f(x)$,因此若 $A(x,f(x))$ 是图形上的点,则与它关于 y 轴对称的点 $A'(-x,f(x))$ 也在图形上(图 1-10).

奇函数的图形对称于原点.因为如果 $f(x)$ 是奇函数,则 $f(-x)=-f(x)$,因此若 $A(x,f(x))$ 是图形上的点,则与它关于原点对称的点 $A'(-x,-f(x))$ 也在图形上(图 1-11).

注意　并不是任何函数都具有奇偶性,例如 $y=(x+1)^2$, $y=\sin x+x^2$, $y=e^x$ 等,都既不是奇函数,也不是偶函数.

例 18　判断下列函数的奇偶性.

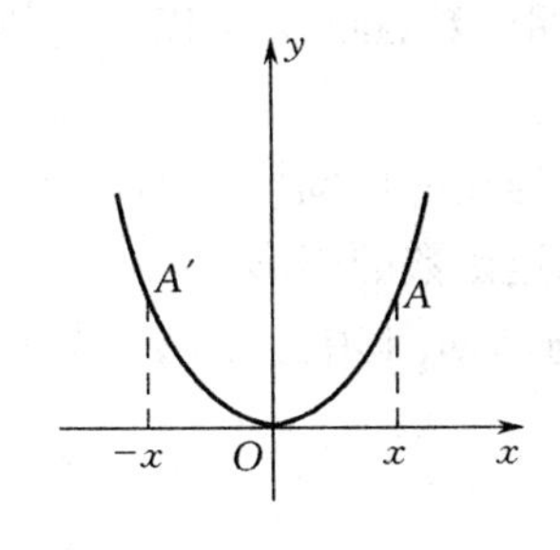

图 1-10

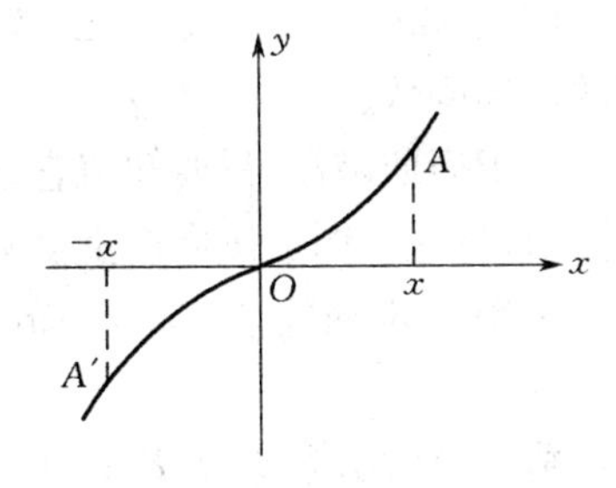

图 1-11

(1) $f(x)=x\sin x$； (2) $f(x)=\sin x-\cos x$；

(3) $f(x)=\ln(x+\sqrt{x^2+1})$.

解 根据函数的奇偶性定义：

$$(1)\ f(-x)=(-x)\cdot\sin(-x)=x\sin x=f(x),$$

所以 $f(x)=x\sin x$ 是偶函数.

$$(2)\ f(-x)=\sin(-x)-\cos(-x)=-\sin x-\cos x,$$

所以 $f(x)=\sin x-\cos x$ 既不是奇函数也不是偶函数。

$$\begin{aligned}(3)\ f(-x)&=\ln(-x+\sqrt{(-x)^2+1})\\&=\ln(-x+\sqrt{x^2+1})\\&=\ln\left[(\sqrt{x^2+1}-x)\cdot\frac{x+\sqrt{x^2+1}}{x+\sqrt{x^2+1}}\right]\\&=\ln\frac{1}{x+\sqrt{x^2+1}}=-f(x).\end{aligned}$$

所以 $f(x)=\ln(x+\sqrt{x^2+1})$ 是奇函数.

4. 函数的周期性

定义 对于函数 $y=f(x)$，如果存在一个不为零的常数 T，使得对于定义域 I 内的任何 x 值恒有

$$f(x+T)=f(x) \qquad (x+T\in I),$$

则称函数 $f(x)$ 为周期函数，且称 T 为 $f(x)$ 的周期.

显然，如果 $f(x)$ 以 T 为周期，则 nT 也是 $f(x)$ 的周期（$n=\pm1,\pm2\cdots$）. 一般我们说周期函数的周期是指最小正周期.

例如，$\sin x$，$\cos x$ 是以 2π 为周期的周期函数，$\tan x$ 是以 π 为周期的周期函数.

对于周期函数，只要知道它在长度为 T 的任一区间 $[a, a+T]$ 上的图形，将这个图形按周期重复下去，就得到这函数的图形.

例 19 求函数 $f(t)=A\sin(\omega t+\varphi)$ 的周期，其中 A,ω,φ 为常数.

解 设所求周期为 T，由于

$$
\begin{aligned}
f(t+T) &= A\sin[\omega(t+T)+\varphi] \\
&= A\sin[\omega t+\varphi+\omega T],
\end{aligned}
$$

要使

$$f(t+T)=f(t),$$

即

$$A\sin[(\omega t+\varphi)+\omega T]=A\sin(\omega t+\varphi)$$

成立，只须

$$\omega T=2n\pi \quad (n=0,\pm 1,\pm 2,\cdots).$$

使 $f(t+T)=f(t)$ 成立的最小正数 $T=\dfrac{2\pi}{\omega}(n=1)$，所以 $f(t)=A\sin(\omega t+\varphi)$ 是以 $\dfrac{2\pi}{\omega}$ 为周期的周期函数.

1.1.6 反函数

在研究两个变量之间函数关系时，可以根据问题的需要，选定其中一个为自变量，则另一个就是函数. 例如在研究自由落体的路程 s 随时间 t 的变化规律时，选定时间 t 为自变量，路程 s 为函数，则 s 与 t 的函数关系是

$$s=\frac{1}{2}gt^2.$$

如果问题是讨论由物体下落的距离来确定所需的时间，这时就可以把 s 取做自变量，而 t 取做函数，t 与 s 的函数关系由公式 $s=\dfrac{1}{2}gt^2$ 解出，

$$t=\sqrt{\frac{2s}{g}}.$$

称函数 $t=\sqrt{\frac{2s}{g}}$ 是函数 $s=\frac{1}{2}gt^2$ 的反函数.

定义 设给定 y 是 x 的函数 $y=f(x)$,如果把 y 当做自变量,x 当做函数,则由关系式 $y=f(x)$ 所确定的函数 $x=\varphi(y)$,叫做函数 $y=f(x)$ 的反函数,而 $y=f(x)$ 叫做直接函数.

显然,如果 $x=\varphi(y)$ 是 $y=f(x)$ 的反函数,则函数 $y=f(x)$ 也是函数 $x=\varphi(y)$ 的反函数.

在习惯上总是用 x 表示自变量,而用 y 表示函数.因此,往往把 $x=\varphi(y)$ 中的自变量 y 改写成 x,函数 x 改写成 y,这样 $y=f(x)$ 的反函数就写成 $y=\varphi(x)$.

函数 $x=\varphi(y)$ 与 $y=\varphi(x)$ 是同一函数,因为函数 $x=\varphi(y)$ 与 $y=\varphi(x)$ 的对应规律和定义域都是相同的,所不同的只是表示函数与自变量的字母不同,这是无关紧要的. $y=f(x)$ 的反函数也常用符号 $y=f^{-1}(x)$ 表示.

例 20 求函数 $y=2x-1$ 的反函数,并在同一直角坐标系中作出它们的图形.

解 由 $y=2x-1$ 解出 x 得

$$x=\frac{y+1}{2}.$$

即函数 $y=2x-1$ 的反函数是 $x=\frac{y+1}{2}$,或写成 $y=\frac{x+1}{2}$. 函数 $y=2x-1$ 与它的反函数 $y=\frac{x+1}{2}$ 图形,如图 1-12.

从图 1-12 可以看出,在直角坐标系中函数 $y=2x-1$ 的图形与它的反函数 $y=\frac{1}{2}x+\frac{1}{2}$ 的图形是关于直线 $y=x$ 对称的.这个结论具有一般性.即函数 $y=f(x)$ 和它的反函数 $y=f^{-1}(x)$,在同一直角坐标系中的图形是关于直线 $y=x$ 对称的(图 1-13).

函数 $y=f(x)$ 的反函数不一定是单值的.例如,$y=x^2$ 是单值的,而它的反函数

$$x=\pm\sqrt{y}$$

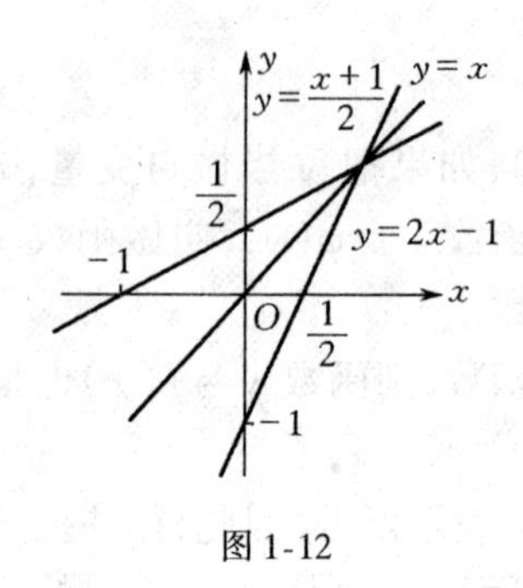

图 1-12

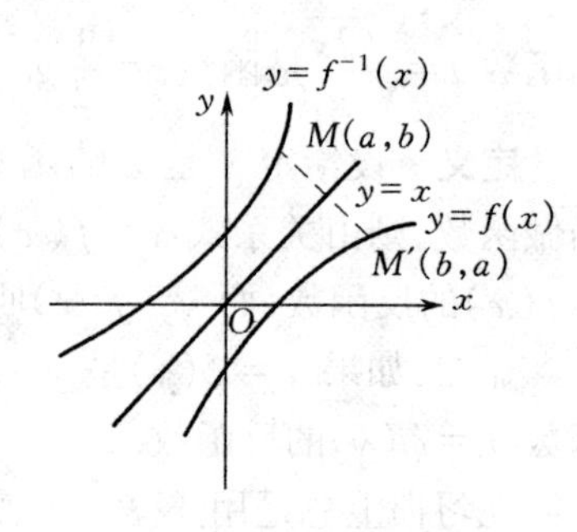

图 1-13

则是双值的.如果把 x 限制在$(0,+\infty)$内,则 $y=x^2$ 的反函数

$$x=\sqrt{y}(\text{或写成 } y=\sqrt{x})$$

是单值的.

那么,直接函数具备什么条件,它的反函数一定是单值函数呢?下面给出一个定理.

定理　如果函数 $y=f(x)$在区间$[a,b]$上是单调的,则它的反函数 $y=f^{-1}(x)$存在,且是单值、单调的(证明从略).

习　题　1-1

1.将下列不等式用区间记号表示.

(1)$2<x\leqslant 6$;　　(2)$|x-2|\geqslant 1$;

(3)$|x-3|<4$;　　(4)$(x-1)(x+2)<0$.

2.下列函数是否表示同一函数?为什么?

(1)$f(x)=\lg x^2$,　　$g(x)=2\lg x$;

(2)$f(x)=x$,　　$g(x)=\sqrt{x^2}$;

(3)$f(x)=\sqrt{1-\cos^2 x}$,　　$g(x)=\sin x$;

(4)$f(x)=\sin^2 x+\cos^2 x$,　　$g(x)=1$.

3.求下列函数的定义域.

(1)$y=\sqrt{x^2-4}$;　　(2)$y=\ln x+\arcsin x$;

(3)$y=\dfrac{2x}{x^2-3x+2}$;　　(4)$y=\dfrac{x}{\sqrt{x^2-3x+2}}$.

4. 求函数值

(1) $f(x)=\dfrac{x-2}{x+1}$，求 $f(0), f(1), f(-\dfrac{1}{2}), f(a)$；

(2) $f(x)=\dfrac{1-x}{1+x}$，求 $f(-x), f(x+1), f(\dfrac{1}{x})$；

(3) $f(x)=ax+b$，求 $g(x)=\dfrac{f(x+h)-f(x)}{h}$.

5. 设 $f(x+1)=x^2+3x+5$，求 $f(x), f(x-1)$.

6. 设 $f(t)=2t^2+\dfrac{2}{t^2}+\dfrac{5}{t}+5t$，验证 $f(t)=f(\dfrac{1}{t})$.

7. 指出下列哪些函数是奇函数，哪些是偶函数，哪些是非奇非偶函数.

(1) $f(x)=3x^2-x^3$；　(2) $f(x)=\dfrac{1-x^2}{1+x^2}$；

(3) $f(x)=x(x-1)(x+1)$；　(4) $f(x)=e^x+e^{-x}$；

(5) $f(x)=2^x$；　(6) $f(x)=x\sin x$.

8. 设 $f(x)$ 是定义在 $(-\infty,+\infty)$ 上的任意函数，证明：

$F_1(x)=f(x)+f(-x)$ 为偶函数；

$F_2(x)=f(x)-f(-x)$ 为奇函数.

9. 求下列周期函数的周期.

(1) $y=\sin\dfrac{x}{2}$；　(2) $y=\cos 2x$；

(3) $y=\sin^2 x$.

10. 求下列函数的反函数.

(1) $y=\sqrt[3]{x+1}$；　(2) $y=10^{x+1}$；

(3) $y=\dfrac{1-x}{1+x}$.

1.2 初等函数

1.2.1 基本初等函数及其图形

在实际问题中遇到大量的反映变量之间的函数关系，其中最基本、最常见的函数关系，就是所谓的基本初等函数，即幂函数、指数函数、对数函数、三角函数和反三角函数.这五类函数是今后研究各种函数的基础.这些函数在中学课程中已经学过，这里简要地概括一下它们的性质和图形.

1.幂函数 $y=x^{\mu}$（μ 是常数）

幂函数 $y=x^{\mu}$ 的定义域，与 μ 的取值有关.例如，当 $\mu=3$ 时，$y=x^3$ 的定义域$(-\infty,+\infty)$；当 $\mu=\frac{1}{2}$ 时，$y=x^{\frac{1}{2}}=\sqrt{x}$ 的定义域 $[0,+\infty)$；当 $\mu=-1$ 时，$y=\frac{1}{x}$ 的定义域$(-\infty,0)$与$(0,+\infty)$；当 $\mu=-\frac{1}{2}$ 时，$y=\frac{1}{\sqrt{x}}$ 的定义域$(0,+\infty)$，不论 μ 取什么值，幂函数 $y=x^{\mu}$ 在$(0,+\infty)$内总是有定义的.它的图形及其主要性质如下表.

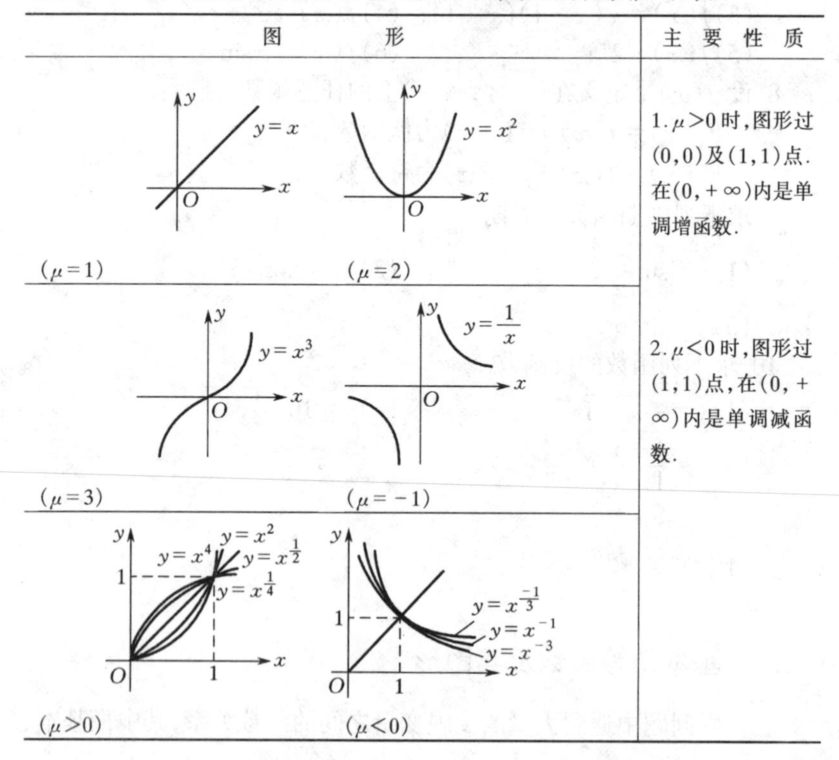

图 形	主 要 性 质
($\mu=1$) ($\mu=2$)	1. $\mu>0$ 时，图形过$(0,0)$及$(1,1)$点.在$(0,+\infty)$内是单调增函数.
($\mu=3$) ($\mu=-1$)	2. $\mu<0$ 时，图形过$(1,1)$点，在$(0,+\infty)$内是单调减函数.
($\mu>0$) ($\mu<0$)	

2. 指数函数 $y=a^x(a>0,a\neq1)$

工程中，常用以 e 为底的指数函数 $y=e^x$，其中 e 是无理数，e=2.718281828459⋯. $y=a^x$ 的图形及主要性质见下表.

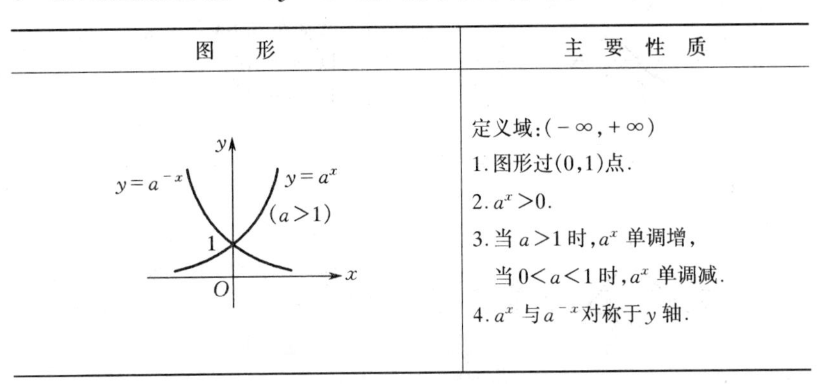

图　形	主 要 性 质
	定义域：$(-\infty,+\infty)$ 1. 图形过(0,1)点. 2. $a^x>0$. 3. 当 $a>1$ 时，a^x 单调增， 　当 $0<a<1$ 时，a^x 单调减. 4. a^x 与 a^{-x} 对称于 y 轴.

3. 对数函数 $y=\log_a x\quad(a>0,a\neq1)$

当 $a=10$ 时，称为常用对数，记为 $y=\lg x$. 当 $a=e$ 时，称为自然对数，记为 $y=\ln x$. 对数函数 $y=\log_a x$ 与指数函数 $y=a^x$ 互为反函数，因此两者的图形是关于直线 $y=x$ 对称.

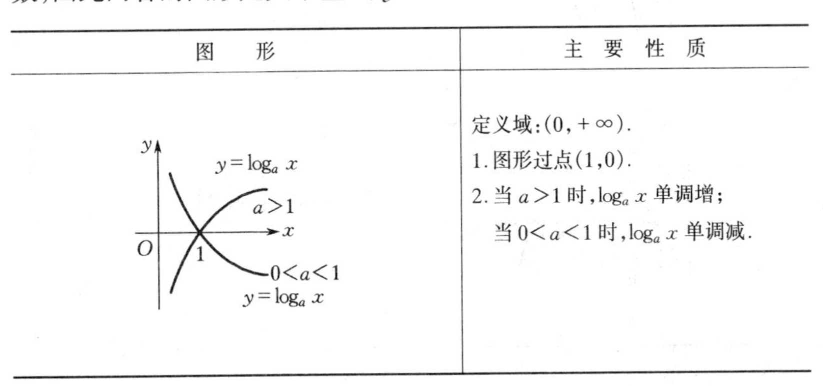

图　形	主 要 性 质
	定义域：$(0,+\infty)$. 1. 图形过点(1,0). 2. 当 $a>1$ 时，$\log_a x$ 单调增； 　当 $0<a<1$ 时，$\log_a x$ 单调减.

4. 三角函数

常用的三角函数有正弦函数 $y=\sin x$，余弦函数 $y=\cos x$，正切函数 $y=\tan x$，余切函数 $y=\cot x$. 其中自变量 x 用弧度表示.

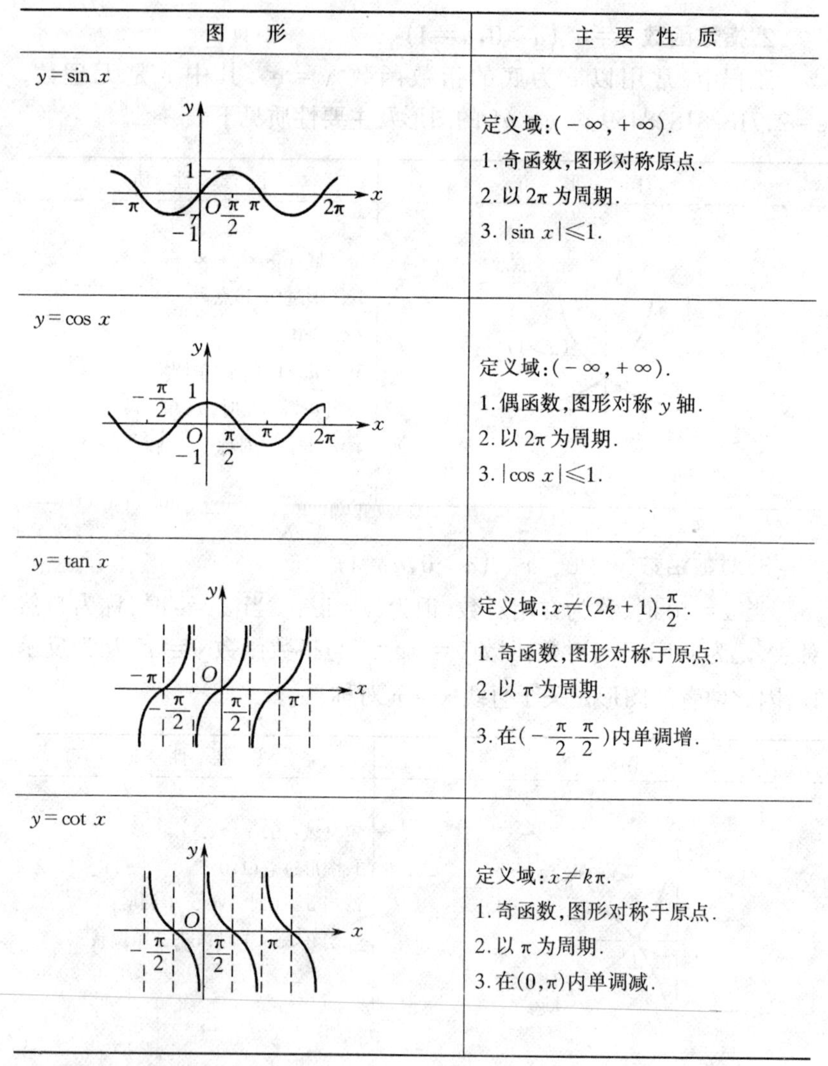

图　形	主要性质
$y=\sin x$	定义域:$(-\infty,+\infty)$. 1. 奇函数,图形对称原点. 2. 以 2π 为周期. 3. $\lvert\sin x\rvert\leqslant 1$.
$y=\cos x$	定义域:$(-\infty,+\infty)$. 1. 偶函数,图形对称 y 轴. 2. 以 2π 为周期. 3. $\lvert\cos x\rvert\leqslant 1$.
$y=\tan x$	定义域:$x\neq(2k+1)\frac{\pi}{2}$. 1. 奇函数,图形对称于原点. 2. 以 π 为周期. 3. 在$(-\frac{\pi}{2},\frac{\pi}{2})$内单调增.
$y=\cot x$	定义域:$x\neq k\pi$. 1. 奇函数,图形对称于原点. 2. 以 π 为周期. 3. 在$(0,\pi)$内单调减.

5. 反三角函数

反三角函数是三角函数的反函数. 例如,$y=\sin x$ 的反函数是 $y=\mathrm{Arcsin}\, x$,它是多值函数,把 $\mathrm{Arcsin}\, x$ 的值限制在闭区间$[-\frac{\pi}{2},\frac{\pi}{2}]$上,称为反正弦函数的主值,记做 $\arcsin x$. 这样,函数 $y=\arcsin x$在$[-1,$

1]上是单值函数,且有$-\frac{\pi}{2}\leqslant \arcsin x\leqslant\frac{\pi}{2}$.

我们所讨论的反三角函数都是指主值意义下的反三角函数.反三角函数的图形及主要性质见下表.

图　　形	主 要 性 质
$y=\arcsin x$ 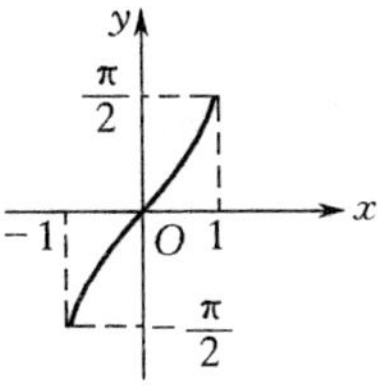	定义域:[-1,1]. 1.奇函数,其图形对称于原点. 2.$-\frac{\pi}{2}\leqslant\arcsin x\leqslant\frac{\pi}{2}$. 3.单调增.
$y=\arccos x$ 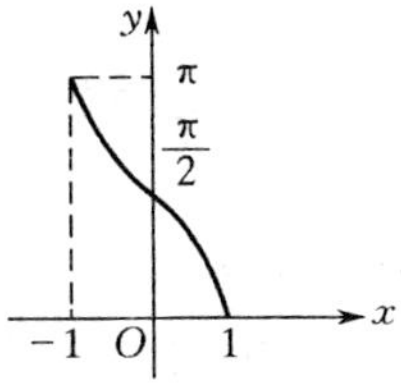	定义域:[-1,1]. 1.$0\leqslant\arccos x\leqslant\pi$. 2.单调减.
$y=\arctan x$ 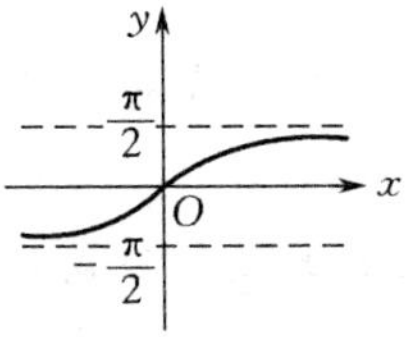	定义域:$(-\infty,+\infty)$. 1.奇函数,图形对称于原点. 2.$-\frac{\pi}{2}<\arctan x<\frac{\pi}{2}$. 3.单调增加.
$y=\operatorname{arccot} x$ 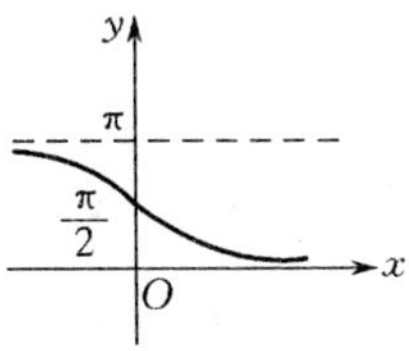	定义域:$(-\infty,+\infty)$. 1.$0<\operatorname{arccot} x<\pi$. 2.单调减.

1.2.2　复合函数

在自然科学和工程实际中,经常遇到这样一种函数,两个变量之间的函数关系不是直接的,而是通过另一个变量联系起来的.例如,物体的动能 E 是速度 v 的函数,有

$$E=\frac{1}{2}mv^2,$$

m 是物体的质量.如果考虑质量为 m 的物体以初速度 v_0 垂直上抛,这时速度 v 又是时间 t 的函数,有

$$v=v_0-gt.$$

因此,物体的动能 E,通过速度 v 的联系而是时间 t 的函数,即

$$E=\frac{1}{2}m(v_0-gt)^2.$$

这里,E 是 v 的函数,v 又是 t 的函数,所以 E 是 t 的函数的函数,称这种结构类型的函数是复合函数.

定义　如果 y 是 u 的函数:$y=f(u)$,而 u 是 x 的函数:$u=\varphi(x)$,当 x 在某一区间上取值时,相应的 u 值可使 y 有定义,则称 y 是 x 的复合函数,即

$$y=f(u)=f[\varphi(x)],$$

这个函数是由函数 $y=f(u)$ 及 $u=\varphi(x)$ 复合而成的函数,简称复合函数.x 是自变量,u 称为中间变量.

例如,函数 $y=\sin^2 x$ 是由 $y=u^2$,$u=\sin x$ 复合而成的复合函数.这个复合函数的定义域为 $(-\infty,+\infty)$,它也是 $u=\sin x$ 的定义域.又例如,函数 $y=\sqrt{1-x^2}$,是由 $y=\sqrt{u}$,$u=1-x^2$ 复合而成的,这个复合函数的定义域为 $[-1,1]$,它只是 $u=1-x^2$ 的定义域 $(-\infty,+\infty)$ 的一部分.

复合函数的中间变量,可以不止一个,有的复合函数是由两个或更多个中间变量复合而成的.例如,若函数 $y=\sqrt{u}$,$u=\cot x$,$v=\frac{x}{2}$,则复合函数

$$y=\sqrt{\cot\frac{x}{2}}$$

有两个中间变量 u 和 v.

注意 不是任何两个函数都可以复合成一个复合函数.例如,$y=\arcsin u$,$u=2+x^2$ 就不能复合成一个复合函数.因为对于 $u=2+x^2$ 的定义域$(-\infty,+\infty)$中的任何 x 值所对应的 u 值都大于或等于2,即全部落在 $y=\arcsin x$ 的定义域之外.

例1 分析函数 $y=\ln\sin\sqrt{x}$的复合结构.

解 函数 $y=\ln\sin\sqrt{x}$是由 $y=\ln u$,$u=\sin v$,$v=\sqrt{x}$复合而成的.

例2 设 $f(x)=x^2$,$g(x)=2^x$,求 $f[g(x)]$,$g[f(x)]$.

解 因 $f(x)=x^2$,故 $f[g(x)]=[g(x)]^2=(2^x)^2=4^x$.

同理 $g(x)=2^x$,故 $g[f(x)]=2^{f(x)}=2^{x^2}$.

例3 设 $f(x)=\dfrac{1}{1-x}$,求 $f[f(x)]$,$f\{f[f(x)]\}$.

解 因 $f(x)=\dfrac{1}{1-x}$,故

$$f[f(x)]=\frac{1}{1-f(x)}=\frac{1}{1-\frac{1}{1-x}}=\frac{x-1}{x}.$$

$$f\{f[f(x)]\}=\frac{1}{1-f[f(x)]}=\frac{1}{1-\frac{x-1}{x}}=x.$$

例4 设 $f(x)$的定义域是$(0,1)$,求 $f(\lg x)$的定义域.

解 因 $0<\lg x<1$,所以 $1<x<10$,即 $f(\lg x)$的定义域为$(1,10)$.

1.2.3 初等函数

定义 由基本初等函数及常数经过有限次四则运算及复合步骤所构成的,且用一个解析式表示的函数,叫做初等函数.

例如,$y=\lg\sin^2 x$,$y=\sqrt[3]{\tan x}$,$y=\dfrac{2x-1}{x^2+1}$,$y=e^{2x}\cdot\cos(2x+1)$,…,都是初等函数.高等数学所讨论的函数大多数都是初等函数.

今后在微积分运算中，常把一个初等函数分解为基本初等函数或基本初等函数的四则运算形式进行研究. 我们应当学会分析初等函数的结构.

例5 设 $y=\tan\dfrac{1}{\sqrt{1+x^2}}$，试分析函数的结构.

解 函数分解为

$$y=\tan u, u=v^{-\frac{1}{2}}, v=1+x^2.$$

这样就把原来比较复杂的一个初等函数，分成每一步都是基本初等函数或基本初等函数四则运算的形式.

例6 设 $y=\sqrt{x^3+\sin^2 x}$，试分析函数的结构.

解 令 $y=\sqrt{z}$（或 $y=z^{\frac{1}{2}}$），则 $z=x^3+\sin^2 x$.

这里出现了加法，要分别研究两项，令

$$z=u+v,$$

其中 $u=x^3, v=\sin^2 x, v$ 又是复合函数，再令 $v=w^2, w=\sin x$.

这个函数的结构是：

$$y=\sqrt{z}, z=u+v,$$
$$u=x^3, v=w^2, w=\sin x.$$

这样就把原来的函数分成每一步都是基本初等函数或基本初等函数的四则运算的形式.

在初等函数的定义中，明确指出是用一个式子表示的函数. 如果一个函数必须用几个式子表示（如分段函数）时，例如，函数

$$y=\begin{cases}x^2+1, & -1<x\leqslant 2,\\ x^2-3, & 2<x\leqslant 4,\end{cases}$$

就不是初等函数，而称为非初等函数. 分段函数一般说来都是非初等函数.

习 题 1-2

1. 写出由下列函数组构成的复合函数，并求复合函数的定义域.

(1) $y=\arcsin u, u=(1-x)^2$；

(2) $y=\ln u, u=1-x^2$;

(3) $y=\frac{1}{2}\sqrt{u^2}, u=\log_a v, v=\sqrt{x^2+2x}$.

2. 设 $f(x)=x^2, \varphi(x)=2^x$,求 $f[\varphi(x)], \varphi[f(x)]$.

3. 设 $F(x)=e^x$,证明:

(1) $F(x)\cdot F(y)=F(x+y)$;(2) $\frac{F(x)}{F(y)}=F(x-y)$.

4. 设 $f(x)=\lg x$,证明:$f(x)+f(x+1)=f[x(x+1)]$.

5. 分析下列初等函数的结构.

(1) $y=(1+x)^{3/2}$; (2) $y=\cos^2(3x+\frac{\pi}{4})$;

(3) $y=5(3x+1)^2$; (4) $y=x^2+\cos^3 x$.

6. 设 $f(x)=\frac{x}{\sqrt{1+x^2}}$,求 $\underbrace{f\{f[f\cdots f}_{n次}(x)]\}$

1.3 建立函数关系式举例

在应用数学解决实际问题时,常常需要找出变量之间的函数关系.这与代数中解应用问题时,先求出方程是很类似的.在建立变量之间的函数关系时,往往是以数学、物理、化学等有关的定理或定律为基础,进而列出函数关系式.下面举几个建立函数关系式的实例.

例 1 把圆心角为 α 的扇形卷成一个圆锥,试求圆锥顶角 ω 与 α 的函数关系.

解 设扇形 AOB 的圆心角是 α,半径为 r(图 1-14),于是弧 $\widehat{AB}$ 的长度等于 $r\alpha$(α 是弧度值),把这个扇形卷成圆锥后,它的顶角为 ω,底圆周长 $r\alpha$,所以底圆半径

$$CD=\frac{r\alpha}{2\pi}.$$

因为

$$\sin\frac{\omega}{2}=\frac{\frac{ra}{2\pi}}{r}=\frac{a}{2\pi}.$$

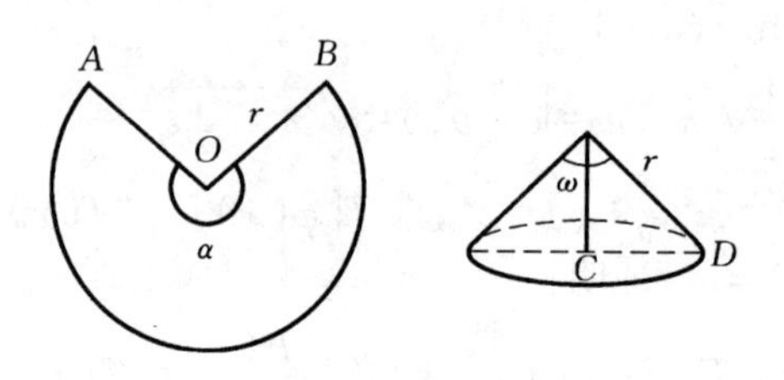

图 1-14

故　　$\omega=2\arcsin\frac{a}{2\pi}\quad(0<\alpha<2\pi).$

例 2　重量为 G 的物体放在地平面上,有一大小为 F 的力作用于该物体上,此作用力与地平面的交角为 $\theta(0\leqslant\theta<\frac{\pi}{2})$(图 1-15).欲使此力沿地面的分力与物体对于地面的摩擦力平衡,F 与 θ 应有什么关系?

解　作用力沿地平面的分力是 $F\cos\theta$,而垂直地面的分力是 $F\sin\theta$,物体对于地平面的摩擦力

$$R=\mu(G-F\sin\theta)\quad(\mu\text{ 为摩擦系数}).$$

因为要使作用力沿地平面的分力与摩擦力平衡,故有

$$F\cos\theta=\mu(G-F\sin\theta),$$

即

$$F=\frac{\mu G}{\cos\theta+\mu\sin\theta}\quad(0\leqslant\theta<\frac{\pi}{2}).$$

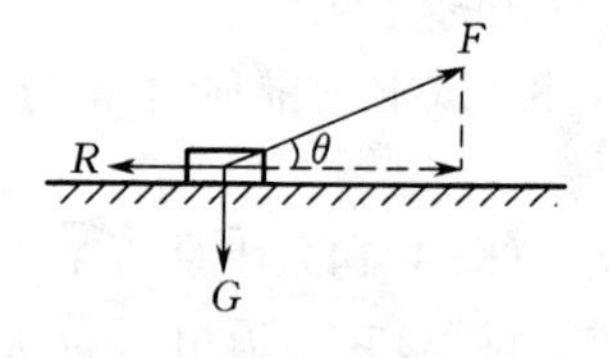

图 1-15

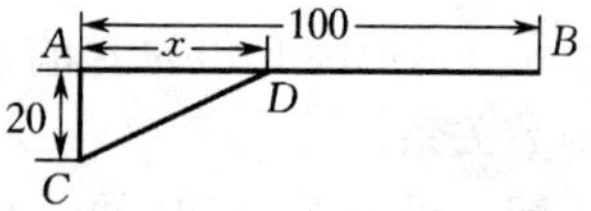

图 1-16

例 3　已知铁路线上 AB 段的距离为 100 km.工厂 C 离 A 处为 20 km,AC 垂直于 AB(图 1-16).为了运输需要,要在 AB 线上选定一点 D 向工厂 C 建筑一条公路.已知铁路上每千米货运的运费为 $3k$ 元,公路上每千米货运的运费为 $5k$ 元(k 为某个正数).设 $AD=x$(km),建立使货物从供应站 B 运到工厂 C 的总运费与 x 之间的函数关系式.

解 因 $DB=100-x$, $CD=\sqrt{20^2+x^2}=\sqrt{400+x^2}$,设从 B 点到 C 点需要的总运费为 y,则

$$y=5k\cdot CD+3k\cdot DB,$$

即
$$y=5k\sqrt{400+x^2}+3k(100-x)\quad(0\leqslant x\leqslant 100).$$

习 题 1-3

1. 把横断面近似于圆形的木材(直径 $d=30$ cm),锯成长与宽分别为 h 和 b 的矩形断面的方木(图 1-17).试将锯成的截面积 A 表示为 b 的函数.

2. 已知一个三角波(图 1-18),求 y 与 t 的函数关系.

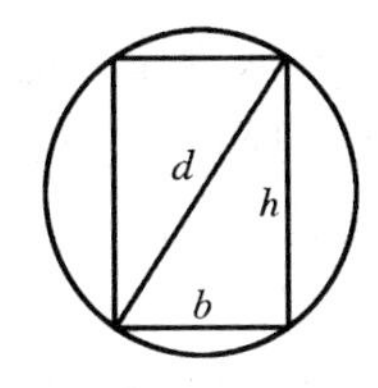

图 1-17

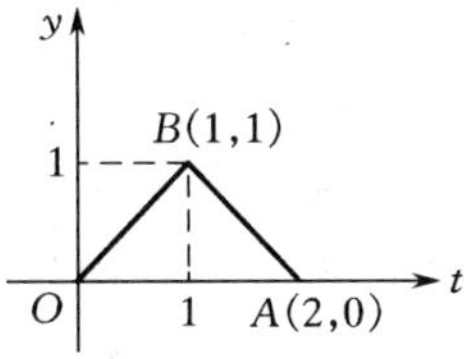

图 1-18

3. 设 P 为密度不均匀的细杆 OB 上的任一点,而 OP 一段上的质量与 OP 的长度的平方成正比,已知 $OP=4$ 时,OP 的质量为 8 个单位,求 OP 的质量与长度的函数关系 $m=f(x)$?(图 1-19)

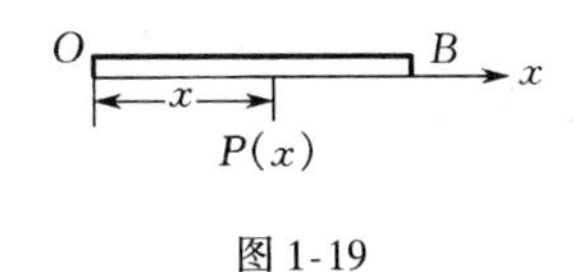

图 1-19

本 章 总 结

一、学习本章的基本要求

(1)理解函数的概念,了解函数符号意义及其用法,会求函数的定义域.

(2)了解函数的有界性、单调性、周期性和奇偶性,掌握基本初等函

数的性质及其图形.

(3)了解反函数、分段函数.

(4)理解复合函数和初等函数,会正确分析复合函数的复合过程.

二、本章的重点、难点

重点 (1)函数概念;

(2)基本初等函数及其性质.

难点 复合函数及其分析复合函数的复合过程.

三、学习中应注意的几个问题

1. 函数概念

(1)函数的两要素 函数概念的核心是函数的对应规律和定义域,称它们是函数的两个要素,掌握函数的两要素是学习函数概念的基本要求.给出一个函数就是给出一个函数的定义域和对应规律.如果函数由解析式子给出,且不考虑函数的实际意义,函数的定义域就是使算式有意义的自变量的一切实数值,对应规律则是因变量与自变量之间函数关系的具体体现,所以对应规律是函数概念中最本质的要素.

两个函数只要它们的对应规律和定义域都相同,则这两个函数相同,而与函数中自变量和因变量用什么字母表示无关.

例如,$f(x)=\lg x^2$ 与 $g(x)=2\lg x$ 是两个不同的函数,因为 $f(x)$的定义域是$(-\infty,0)$和$(0,+\infty)$,而 $g(x)$的定义域是$(0,+\infty)$,这两个函数定义域不同,当只考虑 $x>0$ 的情况下,这两个函数则是相同的.而函数 $f(x)=\sin^2 x+\cos^2 x$, $g(t)=\sin^2 t+\cos^2 t$, $h(x)\equiv 1$,表示同一函数.

(2)函数记号 若没有具体给出函数关系,函数记号"$y=f(x)$"表示 y 是 x 的函数,此外并无更多的含义.若函数关系具体给出,如 $f(x)=2x^2-3x+1$,这时 $f(x)$就代表一个具体函数,等式两端的 x 是代表同一个量,$f(\quad)$表示确定的对应规律,即

$$f(\quad)=2(\quad)^2-3(\quad)+1.$$

2. 复合函数

对于复合函数应着重理解以下几点:

(1)复合函数的定义. 复合函数的通俗说法,就是函数里面套函数,中间变量是个函数而不是自变量. 构成复合函数的中间变量可以是一个、两个或者是更多个. 复合函数只是函数的一种表达形式,而不是一类新的函数.

(2)不是任何两个函数都可以复合成一个复合函数. 例如, $y=\sqrt{1-x}$, $x=1+e^t$,就不能复合成一个函数. 因为函数 $x=1+e^t$ 的值域($x>1$),不在 $y=\sqrt{1-x}$ 的定义域之内,无论 t 取什么值 $y=\sqrt{1-(1+e^t)}$都没有意义. 因此 $y=\sqrt{1-x}$, $x=1+e^t$ 不能构成一个复合函数.

(3)必须正确掌握复合函数的复合和分解过程. 分解复合函数时,每一步必须都是基本初等函数或是基本初等函数的四则运算. 掌握这一点,对以后求复合函数的导数是非常重要的.

第2章　极限与连续性

极限概念是微积分中最重要和最基本的概念之一,微积分的一些基本的概念都要用极限概念来表达,并且它们的运算和性质也都要用极限的运算及性质来论证,因此必须掌握好极限的概念、运算及基本性质.

函数的连续性是与极限概念有着紧密联系的另一重要概念.在本章的后几节将进一步研究函数连续性的有关性质以及初等函数的连续性.

2.1　数列的极限

2.1.1　实例

极限概念是由求某些实际问题的精确解答而产生的,例如为了求圆的面积,我们首先做圆的内接正六边形,把它的面积记为 A_1;再做内接正12边形,其面积记为 A_2;再做内接正24边形,其面积记为 A_3;依次做下去,每次边数加倍,把内接正 $6\times 2^{n-1}$ 边形的面积记为 A_n($n=1,2,3,\cdots$).这样就得到一系列圆的内接正多边形的面积 A_1,A_2,A_3 $\cdots,A_n\cdots$(如图2-1).

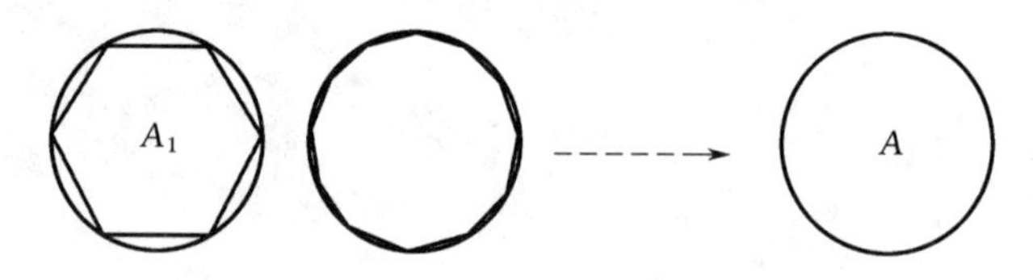

图2-1

它们构成一列有次序的数,当 n 越大,内接正多边形与圆的差别越小,从而以 A_n 作为圆面积的近似值也越精确.但是无论 n 取得如何大,只要 n 是一个定数,A_n 总是多边形的面积,而不是圆的面积.因此,设想让 n 无限增大(记做 $n \to \infty$,读做 n 趋向无穷大),即内接正多边形的边数无限增大,在这过程中,内接正多边形无限接近于圆.同时 A_n 随 n 的增大,它的变化趋势将无限接近于某一确定的数值,这个确定的数值就是圆的面积.该数值在数学上称为上面这列有次序的数 $A_1, A_2, \cdots A_n, \cdots$ 当 $n \to \infty$ 时的极限.

解决上面的这类问题的要点是:为了计算某个量的精确值 A,先求 A 的一系列的近似值 $A_1, A_2, A_3, \cdots A_n$($A_n$ 是 n 的函数,随 n 的增大逐渐趋近 A),让 n 无限增大,从这些值的变化趋势,看 A_n 与哪个定值无限趋近,这个定值就是该量的精确值 A.这种解决问题的方法称为极限方法,它是高等数学中的一种基本方法,因此,有必要做进一步的深入研究.

2.1.2 数列的概念

定义 按自然数编号,依次排列起来的一系列数

$$x_1, x_2, x_3, \cdots, x_n, \cdots$$

叫做数列,记做 $\{x_n\}$ 或 x_n,数列中的每一个数叫做数列的项,第 n 项叫做数列的一般项或通项.

例如:

$$\frac{1}{2}, \frac{2}{3}, \frac{3}{4}, \cdots \frac{n}{n+1}, \cdots$$

$$2, 4, 8, \cdots, 2^n, \cdots$$

$$\frac{1}{2}, \frac{1}{4}, \frac{1}{8}, \cdots, \frac{1}{2^n}, \cdots$$

$$1, -1, 1, \cdots, (-1)^{n+1}, \cdots$$

$$2, \frac{1}{2}, \frac{4}{3}, \cdots, \frac{n+(-1)^{n-1}}{n}, \cdots$$

这些都是数列的例子,它们的一般项依次是

$$\frac{n}{n+1}, 2^n, \frac{1}{2^n}, (-1)^{n+1}, \frac{n+(-1)^{n-1}}{n}.$$

数列的几何意义　数列 x_n 可看做数轴上的一个动点,它依次取数轴上的点 $x_1,x_2,x_3,\cdots,x_n,\cdots$(图 2-2).

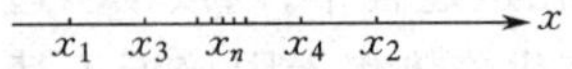

$x_1\quad x_3\quad x_n\quad x_4\quad x_2\quad x$

图 2-2

数列 x_n 也可以看做自变量为正整数 n 的函数

$$x_n=f(n).$$

它的定义域为全体正整数,当自变量 n 依次取 1,2,3,…等一切正整数时,对应的函数值就排列成数列 $\{x_n\}$. 函数 $f(n)$ 又称为整标函数.

2.1.3　数列的极限

对于给定的数列 $\{x_n\}$,重要的不是研究它的每项数值如何,而是要知道,当 $n\to\infty$ 时,数列 $\{x_n\}$ 的变化趋势,即当 $n\to\infty$ 时,x_n 是否无限趋近某一个确定的数值.

例 1　考察数列:$2,\frac{1}{2},\frac{4}{3},\cdots,\frac{n+(-1)^{n-1}}{n},\cdots$,当 n 无限增大时的变化趋势.

解　数列的一般项为

$$x_n=\frac{n+(-1)^{n-1}}{n}=1+(-1)^{n-1}\frac{1}{n}.$$

当 n 值越大时,x_n 就越接近 1,从而 $|x_n-1|$ 也就越小,从几何上看,随 n 的逐渐增大,数轴上的点 x_n 的位置与点 $a=1$ 的距离越来越小. 当 n 无限增大时,x_n 就无限趋近于数 $a=1$,或说点 x_n 与点 $a=1$ 的距离随着 n 的增大可以任意小,从下式可以清楚地看到这一点,因为,

$$|x_n-1|=\left|(-1)^{n-1}\frac{1}{n}\right|=\frac{1}{n}.$$

我们用数学语言刻画这一事实:对于任意给定的正数 ε(不管多么小),当 n 充分大以后(记做第 N 项以后)的一切 x_n 都满足

$$|x_n-1|<\varepsilon.$$

例如,如果给定 $\varepsilon=\frac{1}{100}$,要求 $|x_n-1|=\frac{1}{n}<\frac{1}{100}$,只要当 $n>100$

(可取 $N=100$)就可以了,即从 $n=101$ 开始以后所有的 x_n 都满足

$$|x_n-1|<\frac{1}{100}.$$

如果给定 $\varepsilon=\frac{1}{1000}$,只要当 $n>1000$(取 $N=1000$),即从 $n=1001$ 开始以后的所有项 $x_{1001},x_{1002},\cdots$都满足

$$|x_n-1|<\frac{1}{1000}.$$

一般地,不论给定的 ε 是多么小的正数,总有一个正整数 N 存在,使得对于 $n>N$ 的一切 x_n,不等式

$$|x_n-1|<\varepsilon$$

都成立.这就是数列 $x_n=\frac{n+(-1)^{n-1}}{n}$,当 $n\to\infty$时,无限接近于数 $a=1$ 的实质,称数 $a=1$ 是$\{x_n\}$当 $n\to\infty$时的极限.下面给出数列极限的定义.

1.定义

设$\{x_n\}$是一个数列,a 是一个定数.如果对于任意给定的正数 ε(不管它多么小),总存在正整数 N,使得对于 $n>N$ 的一切 x_n,不等式 $|x_n-a|<\varepsilon$ 都成立,则称数 a 是数列$\{x_n\}$的极限,或称数列$\{x_n\}$收敛于 a,记做

$$\lim_{n\to\infty}x_n=a,\text{或 } x_n\to a\quad(n\to\infty).$$

若数列$\{x_n\}$没有极限就称数列是发散的.

2.数列极限定义应着重理解以下几点

(1)在定义中 $\varepsilon>0$ 是任意给定的,这一点非常重要.只有 ε 具有任意性,才能用不等式$|x_n-a|<\varepsilon$ 表达出 x_n 与 a 无限接近的确切含意.

(2)定义中的正整数 N 的选取与 ε 有关.一般说来,当给定的 ε 越小,选取的 N 就越大,但定义中的 N 不是惟一的,因为极限定义并不要求找到最小的 N,而只要存在一个 N 就可以了.

(3)数列极限定义,并没有直接提供求数列极限的方法,只能根据极限定义,验证给定的数列$\{x_n\}$是否以 a 为极限.

3. 数列$\{x_n\}$以 a 为极限的几何解释

从几何上看，数列$\{x_n\}$是数轴上的一串点，a 是数轴上的一个确定点. 在数轴上做出 a 点的 ε 邻域，即开区间$(a-\varepsilon, a+\varepsilon)$，因绝对值不等式

$$|x_n - a| < \varepsilon,$$

与不等式

$$a - \varepsilon < x_n < a + \varepsilon,$$

等价，所以当 $n > N$ 时，所有的点 x_n 都落在 a 点的 ε 邻域内，而只有有限多个点(最多只有 N 个)落在邻域的外面. 这就是 $\lim\limits_{n\to\infty} x_n = a$ 的几何意义(如图 2-3).

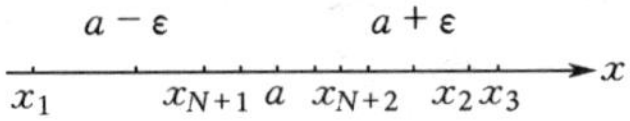

图 2-3

例 2　证明数列

$$2, \frac{1}{2}, \frac{4}{3}, \frac{3}{4}, \cdots, \frac{n+(-1)^{n-1}}{n}, \cdots$$

的极限是 1.

证　对任意给定的 $\varepsilon > 0$，要使

$$|x_n - a| = \left|\frac{n+(-1)^{n-1}}{n} - 1\right| = \frac{1}{n} < \varepsilon,$$

只须 $n > \frac{1}{\varepsilon}$，取正整数 $N \geqslant \frac{1}{\varepsilon}$($N$ 不是惟一的，能找到一个就行)，则当 $n > N$ 时，就有

$$\left|\frac{n+(-1)^{n-1}}{n} - 1\right| < \varepsilon$$

成立，即

$$\lim_{n\to\infty} \frac{n+(-1)^{n-1}}{n} = 1.$$

例 3　证明数列 $x_n = \frac{(-1)^n}{(n+1)^2}$ 的极限是 0.

证　因为 $|x_n - a| = \left|\frac{(-1)^n}{(n+1)^2} - 0\right| = \frac{1}{(n+1)^2} < \frac{1}{n+1}$.

对任意给定的正数 ε，不妨设 $0 < \varepsilon < 1$，要使

$\frac{1}{n+1}<\varepsilon$,只须 $n>\frac{1}{\varepsilon}-1$,为此取 $N\geqslant\frac{1}{\varepsilon}-1$,则当 $n>N$ 时,就有

$$\left|\frac{(-1)^n}{(n+1)^2}-0\right|<\varepsilon$$

成立,即 $$\lim_{n\to\infty}\frac{(-1)^n}{(n+1)^2}=0.$$

4. 数列极限的惟一性

若数列$\{x_n\}$有限极,则极限值是惟一的(证明从略).

2.1.4 收敛数列的有界性

1. 数列的有界性

定义 对于数列$\{x_n\}$,如果存在正数 M,使得一切 x_n 都满足不等式

$$|x_n|\leqslant M,$$

则称数列$\{x_n\}$是有界的,否则称$\{x_n\}$是无界的.

2. 收敛数列的有界性

定理 如果数列$\{x_n\}$收敛,则数列$\{x_n\}$一定有界.

证 因$\{x_n\}$收敛,设$\lim\limits_{n\to\infty}x_n=a$,根据数列极限定义,对于 $\varepsilon=1$,存在正整数 N,当 $n>N$ 时,有$|x_n-a|<1$ 成立.

于是,当 $n>N$ 时,

$$|x_n|=|x_n-a+a|\leqslant|x_n-a|+|a|<1+|a|.$$

取 $M=\max\{|x_1|,|x_2|,\cdots|x_N|,1+|a|\}$(该式表示, M 是$|x_1|$,$|x_2|,\cdots,|x_N|,1+|a|$这 $N+1$ 个数中的最大的数),则数列$\{x_n\}$中的一切 x_n 都满足

$$|x_n|\leqslant M.$$

这就证明了$\{x_n\}$是有界的.

根据上述定理知道,如果$\{x_n\}$无界,则$\{x_n\}$一定发散.但是,如果数列$\{x_n\}$有界,不能断定数列$\{x_n\}$一定收敛.例如,数列

$$1,-1,1,-1,\cdots,(-1)^{n-1},\cdots$$

是有界的,但这数列是发散的.所以,数列有界是数列收敛的必要条件,而不是收敛的充分条件.

习 题 2-1

1.观察下列数列有无极限,若有极限请指出其极限值.

(1) $x_n=\dfrac{(-1)^n}{n}$; (2) $x_n=2+\dfrac{1}{n^2}$;

(3) $x_n=\dfrac{2^n+(-1)^n}{2^n}$; (4) $x_n=(-1)^n n$.

2.* 根据数列极限的定义证明:

(1) $\lim\limits_{n\to\infty}\dfrac{n}{n+1}=1$; (2) $\lim\limits_{n\to\infty}\dfrac{1}{2^n}=0$;

(3) $\lim\limits_{n\to\infty}\dfrac{3n+1}{2n+1}=\dfrac{3}{2}$

2.2 函数的极限

函数的极限,根据自变量 x 的变化过程,我们将分两种情况来讨论.一是当自变量 x 的绝对值 $|x|$ 无限增大(记做 $x\to\infty$)函数 $f(x)$ 的变化趋势;另一种是当自变量 x 任意接近于 x_0(记做 $x\to x_0$)时,函数 $f(x)$ 的变化趋势.

2.2.1 $x\to\infty$ 时,函数 $f(x)$ 的极限

数列 $\{x_n\}$ 可看做自变量只取正整数值的函数

$$x_n=f(n),$$

因而数列极限 $\lim\limits_{n\to\infty}x_n=a$,又可写成

$$\lim_{n\to\infty}f(n)=a.$$

上式就是当自变量 n 取正整数而无限增大(即 $n\to\infty$)时,对应的函数值 $f(n)$ 无限地趋近于数 a,称数 a 为 $f(n)$ 当 $n\to\infty$ 时的极限.

下面我们考虑自变量 x 连续变化,当 $|x|$ 无限增大时,函数 $f(x)$

无限趋近常数 A 的情形. 容易理解这种情形与数列极限是相似的.

1. 当 $x\to\infty$ 时,函数 $f(x)$ 的极限定义

设函数 $f(x)$ 在 $|x|>X$ 时有定义,如果当 $|x|$ 无限增大时,对应的函数值 $f(x)$ 无限趋近于确定的数值 A,则称 A 为函数 $f(x)$ 当 $x\to\infty$ 时的极限. 下面给出极限精确的定义.

定义 如果对任意给定的正数 ε(不论它怎么小),总存在正数 X,使得对于适合 $|x|>X$ 的一切 x,对应的函数值 $f(x)$ 都满足不等式

$$|f(x)-A|<\varepsilon,$$

则称常数 A 是函数 $f(x)$ 当 $x\to\infty$ 时的极限,记做

$$\lim_{x\to\infty}f(x)=A \quad 或\ f(x)\to A(当\ x\to\infty).$$

如果 $x>0$ 且无限增大(记做 $x\to+\infty$),那么只要把上述定义中的 $|x|>X$,改为 $x>X$,就可得到

$$\lim_{x\to+\infty}f(x)=A$$

的定义.

同时,如果 $x<0$,且 $|x|$ 无限增大(记做 $x\to-\infty$),那么只要把 $|x|>X$ 改为 $x<-X$,便得到

$$\lim_{x\to-\infty}f(x)=A$$

的定义.

2. 极限 $\lim\limits_{x\to\infty}f(x)=A$ 的几何意义

对任给的 $\varepsilon>0$,作直线 $y=A+\varepsilon$, $y=A-\varepsilon$,总有一正数 X 存在,使当 $|x|>X$ 时,函数 $y=f(x)$ 的图形位于这两条直线之间(图 2-4).

例 1 证明 $\lim\limits_{x\to\infty}\dfrac{1}{x}=0$.

证 对任意给定的 $\varepsilon>0$. 要使 $\left|\dfrac{1}{x}-0\right|<\varepsilon$ 成立,只须

$$|x|>\frac{1}{\varepsilon},$$

为此,取 $X=\dfrac{1}{\varepsilon}$,当 $|x|>X$ 时,

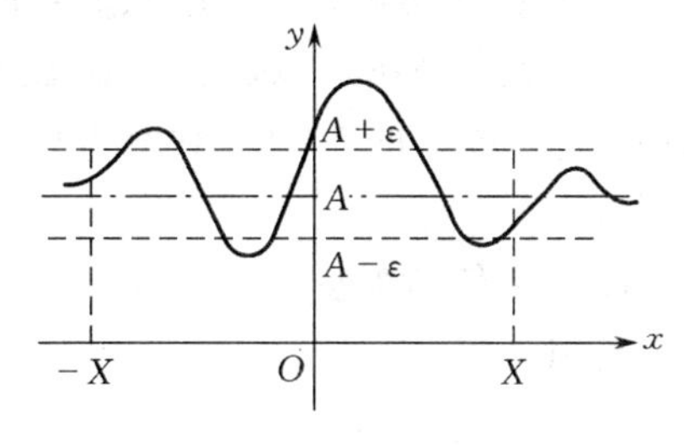

图 2-4

就有

$$\left|\frac{1}{x}-0\right|<\varepsilon$$

成立,即 $\lim\limits_{x\to\infty}\frac{1}{x}=0.$ 证毕.

例 2 证明 $\lim\limits_{x\to\infty}\frac{x^2}{x^2+1}=1.$

证 对任意给定的 $\varepsilon>0$,要使

$$\left|\frac{x^2}{x^2+1}-1\right|=\left|\frac{-1}{x^2+1}\right|=\frac{1}{x^2+1}<\frac{1}{x^2}<\varepsilon,$$

只须 $x^2>\frac{1}{\varepsilon}$,即 $|x|>\frac{1}{\sqrt{\varepsilon}}$,于是取 $X=\frac{1}{\sqrt{\varepsilon}}$,当 $|x|>X$ 时,就有

$$\left|\frac{x^2}{x^2+1}-1\right|<\varepsilon$$

成立.这就证明了 $\lim\limits_{x\to\infty}\frac{x^2}{x^2+1}=1.$ 证毕.

2.2.2 $x\to x_0$ 时,函数 $f(x)$ 的极限

现在,我们研究函数另一种类型的极限,当 x 任意地趋向于 x_0 时,函数 $f(x)$ 无限趋近常数 A 的情形.为此,先看两个具体例子.

例 3 对于函数

$$f(x)=x^2+1.$$

由图 2-5 可以看出,当 x 从任何一方趋向 0 时,$f(x)$ 的对应值都无限趋近于 1,也就是说,当 x 进入 0 点附近的一个足够小的邻域内时,函数 $f(x)$ 的值与数 1 的差的绝对值为任意小.

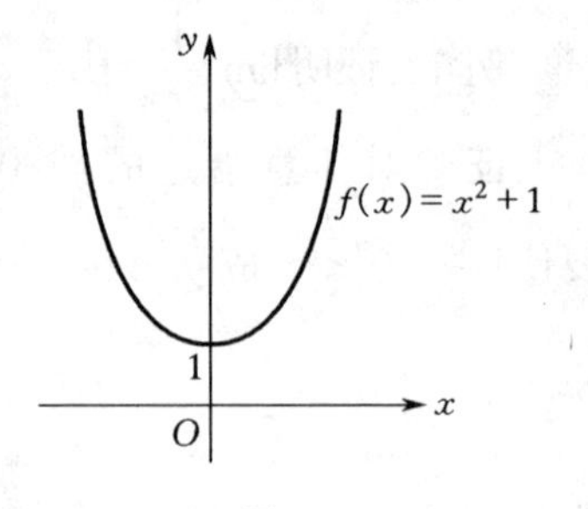

图 2-5

设 ε 是任意给定的正数(不论怎么小),用

$$|f(x)-1|<\varepsilon$$

表示 $f(x)$ 与 1 之差的绝对值任意小,

再用$|x|<\delta$表示x点与0点的距离足够小，于是对于满足$|x|<\delta$ $(\delta=\sqrt{\varepsilon})$的一切$x$，都有

$$|f(x)-1|=|x^2|<\varepsilon$$

成立.

所以，当x以任何方式趋向于0时，对应的函数值$f(x)=x^2+1$与1的差的绝对值，可以小于预先给定的任意小的正数ε.

例4 考虑函数

$$f(x)=\frac{x^2-1}{x-1},$$

它在$x=1$处无定义，由图2-6可以看出，当x趋向1时$(x\neq1)$，$f(x)$就无限趋近于2.就是说当$|x-1|$充分小时，对于满足上式的一切x，都有

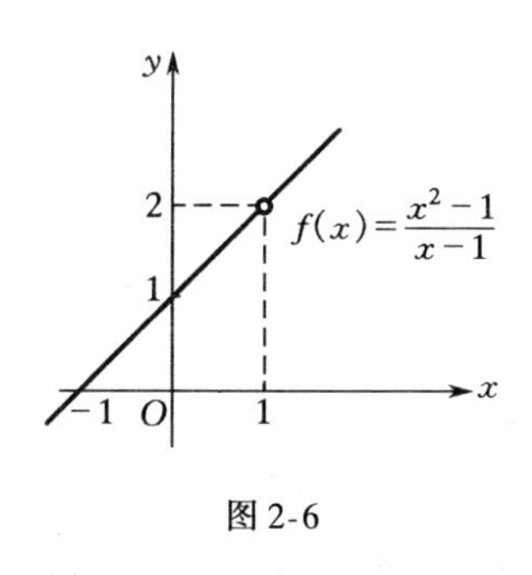

图2-6

$$|f(x)-2|=\left|\frac{x^2-1}{x-1}-2\right|=|x-1|.$$

我们用$|f(x)-2|<\varepsilon$表示$f(x)$与2的距离任意小，再用$|x-1|<\delta$表示x与1的距离充分小.于是，对于满足不等式$0<|x-1|<\delta(\delta=\varepsilon)$的一切$x$，都有

$$|f(x)-2|<\varepsilon$$

成立.

一般地说，设函数$f(x)$在点x_0的某一邻域内有定义(在点x_0可以没有定义)，如果x以任意方式趋近于x_0时，对应的函数值与常数A之差的绝对值，可以小于任意给定的正数ε(不论是多么小)，则常数A称做函数$f(x)$当$x\to x_0$时的极限.

1. 当$x\to x_0$时，函数$f(x)$的极限定义

定义 设函数$f(x)$在x_0的邻域内(x_0可除外)有定义，A为一常数.如果对任意给定的正数ε(不论多么小)，总存在正数δ，使得对于适合不等式$0<|x-x_0|<\delta$的一切x，对应的函数值$f(x)$都满足不等式

$$|f(x)-A|<\varepsilon,$$

则称常数 A 为 $f(x)$ 当 $x\to x_0$ 时的极限,记做

$$\lim_{x\to x_0} f(x)=A, \text{或 } f(x)\to A \quad (x\to x_0).$$

2.在极限的定义中,应着重理解的几点

(1)ε 是预先给定的任意小的正数.由于 ε 的任意性,才能做到使 $|f(x)-A|$ 要多么小,就有多么小,刻画出 $f(x)$ 无限趋近于常数 A 的确切含意.

(2)两个绝对值不等式的关系(即 ε 与 δ 的关系).在极限定义中强调对任意给定的 $\varepsilon>0$,总存在 $\delta>0$,当 x 落在 x_0 点的 δ 邻域内($0<|x-x_0|<\delta$)时,x 所对应的函数值 $f(x)$ 一定满足不等式

$$|f(x)-A|<\varepsilon.$$

因此,δ 是依赖于 ε 的.一般说来 ε 变了,δ 也变,ε 越小,δ 相应地也越小.

只有深刻理解 ε 的任意性、ε 与 δ 之间的关系、两个绝对值不等式的联系,才能掌握极限概念的实质.

(3)函数 $f(x)$ 在 $x\to x_0$ 时的极限值与 $f(x)$ 在点 $x=x_0$ 的函数值是两个不同的概念,两者不能混为一谈.换句话说,函数 $f(x)$ 在 $x\to x_0$ 时的极限值与 $f(x)$ 在点 $x=x_0$ 的函数值是否存在无关.如例4,函数 $f(x)$ 在 $x=1$ 处无定义,而 $x\to 1$ 时,函数 $f(x)$ 的极限值是2.这个例子说明,求函数极限是从无限变化过程中来看函数变化趋势的,而不是静止地看一点处的函数值.

3.极限 $\lim\limits_{x\to x_0} f(x)=A$ 的几何意义

在极限定义中 $|f(x)-A|<\varepsilon$,相当于 $A-\varepsilon<f(x)<A+\varepsilon$,而 $0<|x-x_0|<\delta$ 相当于 $x_0-\delta<x<x_0+\delta$ $(x\neq x_0)$.极限的几何意义是,对任给的 $\varepsilon>0$,做两条直线 $y=A+\varepsilon$ 和 $y=A-\varepsilon$,总存在点 x_0 的一个 δ 邻域(点 x_0 可除外),在此邻域内函数 $f(x)$ 的图形,全部落在这两条直线之间,如图2-7.

通过几何直观,可以形象地理解当 $x\to x_0$ 时,$f(x)$ 趋近于 A 的含

意.从图形上可以清楚地看出 ε 与 δ 之间的关系,一般说来 ε 越小,δ 也就越小.

下面举几个用“$\varepsilon-\delta$”定义,证明函数极限的例题.

例 5 证明 $\lim\limits_{x\to x_0} C=C$.

证 对任意给定的 $\varepsilon>0$,因为 $|f(x)-C|=|C-C|=0$,可任取正数 δ,当 $0<|x-x_0|<\delta$ 时,就一定有

$$|f(x)-C|=0<\varepsilon$$

成立.所以 $\lim\limits_{x\to x_0} C=C$. 证毕.

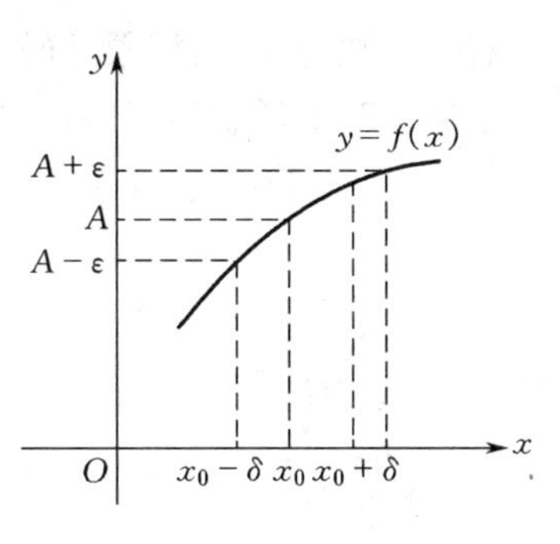

图 2-7

例 6 证明 $\lim\limits_{x\to x_0} x=x_0$.

证 对任意给定的 $\varepsilon>0$,要使 $|f(x)-x_0|=|x-x_0|<\varepsilon$,可取 $\delta=\varepsilon$,当 $0<|x-x_0|<\delta$ 时,就有

$$|f(x)-x_0|=|x-x_0|<\varepsilon$$

成立,所以 $\lim\limits_{x\to x_0} x=x_0$. 证毕.

根据极限定义,也可以证明:

$$\lim_{x\to x_0}\sqrt{x}=\sqrt{x_0}\quad (x_0>0).$$

例 7 证明 $\lim\limits_{x\to 1}(2x-1)=1$.

证 对任意给定的 $\varepsilon>0$,要使

$$|f(x)-1|=|(2x-1)-1|=2|x-1|<\varepsilon,$$

只须 $|x-1|<\dfrac{\varepsilon}{2}$,取 $\delta=\dfrac{\varepsilon}{2}$,则当 $0<|x-1|<\delta$ 时,就有

$$|f(x)-1|<\varepsilon$$

成立,所以 $\lim\limits_{x\to 1}(2x-1)=1$. 证毕.

4. 函数在 x_0 点的左、右极限

上面讨论了当 $x\to x_0$ 时,函数的极限,即 x 可以从 x_0 的左、右两侧趋向 x_0.有时讨论的 x 值,仅从 x_0 的左侧趋向 x_0,记做 $x\to x_0-0$;

或 x 仅从 x_0 的右侧趋向 x_0 记做 $x\to x_0+0$.

当 $x\to x_0$ 时,且又始终保持 $x<x_0$(或 $x>x_0$)时,如果函数 $f(x)$ 有极限,则称此极限为 $f(x)$ 在 x_0 点处的左极限(或右极限).

对于函数的左、右极限,同样可用"$\varepsilon-\delta$"语言给出精确的定义.

定义 对于任意给定的正数 ε,总存在正数 δ,使得对于适合不等式 $-\delta<x-x_0<0$(或 $0<x-x_0<\delta$)的一切 x,对应的函数值 $f(x)$ 都满足不等式

$$|f(x)-A|<\varepsilon,$$

则称常数 A 为函数 $f(x)$ 在点 x_0 的左(或右)极限. 记做

$$\lim_{x\to x_0-0} f(x)=A, \text{或者 } f(x_0-0)=A.$$

$$\left(\lim_{x\to x_0+0} f(x)=A, \text{或者 } f(x_0+0)=A.\right)$$

由 $x\to x_0$ 时,函数 $f(x)$ 的极限定义,以及函数 $f(x)$ 在点 x_0 处的左、右极限定义,容易得到:

如果 $\lim\limits_{x\to x_0} f(x)$ 存在,则必有 $\lim\limits_{x\to x_0-0} f(x)$ 与 $\lim\limits_{x\to x_0+0} f(x)$ 都存在,且相等;反之也成立. 函数极限与左、右极限的这种关系,可以叙述为下面的定理.

定理 $\lim\limits_{x\to x_0} f(x)$ 存在的充分必要条件是函数 $f(x)$ 在点 x_0 的左、右极限存在,且相等:

$$\lim_{x\to x_0-0} f(x)=\lim_{x\to x_0+0} f(x).$$

由上面定理可得到,如果左、右极限至少有一个不存在,或者两个都存在,但不相等,则 $\lim\limits_{x\to x_0} f(x)$ 不存在.

例 8 讨论函数

$$f(x)=\begin{cases}1-x, & x\leqslant 1,\\ 1+x, & x>1,\end{cases}$$

当 $x\to 1$ 时的极限.

解 从图 2-8,可以看出

$$\lim_{x\to 1-0} f(x)=\lim_{x\to 1-0}(1-x)=0,$$

$$\lim_{x\to 1+0} f(x)$$
$$=\lim_{x\to 1+0}(1+x)=2.$$

函数的左、右极限都存在,但不相等,因而

$$\lim_{x\to 1} f(x)\text{不存在}.$$

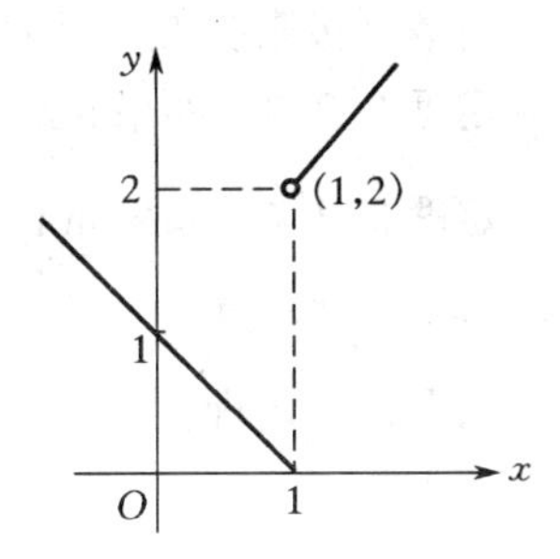

图 2-8

2.2.3 函数极限的性质

定理 2.2.1 (同号性定理)如果 $\lim\limits_{x\to x_0} f(x)=A$,而且 $A>0$(或 $A<0$),则必存在 x_0 的某一邻域,当 x 在该邻域内(点 x_0 可除外),有 $f(x)>0$(或 $f(x)<0$).

证 设 $A>0$,已知 $\lim\limits_{x\to x_0} f(x)=A$,故对 $0<\varepsilon\leqslant A$,必存在 $\delta>0$,当 x 满足 $0<|x-x_0|<\delta$ 时,有

$$|f(x)-A|<\varepsilon,$$

即 $$A-\varepsilon<f(x)<A+\varepsilon.$$

由于 $A-\varepsilon\geqslant 0$,故 $f(x)>0\quad(0<|x-x_0|<\delta)$.

证毕.

类似地,可以证明 $A<0$ 的情况.

定理 2.2.2 如果 $\lim\limits_{x\to x_0} f(x)=A$,且在 x_0 的某一邻域内($x\neq x_0$),恒有 $f(x)\geqslant 0$(或 $f(x)\leqslant 0$),则 $A\geqslant 0$(或 $A\leqslant 0$).

证 设 $f(x)\geqslant 0$,(用反证法证明)假设上述结论不成立,即设 $A<0$,则由定理 2.2.1,就有 x_0 的某一邻域,当 x 在该邻域内($x\neq x_0$),$f(x)<0$.这与已知 $f(x)\geqslant 0$ 的条件矛盾,因此 $A\geqslant 0$.

类似地,可证明 $f(x)\leqslant 0$ 的情况.

注意 在定理 2.2.2 中,如果定理条件改为 $f(x)>0$,我们不能得出 $A>0$ 的结论,也只能是 $A\geqslant 0$.例如,函数 $f(x)=|x|$,当 $x\neq 0$ 时,恒有 $f(x)>0$,由极限定义可以证明

$$\lim_{x\to 0}|x|=0.$$

这时 $A=0$,而不是 $A>0$.

与数列极限类似,对函数极限我们还有下面两个定理(证明从略).

定理 2.2.3　如果 $\lim\limits_{x \to x_0} f(x)$ 存在,则极限值是惟一的.

定理 2.2.4　如果 $\lim\limits_{x \to x_0} f(x)$ 存在,则在 $f(x)$ 在点 x_0 的某一邻域内($x \neq x_0$)是有界的.

以上几个定理把 $x \to x_0$ 换成 $x \to \infty$ 同样成立.请读者自己把定理叙述出来.

习　题　2-2

1.* 根据函数极限定义证明:

(1) $\lim\limits_{x \to 2}(5x+2)=12$;　　(2) $\lim\limits_{x \to -2} \dfrac{x^2-4}{x+2}=-4$;

(3) $\lim\limits_{x \to 0} x\sin\dfrac{1}{x}=0$;　　(4) $\lim\limits_{x \to \infty} \dfrac{2}{x}=0$;

(5) $\lim\limits_{x \to +\infty} \dfrac{x}{x+1}=1$.

2. 求 $f(x)=\dfrac{x}{x}$, $\varphi(x)=\dfrac{|x|}{x}$,当 $x \to 0$ 时的左、右极限,并说明它们当 $x \to 0$ 时的极限是否存在.

3. 讨论极限 $\lim\limits_{x \to 1} \dfrac{x-1}{|x-1|}$ 是否存在(提示:去掉绝对值符号).

4. 设 $f(x)=\begin{cases} x^2, & x<1, \\ x+1, & x \geqslant 1. \end{cases}$

(1)作 $f(x)$ 的图形;

(2)试根据图形,写出下列极限

$$\lim_{x \to 1-0} f(x),\ \lim_{x \to 1+0} f(x);$$

(3)当 $x \to 1$ 时, $f(x)$ 的极限是否存在.

2.3　无穷小与无穷大

当我们研究函数的变化趋势时,经常遇到两种情形:一是函数的绝对值“无限变小”,一是函数的绝对值“无限变大”.下面我们分别研究这两种情形.

2.3.1 无穷小

当 $x\to x_0$(或 $x\to\infty$)时,函数 $f(x)$的极限为零,则称函数$f(x)$当 $x\to x_0$(或 $x\to\infty$)时为无穷小.因此,只要在上一节函数极限的定义中,若 $A=0$,就可得到无穷小的定义.

定义 如果对于任意给定的 $\varepsilon>0$,总存在 $\delta>0$(或 $X>0$),使得对于适合不等式 $0<|x-x_0|<\delta$(或$|x|>X$)的一切 x,对应的函数值 $f(x)$都满足不等式

$$|f(x)|<\varepsilon.$$

则称函数 $f(x)$当 $x\to x_0$(或 $x\to\infty$)时是无穷小,记做

$$\lim_{x\to x_0} f(x)=0 \quad (\text{或}\lim_{x\to\infty} f(x)=0).$$

例 因为$\lim\limits_{x\to1}(x-1)=0$,所以函数 $f(x)=x-1$,当 $x\to1$ 时,是无穷小,而$\lim\limits_{x\to2}(x-1)=1$,所以当 $x\to2$ 时,$f(x)=x-1$ 不是无穷小.

称一个函数 $f(x)$是无穷小,必须明确指出自变量的变化过程,因为对同一个函数,在自变量不同的变化过程,其极限是不同的.例如,函数 $f(x)=\dfrac{1}{x}$,当 $x\to\infty$时,极限是 0,是无穷小,而当$x\to2$时,极限是 $\dfrac{1}{2}$,就不是无穷小.

注意 无穷小不是一个很小的数,而是一个以零为极限的变量.但是零是可作为无穷小的惟一的常数,因为如果 $f(x)=0$,则对任给的 $\varepsilon>0$,总有$|f(x)|<\varepsilon$,即常数零满足无穷小定义.除此之外,任何无论多么小的数,都不满足无穷小的定义,都不是无穷小.

2.3.2 无穷大

如果当 $x\to x_0$(或 $x\to\infty$)时,对应的函数的绝对值$|f(x)|$无限变大,就说函数 $f(x)$当 $x\to x_0$(或($x\to\infty$)时,是无穷大.精确地表述如

下.

定义　如果对于任意给定的正数 M(不论多么大),总存在 $\delta>0$(或 $X>0$),使得对于适合不等式 $0<|x-x_0|<\delta$(或 $|x|>X$)的一切 x,所对应的函数 $f(x)$ 总满足

$$|f(x)|>M,$$

则称 $f(x)$ 当 $x\to x_0$(或 $x\to\infty$)时,为无穷大,记做

$$\lim_{x\to x_0} f(x)=\infty \quad (\text{或}\lim_{x\to\infty} f(x)=\infty).$$

如果在无穷大的定义中,把 $|f(x)|>M$ 换成 $f(x)>M$,就记做

$$\lim_{x\to x_0} f(x)=+\infty \quad (\text{或}\lim_{x\to\infty} f(x)=+\infty).$$

如果在无穷大的定义中,把 $|f(x)|>M$ 换成 $f(x)<-M$,就记做

$$\lim_{x\to x_0} f(x)=-\infty \quad (\text{或}\lim_{x\to\infty} f(x)=-\infty).$$

注意

(1)无穷大是函数在某一变化过程中极限不存在的一种情况,为了表示函数 $f(x)$ 的这一变化趋势,我们也说“函数的极限是无穷大”,仍借用极限符号表示.无穷大不是数,不能与很大的数相混淆.

(2)无穷大与无界函数的关系,当自变量在某种变化过程中,如果函数 $f(x)$ 是无穷大,则自变量变化到一定阶段以后,$|f(x)|$ 就会永远大于任意给定的正数 M(不论 M 多么大).这说明,在自变量相应范围内,函数 $f(x)$ 是无界的,反之不一定成立.

例如,当 $x\to\infty$ 时,函数 $f(x)=x\cdot\sin x$ 是无界的,但它不是无穷大量.

事实上,不管 X 多么大,在原点的 X 邻域外,总有 $x=n\pi$,一系列点(n 为整数),在这些点处 $f(x)=0$.这说明 $x\to\infty$ 时 $f(x)=x\cdot\sin x$ 不是无穷大.但也总有 $x=2n\pi+\frac{\pi}{2}$,一系列点,在这些点处 $f(x)=2n\pi+\frac{\pi}{2}$,它的绝对值,总会超过给定的正数 M,这就说明当 $x\to\infty$ 时,$f(x)=x\cdot\sin x$ 是无界的.

例 1 试证当 $x\to 1$ 时，$f(x)=\dfrac{1}{x-1}$是无穷大量.

证 对任意给定的正数 M，要使$\left|\dfrac{1}{x-1}\right|>M$，只须$|x-1|<\dfrac{1}{M}$，所以取 $\delta=\dfrac{1}{M}$，则对于适合 $0<|x-1|<\delta$ 的一切 x，有

$$\left|\frac{1}{x-1}\right|>M.$$

这就证明了 $\lim\limits_{x\to 1}\dfrac{1}{x-1}=\infty$. 证毕.

2.3.3 无穷小与无穷大之间的关系

定理 2.3.1 在自变量同一变化过程中，

(1)如果函数 $f(x)$为无穷大，则$\dfrac{1}{f(x)}$为无穷小；

(2)如果函数 $f(x)$为无穷小，且 $f(x)\neq 0$，则$\dfrac{1}{f(x)}$为无穷大.

证 只证 $x\to x_0$ 的情形.

(1)设$\lim\limits_{x\to x_0}f(x)=\infty$，则对任意给定的 $\varepsilon>0$，取 $M=\dfrac{1}{\varepsilon}$，必存在 $\delta>0$，当 $0<|x-x_0|<\delta$ 时，有

$$|f(x)|>M=\frac{1}{\varepsilon},$$

从而$\left|\dfrac{1}{f(x)}\right|<\varepsilon$ 成立.

即 $$\lim_{x\to x_0}\frac{1}{f(x)}=0.$$

上式说明，当 $x\to x_0$ 时，函数$\dfrac{1}{f(x)}$是无穷小. 证毕.

(2) 设$\lim\limits_{x\to x_0}f(x)=0$，且 $f(x)\neq 0$，则对任给的 $M>0$，取 $\varepsilon=\dfrac{1}{M}$，一定存在 $\delta>0$，当 $0<|x-x_0|<\delta$ 时，有

$$|f(x)|<\varepsilon=\frac{1}{M}$$

成立.由于 $f(x)\neq 0$,因而有 $\left|\frac{1}{f(x)}\right|>M$,即

$$\lim_{x\to x_0}\frac{1}{f(x)}=\infty.$$

上式说明,当 $x\to x_0$ 时,函数 $\frac{1}{f(x)}$ 是无穷大.　　证毕.

类似地,可证当 $x\to\infty$ 时的情形.

例如,当 $x\to 0$ 时,x,x^2 等都是无穷小,因而它们的倒数是 $\frac{1}{x},\frac{1}{x^2}$ 都是无穷大;当 $x\to+\infty$ 时,可以证明,函数 e^x 是无穷大量,因而当 $x\to+\infty$ 时,e^{-x} 是无穷小量.

2.3.4　具有极限的函数与无穷小的关系

定理 2.3.2　在自变量的同一变化过程中,

(1)具有极限的函数等于极限值与一个无穷小的和;

(2)如果函数可表为常数与无穷小之和,则该常数就是函数的极限值.

证　只证 $x\to x_0$ 的情形.

(1)如果 $\lim\limits_{x\to x_0}f(x)=A$,则 $f(x)=A+\alpha$,其中 $\lim\limits_{x\to x_0}\alpha=0$.

已知 $\lim\limits_{x\to x_0}f(x)=A$,即对任给的 $\varepsilon>0$,存在 $\delta>0$,当 $0<|x-x_0|<\delta$ 时,有

$$|f(x)-A|<\varepsilon$$

成立.

令 $f(x)-A=\alpha$,由无穷小的定义知道,当 $x\to x_0$ 时,$f(x)-A=\alpha$ 是无穷小.于是就得到

$$f(x)=A+\alpha.$$

这就证明了,函数 $f(x)$ 等于它的极限值 A 与一个无穷小 α 的和.

证毕.

(2)如果函数 $f(x)=A+\alpha$,其中 $\lim\limits_{x\to x_0}\alpha=0$,$A$ 是常数,则

$$\lim_{x\to x_0} f(x)=A.$$

事实上,由 $f(x)=A+\alpha$,得到

$$|f(x)-A|=|\alpha|,$$

因 $\lim\limits_{x\to x_0}\alpha=0$,则对任意给定的 $\varepsilon>0$,存在 $\delta>0$,当 $0<|x-x_0|<\delta$ 时,

有 $|\alpha|<\varepsilon$

即 $|f(x)-A|<\varepsilon$,

这就证明了 $\lim\limits_{x\to x_0} f(x)=A$. 证毕.

类似地,可证明当 $x\to\infty$ 时的情形以及数列的情形.

2.3.5 关于无穷小的几个性质

关于无穷小的性质,我们仅就 $x\to x_0$ 时的情形加以证明,至于 $x\to\infty$ 时的情形,结论也是正确的.

定理 2.3.3 有限个无穷小的代数和也是无穷小.

证 考虑两个无穷小的代数和的情形.

如果 $\lim\limits_{x\to x_0}\alpha=0$, $\lim\limits_{x\to x_0}\beta=0$,则 $\lim\limits_{x\to x_0}(\alpha\pm\beta)=0$.

对于任意给定的 $\varepsilon>0$,由于当 $x\to x_0$ 时,α,β 都是无穷小,因此,对于 $\frac{\varepsilon}{2}>0$,存在 $\delta_1>0$,当 $0<|x-x_0|<\delta_1$ 时,有

$$|\alpha|<\frac{\varepsilon}{2}$$

成立.

对于 $\frac{\varepsilon}{2}>0$,也存在 $\delta_2>0$,当 $0<|x-x_0|<\delta_2$ 时,有

$$|\beta|<\frac{\varepsilon}{2}$$

成立.取 $\delta=\min(\delta_1,\delta_2)$(此式表示,$\delta$ 是 δ_1,δ_2 这两个数中最小的那个数),即当 $0<|x-x_0|<\delta$ 时,有

$$|\alpha|<\frac{\varepsilon}{2},|\beta|<\frac{\varepsilon}{2}$$

同时成立,从而

$$|\alpha\pm\beta|\leqslant|\alpha|+|\beta|<\frac{\varepsilon}{2}+\frac{\varepsilon}{2}=\varepsilon.$$

这就证明了,当 $x\to x_0$ 时,$\alpha\pm\beta$ 是无穷小.　　证毕.

同时,可以证明有限个无穷小的代数和仍是无穷小.

类似地,可以证明当 $x\to\infty$ 的情形.

定理 2.3.4　有界函数 $f(x)$ 与无穷小 α 的乘积是无穷小.

证　设 $f(x)$ 在 $0<|x-x_0|<\delta_1$ 内有界,即 $|f(x)|\leqslant M$,并且 $\lim\limits_{x\to x_0}\alpha=0$,证 $\lim\limits_{x\to x_0}f(x)\cdot\alpha=0$.

对任意给定 $\varepsilon>0$,由 $\lim\limits_{x\to x_0}\alpha=0$,对于 $\frac{\varepsilon}{M}>0$,必存在 $\delta_2>0$,当 $0<|x-x_0|<\delta_2$ 时,有

$$|\alpha|<\frac{\varepsilon}{M}.$$

取 $\delta=\min(\delta_1,\delta_2)$,当 $0<|x-x_0|<\delta$ 时,有

$$|f(x)\cdot\alpha|=|f(x)|\cdot|\alpha|<M\cdot\frac{\varepsilon}{M}=\varepsilon.$$

这就证明了 $\lim\limits_{x\to x_0}f(x)\cdot\alpha=0$.　　证毕.

类似地,可以证明当 $x\to\infty$ 的情形.

由定理 2.3.4,可得到下面两个推论.

推论 1　常数与无穷小的乘积是无穷小.

推论 2　有限个无穷小的乘积是无穷小.

这是因为无穷小是极限为零的函数,所以无穷小是有界函数.因此,根据定理 2.3.4 就得到推论 2.

例 2　证明 $\lim\limits_{x\to\infty}\frac{1}{x}\sin x=0$.

证　因为当 $x\to\infty$ 时,$\frac{1}{x}$ 是无穷小,而函数 $\sin x$ 是有界函数 $|\sin x|\leqslant1$,由定理 2.3.4 可得

$$\lim_{x \to \infty} \frac{1}{x}\sin x = 0.$$ 证毕.

同理,也可得到

$$\lim_{x \to 0} x\sin\frac{1}{x} = 0.$$

习 题 2-3

1. 下列各种说法是否正确,为什么?

(1)无穷小是比任何数都小的数;

(2)零是无穷小;

(3)无穷小是 0;

(4)无穷小是越来越小的变量;

(5) $-\infty$是无穷小.

2. 当 $x \to 0$ 时,下列函数哪些是无穷小,哪些是无穷大?

(1) $f(x) = \frac{\sin x}{1+\cos x}$; (2) $F(x) = \frac{2x}{1+x}$;

(3) $u(x) = e^x - 1$; (4) $g(x) = \frac{1}{x^2}$.

3. 利用无穷小的性质,求下列极限.

(1) $\lim_{x \to 1} \frac{x+1}{x-1}$; (2) $\lim_{x \to 0} x^2 \cdot \sin\frac{1}{x}$;

(3) $\lim_{x \to \infty} \frac{\arctan x}{x}$.

4. 已知 $\lim_{x \to \infty} f(x) = \infty$,用“$\varepsilon - X$”语言,证明

$$\lim_{x \to \infty} \frac{1}{f(x)} = 0.$$

5. 根据函数极限的定义,填写下表

	$f(x) \to A$	$f(x) \to \infty$	$f(x) \to +\infty$	$f(x) \to -\infty$
$x \to x_0$	任给 $\varepsilon > 0$, 存在 $\delta > 0$, 当 $0 < \lvert x - x_0 \rvert < \delta$ 时, 有 $\lvert f(x) - A \rvert < \varepsilon$.			

续表

	$f(x)\to A$	$f(x)\to\infty$	$f(x)\to+\infty$	$f(x)\to-\infty$
$x\to x_0+0$				
$x\to x_0-0$				
$x\to\infty$		任给 $M>0$, 存在 $X>0$, 当 $\|x\|>X$ 时, 有 $\|f(x)\|>M$.		
$x\to+\infty$				
$x\to-\infty$				

2.4 极限的四则运算法则

本节建立函数极限的四则运算法则,利用这些法则,可以求出某些函数的极限.

下面的讨论中,假定自变量在同一变化过程中($x\to x_0$,或 $x\to\infty$),函数 $f(x)$、$g(x)$的极限存在.并且极限以"lim"表示,而不标明自变量的变化过程.实际上,下面的定理对 $x\to x_0$,或 $x\to\infty$都是成立的.在论证时,我们只证明 $x\to x_0$ 的情形,只要把 δ 改为X,把 $0<|x-x_0|<\delta$,改为$|x|>X$,就可得到 $x\to\infty$时情形的证明.

定理 2.4.1 两个函数 $f(x)$、$g(x)$的代数和的极限等于它们的极限的代数和.即

$$\lim[f(x)\pm g(x)]=\lim f(x)\pm\lim g(x).$$

证 设 $\lim f(x)=A, \lim g(x)=B$,由定理 2.3.2 得,

$$f(x)=A+\alpha, \quad g(x)=B+\beta,$$

其中 α,β 都是无穷小. 于是

$$\begin{aligned} f(x) \pm g(x) &= (A+\alpha) \pm (B+\beta) \\ &= (A \pm B)+(\alpha \pm \beta). \end{aligned}$$

由无穷小的性质知道,$\alpha \pm \beta$ 是无穷小. 再由定理 2.3.2,得

$$\lim [f(x) \pm g(x)] = A \pm B = \lim f(x) \pm \lim g(x). \quad \text{证毕.}$$

定理 2.4.1 可推广到有限个函数的情形. 例如,若 $f(x)$、$g(x)$、$h(x)$的极限都存在,则由定理 2.4.1,有

$$\begin{aligned} \lim [f(x) \pm g(x) \pm h(x)] &= \lim \{f(x) \pm [g(x)+h(x)]\} \\ &= \lim f(x) \pm \lim [g(x)+h(x)] \\ &= \lim f(x) \pm \lim g(x) \pm \lim h(x). \end{aligned}$$

定理 2.4.2 两个函数 $f(x)$、$g(x)$乘积的极限,等于它们极限的乘积,即

$$\lim [f(x) \cdot g(x)] = \lim f(x) \cdot \lim g(x).$$

证 设 $\lim f(x)=A, \quad \lim g(x)=B$,

则 $f(x)=A+\alpha, g(x)=B+\beta$,其中 α,β 都是无穷小. 于是

$$\begin{aligned} f(x) \cdot g(x) &= (A+\alpha) \cdot (B+\beta) \\ &= AB+(A\beta+B\alpha+\alpha\beta), \end{aligned}$$

由无穷小的性质知道,$A\beta+B\alpha+\alpha\beta$ 是无穷小,再根据定理 2.3.2 可得到

$$\lim [f(x) \cdot g(x)] = AB = \lim f(x) \cdot \lim g(x). \quad \text{证毕.}$$

定理 2.4.2 可推广到有限个函数相乘的情形. 例如,若 $f(x)$、$g(x)$、$h(x)$极限都存在,则由定理 2.4.2 得

$$\begin{aligned} \lim [f(x) \cdot g(x) \cdot h(x)] &= \lim \{[f(x) \cdot g(x)] \cdot h(x)\} \\ &= \lim [f(x) \cdot g(x)] \cdot \lim h(x) \\ &= \lim f(x) \cdot \lim g(x) \cdot \lim h(x). \end{aligned}$$

推论 1 若 $\lim f(x)$存在,而 c 为常数,则

$$\lim [c \cdot f(x)] = c \cdot \lim f(x).$$

推论 1 说明,求极限时,常数因子可以提到极限符号的外面.

推论2 若 $\lim f(x)$ 存在，而 n 为正整数，则

$$\lim[f(x)]^n=[\lim f(x)]^n.$$

这是因为

$$\begin{aligned}\lim[f(x)]^n&=\lim[f(x)\cdot f(x)\cdots f(x)]\\&=\lim f(x)\cdot\lim f(x)\cdots\lim f(x)\\&=[\lim f(x)]^n.\end{aligned}$$

定理2.4.3 如果分母的极限不为零，则两个函数 $f(x)$ 与 $g(x)$ 之商的极限，等于它们极限的商，即

$$\lim\frac{f(x)}{g(x)}=\frac{\lim f(x)}{\lim g(x)}\qquad(\lim g(x)\neq 0).$$

证明从略.

需要指出，以上几个定理与推论对于数列也是成立的.

定理2.4.4 如果 $f(x)\geqslant g(x)$，且 $\lim f(x)=A$，$\lim g(x)=B$，则 $A\geqslant B$.

证 令 $\varphi(x)=f(x)-g(x)$，则 $\varphi(x)\geqslant 0$，由定理2.4.1得

$$\begin{aligned}\lim\varphi(x)&=\lim[f(x)-g(x)]\\&=\lim f(x)-\lim g(x)=A-B,\end{aligned}$$

再根据定理2.2.2得 $A-B\geqslant 0$（因为 $\varphi(x)\geqslant 0$），故 $A\geqslant B$. 证毕.

运用极限的四则运算法则，求函数的极限时，特别要注意定理条件，即每个函数极限都存在（对于商的极限法则，分母的极限不为零），否则不能使用.

下面求一些函数的极限，其中最简单的，也是经常遇到的情形就是有理函数的极限.

例1 求 $\lim\limits_{x\to 1}(2x+5)$.

解 $\lim\limits_{x\to 1}(2x+5)=\lim\limits_{x\to 1}2x+\lim\limits_{x\to 1}5=2\lim\limits_{x\to 1}x+5=2+5=7.$

例2 求 $\lim\limits_{x\to 2}x^3$.

解 $\lim\limits_{x\to 2}x^3=(\lim\limits_{x\to 2}x)^3=2^3=8.$

例3 求 $\lim\limits_{x\to -3}\dfrac{x^2+1}{x^3+3x^2+4}$.

解 因为 $\lim\limits_{x\to-3}(x^3+3x^2+4)=4\neq0$,所以

$$\lim_{x\to-3}\frac{x^2+1}{x^3+3x^2+4}=\frac{\lim\limits_{x\to-3}(x^2+1)}{\lim\limits_{x\to-3}(x^3+3x^2+4)}=\frac{9+1}{-27+27+4}=\frac{5}{2}.$$

通过上面几例,我们可以总结出,对于多项式

$$f(x)=a_0x^n+a_1x^{n-1}+\cdots+a_n,$$

由定理2.4.1及定理2.4.2的推论得到

$$\lim_{x\to x_0}f(x)=a_0(\lim_{x\to x_0}x)^n+a_1(\lim_{x\to x_0}x)^{n-1}+\cdots+a_n=a_0x_0^n+a_1x_0^{n-1}+\cdots+a_n=f(x_0).$$

对于有理函数

$$f(x)=\frac{P(x)}{Q(x)},$$

$P(x),Q(x)$均为多项式,且 $Q(x_0)\neq0$,则有

$$\lim_{x\to x_0}f(x)=\frac{\lim\limits_{x\to x_0}P(x)}{\lim\limits_{x\to x_0}Q(x)}=\frac{P(x_0)}{Q(x_0)}=f(x_0).$$

以上两式说明,对于多项式和有理函数,求 $x\to x_0$ 时的极限,只要将多项式和有理函数中的 x 换成 x_0 就得到了极限值.对于有理函数若分母 $Q(x_0)=0$,则关于商的极限定理不能应用,那就需要特别考虑.下面举两个属于这种情形的例题.

例 4 求 $\lim\limits_{x\to1}\dfrac{2x-3}{x^2-5x+4}$.

解 当 $x\to1$ 时,分母的极限为零,分子极限是 -1,不能应用商的极限定理.但因其倒数的极限

$$\lim_{x\to1}\frac{x^2-5x+4}{2x-3}=\frac{0}{-1}=0.$$

根据无穷小的倒数是无穷大的定理,得

$$\lim_{x\to1}\frac{2x-3}{x^2-5x+4}=\infty.$$

例5　求$\lim\limits_{x\to 3}\dfrac{x-3}{x^2-9}$.

解　当$x\to 3$时,分子、分母的极限都是零,不能直接应用极限运算法则,但因$x\to 3$时($x\neq 3$),可先约去公因子($x-3$),所以

$$\lim_{x\to 3}\frac{x-3}{x^2-9}=\lim_{x\to 3}\frac{x-3}{(x-3)(x+3)}=\lim_{x\to 3}\frac{1}{x+3}=\frac{1}{6}.$$

例6　求$\lim\limits_{x\to 0}\dfrac{\sqrt{x+4}-2}{x}$.

解　当$x\to 0$时,分子、分母的极限都是零,把该式进行恒等变形,消去分子、分母的公因子,再求极限,即

$$\begin{aligned}\lim_{x\to 0}\frac{\sqrt{x+4}-2}{x}&=\lim_{x\to 0}\frac{(\sqrt{x+4}-2)(\sqrt{x+4}+2)}{x(\sqrt{x+4}+2)}\\&=\lim_{x\to 0}\frac{x}{x(\sqrt{x+4}+2)}=\lim_{x\to 0}\frac{1}{\sqrt{x+4}+2}\\&=\frac{1}{4}.\end{aligned}$$

有些有理函数,当$x\to\infty$时,分子、分母都是无穷大,此时不能用商的极限运算法则,需要进行恒等变形,再求极限.

例7　求$\lim\limits_{x\to\infty}\dfrac{3x^3-4x^2+2}{x^3+2x+1}$.

解　当$x\to\infty$时,分子、分母均为无穷大,将分子、分母分别除以x^3,再用商的极限运算法则,得

$$\lim_{x\to\infty}\frac{3x^3-4x^2+2}{x^3+2x+1}=\lim_{x\to\infty}\frac{3-\dfrac{4}{x}+\dfrac{2}{x^3}}{1+\dfrac{2}{x^2}+\dfrac{1}{x^3}}=3.$$

例8　求$\lim\limits_{x\to\infty}\dfrac{x^2+2}{2x^3+x^2+1}$.

解　用x^3除分子、分母,再求极限,即

$$\lim_{x\to\infty}\frac{x^2+2}{2x^3+x^2+1}=\lim_{x\to\infty}\frac{\dfrac{1}{x}+\dfrac{2}{x^3}}{2+\dfrac{1}{x}+\dfrac{1}{x^3}}=\frac{0}{2}=0$$

例 9 求$\lim\limits_{x\to\infty}\dfrac{2x^3+x^2+1}{x^2+2}$.

解 由例 8 的结果,根据定理 2.3.1,得

$$\lim_{x\to\infty}\frac{2x^3+x^2+1}{x^2+2}=\infty.$$

综合例 7,例 8,例 9,对有理函数当 $x\to\infty$ 时的极限,可得到以下结论:

$$\lim_{x\to\infty}\frac{a_0x^m+a_1x^{m-1}+\cdots+a_m}{b_0x^n+b_1x^{n-1}+\cdots+b_n}=\begin{cases}\dfrac{a_0}{b_0}, & m=n,\\ 0, & m<n,\\ \infty, & m>n.\end{cases}$$

例 10 求$\lim\limits_{x\to-1}(\dfrac{1}{x+1}-\dfrac{3}{x^3+1})$.

解 当 $x\to-1$ 时,$\dfrac{1}{x+1},\dfrac{3}{x^3+1}$均为无穷大(极限不存在),上式的极限不能直接应用差的极限运算法则.通常把两式进行通分,使通分后的分式的分子、分母极限都是零,然后再做处理.于是

$$\begin{aligned}&\lim_{x\to-1}(\frac{1}{x+1}-\frac{3}{x^3+1})\\ &=\lim_{x\to-1}\frac{x^2-x+1-3}{x^3+1}=\lim_{x\to-1}\frac{(x+1)(x-2)}{(x+1)(x^2-x+1)}\\ &=\lim_{x\to-1}\frac{x-2}{x^2-x+1}=-1.\end{aligned}$$

例 11 求$\lim\limits_{x\to+\infty}(\sqrt{x^2+x}-\sqrt{x^2+1})$.

解 当 $x\to+\infty$ 时,两个函数$\sqrt{x^2+x}$,$\sqrt{x^2+1}$都是无穷大,不能用差的极限运算法则,需将其变形,即分子、分母同乘其共轭式$(\sqrt{x^2+x}+\sqrt{x^2+1})$,得

$$\lim_{x\to+\infty}(\sqrt{x^2+x}-\sqrt{x^2+1})=\lim_{x\to+\infty}\frac{x-1}{\sqrt{x^2+x}+\sqrt{x^2+1}}$$

$$=\lim_{x\to+\infty}\frac{1-\frac{1}{x}}{\sqrt{1+\frac{1}{x}}+\sqrt{1+\frac{1}{x^2}}}=\frac{1}{2}.$$

例 12　设函数

$$f(x)=\begin{cases}x-1, & -1\leqslant x<0,\\ \sqrt{1-x^2}, & 0\leqslant x\leqslant 1,\end{cases}$$

讨论当 $x\to 0$ 时，$f(x)$的极限是否存在.

解　$x=0$ 是分段函数 $f(x)$的分界点，在点 $x=0$ 的两侧$f(x)$是由两个不同解析式子表示，而 $x\to 0$ 时，两侧要分别考虑，所以必须分别求 $f(x)$的左、右极限. 而 $x<0$ 时，$f(x)=x-1$，故

$$\lim_{x\to 0-0}f(x)=\lim_{x\to 0-0}(x-1)=-1;$$

当 $x>0$ 时，$f(x)=\sqrt{1-x^2}$，故

$$\lim_{x\to 0+0}f(x)=\lim_{x\to 0+0}\sqrt{1-x^2}=1.$$

左、右极限都存在，但不相等，所以$\lim\limits_{x\to 0}f(x)$不存在.

例 13　求$\lim\limits_{n\to\infty}(\frac{1}{n^2}+\frac{2}{n^2}+\frac{3}{n^2}+\cdots\cdots+\frac{n}{n^2})$.

解　当 $n\to\infty$时，这是无穷多项的和，因此，不能用和的极限运算法则逐项求极限. 极限的四则运算法则只是对有限项有效. 对数列恒等变形后，再求极限. 由于，

$$\lim_{n\to\infty}(\frac{1}{n^2}+\frac{2}{n^2}+\cdots+\frac{n}{n^2})$$

$$=\lim_{n\to\infty}\frac{1+2+3+\cdots+n}{n^2}=\lim_{n\to\infty}\frac{\frac{1}{2}n(n+1)}{n^2}$$

$$=\frac{1}{2}\lim_{n\to\infty}(1+\frac{1}{n})=\frac{1}{2}.$$

习 题 2-4

1. 求下列函数的极限.

(1) $\lim\limits_{x\to 2}\dfrac{x^2+4}{x+2}$;　　(2) $\lim\limits_{x\to 1}\dfrac{x^2-2x+1}{x^2-1}$;

(3) $\lim\limits_{x\to 4}\dfrac{x^2-16}{x-4}$;　　(4) $\lim\limits_{x\to -2}\dfrac{x^3+8}{x+2}$;

(5) $\lim\limits_{h\to 0}\dfrac{(x+h)^2-x^2}{h}$;　　(6) $\lim\limits_{x\to\infty}(2-\dfrac{1}{x}+\dfrac{1}{x^2})$;

(7) $\lim\limits_{x\to 1}(\dfrac{1}{1-x}-\dfrac{3}{1-x^3})$;　　(8) $\lim\limits_{x\to\infty}\dfrac{3x^3+2x+1}{x^4+2x^2-5}$;

(9) $\lim\limits_{x\to\infty}(1+\dfrac{1}{x})(2-\dfrac{1}{x^2})$;　　(10) $\lim\limits_{n\to\infty}(1+\dfrac{1}{2}+\dfrac{1}{4}+\cdots+\dfrac{1}{2^n})$.

2. 利用无穷小定理求下列极限.

(1) $\lim\limits_{x\to+\infty}e^{-x}\operatorname{arccot}x$;　　(2) $\lim\limits_{x\to 0}x^2\sin\dfrac{1}{x}$.

3. 计算下列函数的极限.

(1) $\lim\limits_{x\to 3}\dfrac{\sqrt{1+x}-2}{x-3}$;　　(2) $\lim\limits_{x\to+\infty}(\sqrt{(x+1)(x+2)}-x)$;

(3) $\lim\limits_{x\to 0}\dfrac{\sqrt{1+x^2}-1}{x}$;　　(4) $\lim\limits_{x\to\infty}\dfrac{x+\sin x}{x-\sin x}$;

(5) $\lim\limits_{x\to 0+0}\dfrac{\sqrt{x^3+x^2}}{x}$.

2.5 极限存在准则与两个重要极限

本节给出判定极限存在的两个准则,以及应用这两个准则导出两个重要极限.

2.5.1 准则Ⅰ(夹挤定理)

定理(准则Ⅰ) 设函数 $f(x)$、$g(x)$、$h(x)$在 $x=x_0$ 的某个邻域

内(点 x_0 可除外)满足条件:

(1) $g(x)\leqslant f(x)\leqslant h(x)$,

(2) $\lim\limits_{x\to x_0} g(x)=A$, $\lim\limits_{x\to x_0} h(x)=A$,

则 $\lim\limits_{x\to x_0} f(x)=A$.

证　由于 $\lim\limits_{x\to x_0} g(x)=A$, $\lim\limits_{x\to x_0} h(x)=A$,

所以,对任给的 $\varepsilon>0$,存在 $\delta_1>0$,使得当 $0<|x-x_0|<\delta_1$ 时,有

$$|g(x)-A|<\varepsilon,\quad \text{即}\quad A-\varepsilon<g(x)<A+\varepsilon,$$

存在 $\delta_2>0$,当 $0<|x-x_0|<\delta_2$ 时,有

$$|h(x)-A|<\varepsilon,\quad \text{即}\quad A-\varepsilon<h(x)<A+\varepsilon,$$

取 $\delta=\min\{\delta_1,\delta_2\}$,则当 $0<|x-x_0|<\delta$ 时,上面两个不等式同时成立.因为 $f(x)$ 是介于 $g(x)$ 与 $h(x)$ 之间,所以当 $0<|x-x_0|<\delta$ 时,有

$$A-\varepsilon<g(x)\leqslant f(x)\leqslant h(x)<A+\varepsilon,$$

即　$|f(x)-A|<\varepsilon$

成立.由极限定义,可得

$$\lim_{x\to x_0} f(x)=A.$$

如果把定理中的 $x\to x_0$,换成 $x\to\infty$,定理仍成立,证明方法也相仿.

数列 $x_n=f(n)$ 的极限,可看做 $x\to+\infty$ 函数 $f(x)$ 极限的一种特殊情形.因此,准则Ⅰ(夹挤定理)对于数列也是成立的.叙述如下:

如果数列 x_n, y_n, z_n 满足条件:

(1) $y_n\leqslant x_n\leqslant z_n$　(从某一项以后恒成立),

(2) $\lim\limits_{n\to\infty} y_n=A$, $\lim\limits_{n\to\infty} z_n=A$,

则数列 x_n 的极限存在,且 $\lim\limits_{n\to\infty} x_n=A$.

例 1 求 $\lim\limits_{n\to\infty}\left(\frac{1}{\sqrt{n^2+1}}+\frac{1}{\sqrt{n^2+2}}+\cdots+\frac{1}{\sqrt{n^2+n}}\right)$.

解　因为当 n 无限增大时,项数无限增多,所以不能直接用和的

极限定理.

由于

$$\frac{n}{\sqrt{n^2+n}}\leqslant\frac{1}{\sqrt{n^2+1}}+\frac{1}{\sqrt{n^2+2}}+\cdots+\frac{1}{\sqrt{n^2+n}}\leqslant\frac{n}{\sqrt{n^2+1}},$$

而 $$\lim_{n\to\infty}\frac{n}{\sqrt{n^2+n}}=\lim_{n\to\infty}\frac{1}{\sqrt{1+\frac{1}{n}}}=1.$$

$$\lim_{n\to\infty}\frac{n}{\sqrt{n^2+1}}=\lim_{n\to\infty}\frac{1}{\sqrt{1+\frac{1}{n^2}}}=1,$$

由准则Ⅰ(夹挤定理)可得

$$\lim_{n\to\infty}\left(\frac{1}{\sqrt{n^2+1}}+\frac{1}{\sqrt{n^2+2}}+\cdots+\frac{1}{\sqrt{n^2+n}}\right)=1.$$

例 2 证明 $\lim\limits_{x\to0}\cos x=1$.

证 上式等价于证明$\lim\limits_{x\to0}(\cos x-1)=0$.

当 $0<|x|<\frac{\pi}{2}$时,有下列不等式成立.

$$0<1-\cos x=2\sin^2\frac{x}{2}<2\left(\frac{x}{2}\right)^2=\frac{x^2}{2}$$

(因为当 $0<|x|<\frac{\pi}{2}$时,$|\sin x|<|x|$).

即 $$0<1-\cos x<\frac{x^2}{2},$$

当 $x\to0$ 时,0 的极限是 0,$\frac{x^2}{2}$的极限也是 0,由夹挤定理,得

$$\lim_{x\to0}(1-\cos x)=0.$$

而 $$\lim_{x\to0}(1-\cos x)=1-\lim_{x\to0}\cos x=0,$$

故得 $$\lim_{x\to0}\cos x=1.$$

2.5.2 准则Ⅱ 单调有界数列必有极限

如果数列$\{x_n\}$满足条件:

$$x_1 \leqslant x_2 \leqslant x_3 \leqslant \cdots \leqslant x_n \leqslant x_{n+1} \leqslant \cdots,$$

就称数列$\{x_n\}$是单调增加的;如果数列$\{x_n\}$满足条件:

$$x_1 \geqslant x_2 \geqslant x_3 \geqslant \cdots \geqslant x_n \geqslant x_{n+1} \geqslant \cdots,$$

就称数列$\{x_n\}$是单调减少的.这两种数列统称为单调数列.

在2.1中曾证明,收敛数列一定有界,但逆定理不成立,即有界的数列不一定收敛.而准则Ⅱ告诉我们:如果数列不仅有界,而且又是单调的,则这数列必存在极限,即数列一定收敛.

定理(准则Ⅱ)　如果单调数列有界,则它的极限必存在.

准则Ⅱ的证明比较复杂,证明从略.但在直观上是很容易接受的,下面对准则Ⅱ给出几何解释.

从数轴上看,对应于单调数列的点 x_n 只能向一个方向移动.因此,只有两种可能情形:或者点 x_n 沿数轴移向无穷远($x_n \to \infty$,或 $x_n \to -\infty$);或者点 x_n 无限趋近于某一个定点A(图2-9),也就是数列$\{x_n\}$有极限.现在假定数列是有界的,而有界数列的点 x_n 都落在数轴上的某个闭区间$[-M,M]$内,于是第一种情形就不可能发生了.这就说明了数列只能是趋近一个确定值,而这个确定值就是数列的极限,其极限的绝对值不超过 M.

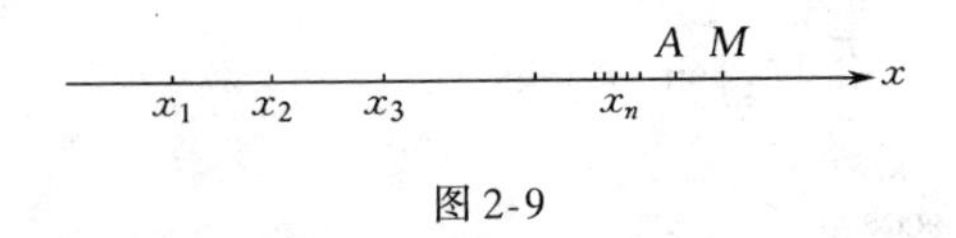

图2-9

2.5.3　两个重要极限

1.　$\lim\limits_{x \to 0} \dfrac{\sin x}{x} = 1$

作为准则Ⅰ的一个应用,我们证明一个重要极限:

$$\lim_{x \to 0} \frac{\sin x}{x} = 1.$$

证　首先注意到,函数$\dfrac{\sin x}{x}$,除 $x=0$ 外,对于其他的 x 值,函数

都有定义.

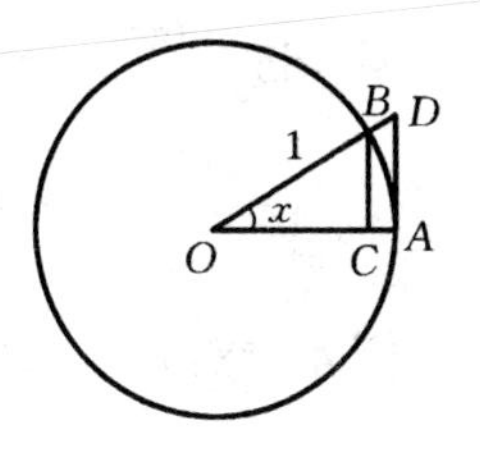

图 2-10

先设 $0<x<\frac{\pi}{2}$,图 2-10 所示的单位圆中,令圆心角$\angle AOB=x$(弧度),点 A 处的切线与OB 的延长线相交于D,又 $BC\perp OA$,则

$$\sin x=BC,\quad x=\widehat{AB},\quad \tan x=AD.$$

因为,

$$\triangle AOB\text{ 的面积}<\text{圆扇形 }AOB\text{ 的面积}<\triangle AOD\text{ 的面积}.$$

所以,

$$\frac{1}{2}\sin x<\frac{1}{2}x<\frac{1}{2}\tan x,$$

即
$$\sin x<x<\tan x.$$

除以 $\sin x$,得

$$1<\frac{x}{\sin x}<\frac{1}{\cos x},$$

从而有
$$\cos x<\frac{\sin x}{x}<1.$$

又因为当 x 用 $-x$ 代替时,$\cos x$,$\frac{\sin x}{x}$都不变号,所以上面的不等式,对于满足$-\frac{\pi}{2}<x<0$ 的一切 x 也是成立的.

即当 $0<|x|<\frac{\pi}{2}$时,不等式

$$\cos x<\frac{\sin x}{x}<1$$

成立.

由例 2 知 $\lim\limits_{x\to 0}\cos x=1$, $\lim\limits_{x\to 0}1=1$,根据准则Ⅰ,得

$$\lim_{x\to 0}\frac{\sin x}{x}=1.$$

证毕.

这是一个非常重要的极限,它对于推导三角函数的导数公式以及计算某些含有三角函数的极限时,都要用到这个重要极限.

例 3 求$\lim\limits_{x\to 0}\frac{\tan x}{x}$.

解 $\lim\limits_{x\to 0}\dfrac{\tan x}{x}=\lim\limits_{x\to 0}\left(\dfrac{\sin x}{x}\cdot\dfrac{1}{\cos x}\right)$

$$=\lim_{x\to 0}\frac{\sin x}{x}\cdot\lim_{x\to 0}\frac{1}{\cos x}=1.$$

例 4 求$\lim\limits_{x\to 0}\dfrac{1-\cos x}{x^2}$

解 $\lim\limits_{x\to 0}\dfrac{1-\cos x}{x^2}=\lim\limits_{x\to 0}\dfrac{2\sin^2\dfrac{x}{2}}{x^2}=\dfrac{1}{2}\lim\limits_{x\to 0}\dfrac{\sin^2\dfrac{x}{2}}{\left(\dfrac{x}{2}\right)^2}$

$$=\frac{1}{2}\left(\lim_{x\to 0}\frac{\sin\frac{x}{2}}{\frac{x}{2}}\right)^2=\frac{1}{2}.$$

这个例子可作为公式使用,即

$$\lim_{x\to 0}\frac{1-\cos x}{x^2}=\frac{1}{2}.$$

例 5 求$\lim\limits_{x\to 0}\dfrac{1-\cos x\cdot\cos 2x}{x^2}$.

解 $\lim\limits_{x\to 0}\dfrac{1-\cos x\cdot\cos 2x}{x^2}$

$$=\lim_{x\to 0}\frac{1-\cos x+\cos x-\cos x\cdot\cos 2x}{x^2}$$

$$=\lim_{x\to 0}\frac{1-\cos x}{x^2}+\lim_{x\to 0}\frac{\cos x(1-\cos 2x)}{x^2}$$

$$=\frac{1}{2}+\lim_{x\to 0}\cos x\cdot\lim_{x\to 0}\frac{1-\cos 2x}{(2x)^2}\cdot 4$$

$$=\frac{1}{2}+2=\frac{5}{2}.$$

例 6 求$\lim\limits_{x\to \pi}\dfrac{\sin 3x}{\tan 5x}$.

解 令 $x=\pi+t$,则当 $x\to\pi$ 时,$t\to 0$,所以

$$\lim_{x\to\pi}\frac{\sin 3x}{\tan 5x}=\lim_{t\to 0}\frac{\sin(3\pi+3t)}{\tan(5\pi+5t)}$$

$$= -\lim_{t\to 0}\frac{\sin 3t}{\tan 5t} = -\lim_{t\to 0}\frac{\frac{\sin 3t}{3t}}{\frac{\tan 5t}{5t}}\cdot\frac{3}{5} = -\frac{3}{5}.$$

例 7 求 $\lim\limits_{x\to\infty} x\cdot\sin\frac{1}{x}$.

解 当令 $x=\frac{1}{t}$，当 $x\to\infty$ 时，$t\to 0$，所以

$$\lim_{x\to\infty} x\cdot\sin\frac{1}{x} = \lim_{t\to 0}\frac{\sin t}{t} = 1.$$

2. $\lim\limits_{x\to\infty}(1+\frac{1}{x})^{x} = e$ 或 $\lim\limits_{x\to 0}(1+x)^{\frac{1}{x}} = e$

作为准则Ⅱ的应用，我们可以得到另一个重要极限，即

$$\lim_{x\to\infty}(1+\frac{1}{x})^{x} = e.$$

根据准则Ⅱ，首先可以得到数列 $x_n=(1+\frac{1}{n})^n$ 的极限.

事实上，不难证明 $x_n=(1+\frac{1}{n})^n$ $(n=1,2,\cdots)$ 是单调增加，并且是有界的 $x_n<3$ $(n=1,2,\cdots)$，证明略.

根据极限存在准则Ⅱ，就可判定数列 x_n 极限存在. 而这极限就是自然对数的底 e，即

$$\lim_{n\to\infty}(1+\frac{1}{n})^{n} = e.$$

e 是无理数，它的值是

$$e = 2.7182818284590\cdots.$$

把正整数变量 n 换成连续实变量 x，可以证明当 x 取实数值趋向于 $+\infty$ 或 $-\infty$ 时，$(1+\frac{1}{x})^x$ 的极限都存在，且都等于 e，即

$$\lim_{x\to\infty}(1+\frac{1}{x})^{x} = e.$$

利用代换 $z=\frac{1}{x}$，则当 $x\to\infty$ 时，$z\to 0$. 于是上式又可改写成

$$\lim_{z\to 0}(1+z)^{\frac{1}{z}}=\mathrm{e}.$$

这样我们就得到了另一个重要极限：

$$\lim_{x\to\infty}(1+\frac{1}{x})^{x}=\lim_{x\to 0}(1+x)^{\frac{1}{x}}=\mathrm{e}.$$

可以用重要极限的这两种形式求某些函数的极限.

例 8 求$\lim\limits_{x\to\infty}(\frac{2+x}{x})^{x}$.

解 $\lim\limits_{x\to\infty}(\frac{2+x}{x})^{x}=\lim\limits_{x\to\infty}(1+\frac{2}{x})^{x}=\lim\limits_{x\to\infty}(1+\frac{2}{x})^{\frac{x}{2}\cdot 2}$,

令 $t=\frac{2}{x}$,当 $x\to\infty$时,$t\to 0$,于是

$$\lim_{x\to\infty}(\frac{2+x}{x})^{x}=\lim_{t\to 0}(1+t)^{\frac{1}{t}\cdot 2}$$

$$=[\lim_{t\to 0}(1+t)^{\frac{1}{t}}]^{2}=\mathrm{e}^{2}.$$

例 9 求$\lim\limits_{x\to\infty}(1-\frac{2}{x})^{5x}$.

解 令 $t=-\frac{2}{x}$,当 $x\to\infty$时,$t\to 0$,于是

$$\lim_{x\to\infty}(1-\frac{2}{x})^{5x}=\lim_{t\to 0}(1+t)^{-\frac{10}{t}}$$

$$=\lim_{t\to 0}[(1+t)^{\frac{1}{t}}]^{-10}$$

$$=[\lim_{t\to 0}(1+t)^{\frac{1}{t}}]^{-10}=\mathrm{e}^{-10}.$$

例 10 求$\lim\limits_{x\to\infty}(\frac{x+1}{x-1})^{x}$.

解 $\lim\limits_{x\to\infty}(\frac{x+1}{x-1})^{x}=\lim\limits_{x\to\infty}\left(\frac{1+\frac{1}{x}}{1-\frac{1}{x}}\right)^{x}$

$$=\lim_{x\to\infty}\frac{(1+\frac{1}{x})^{x}}{(1-\frac{1}{x})^{x}}=\frac{\mathrm{e}}{\mathrm{e}^{-1}}=\mathrm{e}^{2}.$$

例 11 求$\lim\limits_{x\to\frac{\pi}{2}}(1+\cos x)^{2\sec x}$.

解 令 $\cos x=t$，则 $\sec x=\dfrac{1}{t}$，当 $x\to\dfrac{\pi}{2}$时，$t\to 0$，于是

$$\lim_{x\to\frac{\pi}{2}}(1+\cos x)^{2\sec x}=\lim_{t\to 0}(1+t)^{\frac{2}{t}}=e^2.$$

习　　题 2-5

1. 计算下列函数的极限.

(1)$\lim\limits_{x\to 0}\dfrac{\tan kx}{x}$ （k 为常数）；　(2)$\lim\limits_{x\to 0}\dfrac{\sin 5x}{\sin 3x}$；

(3)$\lim\limits_{x\to 0}\dfrac{\tan x-\sin x}{x^3}$；　(4)$\lim\limits_{x\to 0}\dfrac{1-\cos 2x}{x\sin x}$；

(5)$\lim\limits_{x\to 0}x\cdot\cot 2x$；　(6)$\lim\limits_{x\to a}\dfrac{\sin(x-a)}{x^2-a^2}$ （$a\neq 0$）.

2. 计算下列函数的极限.

(1)$\lim\limits_{x\to 0}(1-x)^{\frac{2}{x}}$；　(2)$\lim\limits_{x\to\infty}\left(\dfrac{1+x}{x}\right)^{2x}$；

(3)$\lim\limits_{y\to 0}(1-2y)^{\frac{1}{y}}$；　(4)$\lim\limits_{x\to\infty}\left(\dfrac{2x+3}{2x+1}\right)^{x+1}$.

2.6 无穷小的比较

根据无穷小的性质，我们知道两个无穷小的和、差、积都是无穷小，那么，两个无穷小的商是不是无穷小呢？那就不一定了. 例如，当 $x\to 0$ 时，x、$3x$、x^2、$\sin x$ 都是无穷小，而两个无穷小之商的极限，却有着不同的情况：

$$\lim_{x\to 0}\frac{x^2}{3x}=0,\qquad \lim_{x\to 0}\frac{3x}{x^2}=\infty,$$

$$\lim_{x\to 0}\frac{x}{3x}=\frac{1}{3},\qquad \lim_{x\to 0}\frac{\sin x}{x}=1.$$

这是因为，无穷小虽然都是趋于零的变量，但它们趋于零的快慢程

度并不相同.为比较两个无穷小趋于零的快慢程度,我们引进无穷小阶的概念.

2.6.1　无穷小阶的定义

设 α、β 为同一过程的两个无穷小.

(1)如果 $\lim \dfrac{\beta}{\alpha}=0$,则称 β 是比 α 高阶的无穷小,记做 $\beta=o(\alpha)$.

(2)如果 $\lim \dfrac{\beta}{\alpha}=\infty$,则称 β 是比 α 低阶的无穷小.

(3)如果 $\lim \dfrac{\beta}{\alpha}=c\quad(c\neq0,c\neq1)$,则称 β 与 α 是同阶无穷小.

(4)如果 $\lim \dfrac{\beta}{\alpha}=1$,则称 β 与 α 是等价无穷小,记做 $\alpha\sim\beta$.

例如,$\lim\limits_{x\to0}\dfrac{\sin x}{x}=1$,则 $\sin x\sim x(x\to0)$.

$\lim\limits_{x\to0}\dfrac{\sin 5x}{x}=5$,则当 $x\to0$ 时,$\sin 5x$ 与 x 是同阶无穷小.

$\lim\limits_{x\to0}\dfrac{x^2}{x}=0$,则当 $x\to0$ 时,$x^2=o(x)$.

$$\lim_{x\to0}\frac{1-\cos x}{x}=\lim_{x\to0}\frac{\sin^2\frac{x}{2}}{\frac{x}{2}}=0,$$

则当 $x\to0$ 时,$1-\cos x=o(x)$.

$$\lim_{x\to0}\frac{1-\cos x}{\frac{x^2}{2}}=\lim_{x\to0}\frac{\sin^2\frac{x}{2}}{(\frac{x}{2})^2}=1,$$

则当 $x\to0$ 时,$1-\cos x\sim\dfrac{x^2}{2}$.

注意　两个无穷小可以比较的条件是其商极限存在(或为无穷大).例如,当 $x\to0$ 时,x 与 $x\sin\dfrac{1}{x}$ 都是无穷小,但函数

$$\frac{x\sin\frac{1}{x}}{x}=\sin\frac{1}{x}$$

的极限不存在,所以这两个无穷小的比较是没有意义.

2.6.2 等价无穷小的性质

如果 $\alpha\sim\alpha'$,$\beta\sim\beta'$,且 $\lim\frac{\beta'}{\alpha'}$存在,则

$$\lim\frac{\beta}{\alpha}=\lim\frac{\beta'}{\alpha'}.$$

这是因为

$$\lim\frac{\beta}{\alpha}=\lim\left(\frac{\beta}{\beta'}\cdot\frac{\beta'}{\alpha'}\cdot\frac{\alpha'}{\alpha}\right)=\lim\frac{\beta'}{\alpha'}.$$

这个性质说明,求两个无穷小之商的极限时,分子及分母都可用等价无穷小来代换.因此用来代换的无穷小选得适当的话,可以使计算简化.

例 1 求$\lim\limits_{x\to0}\frac{\tan 2x}{\sin 5x}$.

解 因为$\tan 2x\sim 2x$, $\sin 5x\sim 5x$,于是

$$\lim_{x\to0}\frac{\tan 2x}{\sin 5x}=\lim_{x\to0}\frac{2x}{5x}=\frac{2}{5}.$$

例 2 求$\lim\limits_{x\to0}\frac{\sin x}{x^3+3x}$.

解 当 $x\to0$ 时,$\sin x\sim x$,x^3+3x 与它本身是等价的,所以

$$\lim_{x\to0}\frac{\sin x}{x^3+3x}=\lim_{x\to0}\frac{x}{x^3+3x}=\lim_{x\to0}\frac{1}{x^2+3}=\frac{1}{3}.$$

例 3 求$\lim\limits_{x\to0}\frac{\tan x-\sin x}{x^3}$.

解
$$\lim_{x\to0}\frac{\tan x-\sin x}{x^3}=\lim_{x\to0}\frac{\sin x(1-\cos x)}{\cos x\cdot x^3}$$

$$=\lim_{x\to0}\frac{x\cdot\frac{1}{2}x^2}{\cos x\cdot x^3}=\frac{1}{2}\quad\left(因为 \sin x\sim x,1-\cos x\sim\frac{x^2}{2}\right).$$

习 题 2-6

1. 当 $x \to 0$ 时, $2x-x^2$ 与 x^2-x^3 相比,哪一个是高阶无穷小.

2. 证明:当 $x \to 0$ 时,下列各对无穷小是等价的.

(1) $\arctan x \sim x$; (2) $\arcsin x \sim x$.

3. 利用等价无穷小的性质,求下列极限.

(1) $\lim\limits_{x\to 0}\dfrac{\tan 3x}{2x}$; (2) $\lim\limits_{x\to 0}\dfrac{\tan x-\sin x}{\sin^3 x}$;

(3) $\lim\limits_{x\to 0}\dfrac{\sin(x^n)}{(\sin x)^m}$ (n,m 为正整数);

(4) $\lim\limits_{x\to 0}\dfrac{\sin ax}{\sin bx}$ ($b\neq 0$);

(5) $\lim\limits_{x\to 0}\dfrac{1-\cos ax}{x^2}$.

4. 设当 $x \to x_0$ 时, $\alpha(x)$、$\beta(x)$ 均为无穷小,证明 $\alpha(x)\sim\beta(x)$ 的充要条件是 $\alpha(x)-\beta(x)=o(\alpha(x))$.

2.7 函数的连续性与间断点

自然界中的许多现象,都在连续不断地运动和变化,如气温、气压的连续变化、植物的连续生长等.这些现象反映到数学的函数关系上,就是函数的连续性.

2.7.1 函数的连续性

我们经常遇到的一类函数有这样一个特点:当自变量变化很小时,相应的函数值变化也很小,如气温作为时间的函数,就具有这种性质.具有这种性质的函数,我们就称它们为连续函数.在给出连续函数的精确定义之前,先介绍增量(改变量)的概念.

1. 增量(改变量)

设变量 x 从它的一个初值 x_0 变到终值 x_1,终值与初值之差 x_1-x_0 称做变量 x 的增量或改变量,记做 Δx,即

$$\Delta x = x_1 - x_0.$$

增量 Δx 可以是正的,也可以是负的. 当 Δx 为正值时,变量 x 从 x_0 变到 $x_1 = x_0 + \Delta x$ 时是增大的;当 Δx 是负值时,变量 x 是减小的.

设函数 $y = f(x)$在 x_0 的某一个邻域内有定义,当自变量 x 在这个邻域内,从 x_0 变到 $x_0 + \Delta x$ 时,函数 y 相应地从 $f(x_0)$变到 $f(x_0 + \Delta x)$,则称

$$\Delta y = f(x_0 + \Delta x) - f(x_0)$$

为函数 $y = f(x)$的增量,如图 2-11.

2. 函数连续的定义

在图 2-11 中 x_0 不变,而让自变量的增量 Δx 变动,则函数 y 的增量 Δy 也随着变动. 函数的连续性概念可以这样直观描述:如果当 Δx 趋向于零时,函数 y 的对应增量 Δy 也趋向于零,即

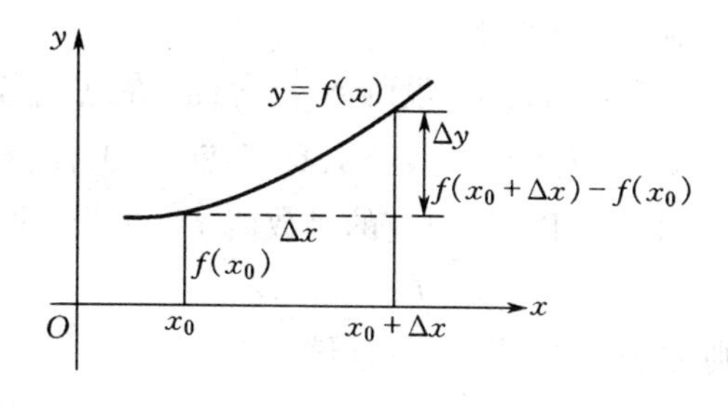

图 2-11

$$\lim_{\Delta x \to 0} \Delta y = 0,$$

或写成

$$\lim_{\Delta x \to 0} [f(x_0 + \Delta x) - f(x_0)] = 0,$$

则称函数 $y = f(x)$在点 x_0 处是连续的. 于是我们给出下面定义.

定义 2.7.1 设函数 $y = f(x)$在点 x_0 的某一邻域内有定义,如果当自变量的增量 $\Delta x = x - x_0$ 趋向于零时,对应的函数增量

$$\Delta y = f(x_0 + \Delta x) - f(x_0)$$

也趋向于零,即

$$\lim_{\Delta x \to 0} \Delta y = \lim_{\Delta x \to 0} [f(x_0 + \Delta x) - f(x_0)] = 0,$$

则称函数 $y = f(x)$在点 x_0 处连续.

设 $x=x_0+\Delta x$，当 $\Delta x\to 0$ 时，有 $x\to x_0$，于是，定义 2.7.1 又可写为

$$\lim_{x\to x_0}[f(x)-f(x_0)]=0,$$

即

$$\lim_{x\to x_0}f(x)=f(x_0).$$

所以，函数 $y=f(x)$ 在点 x_0 处连续的定义又可如下叙述.

定义 2.7.2 设函数 $f(x)$ 在点 x_0 的某一邻域内有定义，如果 $f(x)$ 当 $x\to x_0$ 时的极限存在，且等于它在点 x_0 处的函数值 $f(x_0)$，即

$$\lim_{x\to x_0}f(x)=f(x_0),$$

则称 $y=f(x)$ 在点 x_0 处连续.

由函数 $f(x)$ 当 $x\to x_0$ 时的极限定义可知，上述定义可以用"ε—δ"语言表述如下.

定义 2.7.3 设函数 $y=f(x)$ 在点 x_0 处的某一邻域内有定义，如果对于任意给定的 $\varepsilon>0$，总存在 $\delta>0$，使得对于适合不等式 $|x-x_0|<\delta$ 的一切 x，所对应的函数值 $f(x)$ 都满足不等式

$$|f(x)-f(x_0)|<\varepsilon,$$

则称 $f(x)$ 在点 x_0 处连续.

函数 $y=f(x)$ 在一点 x_0 处连续的三种定义形式是等价的，本质是一致的，表达的是同一概念，从其中任一定义出发便可以推出另外两个定义形式.

3. 左连续与右连续

设函数 $f(x)$ 在区间 $a<x\leqslant b$ 内有定义，如果左极限 $\lim\limits_{x\to b-0}f(x)$ 存在，且等于 $f(b)$，即

$$\lim_{x\to b-0}f(x)=f(b).$$

就说函数 $f(x)$ 在点 b 处左连续.

设函数 $f(x)$ 在区间 $a\leqslant x<b$ 内有定义，如果右极限 $\lim\limits_{x\to a+0}f(x)$ 存在，且等于 $f(a)$，即

$$\lim_{x\to a+0}f(x)=f(a),$$

就说 $f(x)$ 在点 a 处右连续.

如果函数 $f(x)$ 在开区间 (a,b) 内每一点都连续，则称函数 $f(x)$ 在区间 (a,b) 内连续；如果函数 $f(x)$ 在开区间 (a,b) 内连续，并且在左端点 $x=a$ 处右连续，在右端点 $x=b$ 处左连续，则称函数 $f(x)$ 在闭区间 $[a,b]$ 上连续.

4.函数在一点处连续的条件

由连续定义 $\lim\limits_{x\to x_0} f(x)=f(x_0)$ 可知，函数 $f(x)$ 在点 x_0 处连续必须同时满足下列三个条件：

(1) $f(x)$ 在点 x_0 处有定义；

(2)当 $x\to x_0$ 时，$f(x)$ 的极限 $\lim\limits_{x\to x_0} f(x)$ 存在；

(3)极限值等于函数 $f(x)$ 在点 x_0 处的函数值 $f(x_0)$.

如果上述三个条件中，至少有一个不满足，则函数 $f(x)$ 在点 x_0 处不连续.

例 1 讨论函数 $y=\sin x$ 在区间 $(-\infty,+\infty)$ 内的连续性.

解 设 x 是区间 $(-\infty,+\infty)$ 内的任意一点，当 x 有增量 Δx 时，对应的函数增量为

$$\Delta y=\sin(x+\Delta x)-\sin x=2\sin\frac{\Delta x}{2}\cdot\cos\left(x+\frac{\Delta x}{2}\right).$$

因为

$$\left|\cos\left(x+\frac{\Delta x}{2}\right)\right|\leqslant 1,$$

所以 $|\Delta y|\leqslant 2\left|\sin\frac{\Delta x}{2}\right|<2\left|\frac{\Delta x}{2}\right|=|\Delta x|$ （因为 $|\sin x|<|x|$，$x\neq 0$），当 $\Delta x\to 0$ 时，就有

$$|\Delta y|=|\sin(x+\Delta x)-\sin x|\to 0,$$

这就证明了函数 $y=\sin x$ 对任意 x 都是连续的.

类似地，可以证明函数 $y=\cos x$ 在 $(-\infty,+\infty)$ 内也是连续的.

例 2 讨论函数 $f(x)=|x|=\begin{cases}x, & x\geqslant 0,\\ -x, & x<0,\end{cases}$ 在 $x=0$ 处是否连续.

解 因 $f(0)=0$，即 $f(x)$ 在 $x=0$ 处有定义. 而

$$\lim_{x\to 0-0} f(x)=\lim_{x\to 0-0}(-x)=0,$$

$$\lim_{x\to 0+0} f(x)=\lim_{x\to 0+0} x=0,$$

故　$f(x)$在点 $x=0$ 处极限存在，即$\lim\limits_{x\to 0} f(x)=0$,

且有　　$\lim\limits_{x\to 0} f(x)=f(0)$，即极限值等于函数值.

所以函数 $f(x)=|x|$在点 $x=0$ 是连续的.

例 3　讨论函数 $f(x)=\begin{cases}-\dfrac{1}{x-1}, & x<0,\\ x-4, & x\geqslant 0,\end{cases}$ 在点 $x=0$ 处的连续性.

解　当 $x=0$ 时，函数有定义，$f(0)=-4$.

而　　$$\lim_{x\to 0-0} f(x)=\lim_{x\to 0-0}\left(-\frac{1}{x-1}\right)=1,$$

$$\lim_{x\to 0+0} f(x)=\lim_{x\to 0+0}(x-4)=-4.$$

即 $f(x)$在点 $x=0$ 处的左、右极限存在，但不相等，故在点 $x=0$ 函数 $f(x)$极限不存在，所以函数 $f(x)$在点 $x=0$ 是不连续的.

5. 连续与极限的关系

如果函数 $f(x)$在点 x_0 处连续，由连续定义可知，当 $x\to x_0$ 时，$f(x)$的极限一定存在；反之，则不一定成立. 例如，$f(x)=\dfrac{1-\cos x}{x^2}$，当 $x\to 0$ 时，极限存在，即

$$\lim_{x\to 0}\frac{1-\cos x}{x^2}=\frac{1}{2},$$

但 $f(x)$在点 $x=0$ 处是没有定义的，即 $x=0$ 是不连续点.

2.7.2　函数的间断点

1. 函数的间断点

如果函数 $f(x)$在点 x_0 连续的三个条件中至少有一个不成立时，则 $f(x)$在点 x_0 不连续，称点 x_0 为函数 $f(x)$的间断点（或称为不连续点）.

2. 间断点的分类

(1)第一类间断点　如果 x_0 是函数 $f(x)$的间断点,且 $f(x)$在点 x_0 的左、右极限 $f(x_0-0)$和 $f(x_0+0)$都存在,则称点 x_0 是函数 $f(x)$的第一类间断点.

如果 x_0 是函数 $f(x)$的第一类间断点,且左、右极限相等,即极限 $\lim\limits_{x\to x_0} f(x)$存在,则点 x_0 又称为可去间断点.可去间断点,显然是函数 $f(x)$的第一类间断点.当点 x_0 是 $f(x)$的可去间断点时,$f(x)$在点 x_0 处可能是没有定义,或是 $f(x)$在点 x_0 虽然有定义,但在点 x_0 的极限值不等于在点 x_0 的函数值,即 $\lim\limits_{x\to x_0} f(x)\neq f(x_0)$.在这两种情况下,只要补充或改变函数 $f(x)$在点 x_0 的定义,令 $f(x_0)=\lim\limits_{x\to x_0} f(x)$,就可以使函数 $f(x)$在点 x_0 处连续.因此,又把这种间断点称为可去间断点.

(2)第二类间断点　如果函数 $f(x)$在点 x_0 的左、右极限至少有一个不存在,则称点 x_0 为第二类间断点.

例 4　讨论函数

$$f(x)=\begin{cases} x-1, & x<0, \\ 0, & x=0, \\ x+1, & x>0, \end{cases}$$

在点 $x=0$ 处的连续性.

解　$f(x)$在点 $x=0$ 有定义 $f(0)=0$,在点 $x=0$ 的左、右极限分别是:

$$\lim_{x\to 0-0} f(x)=\lim_{x\to 0-0}(x-1)=-1,$$

$$\lim_{x\to 0+0} f(x)=\lim_{x\to 0+0}(x+1)=1.$$

虽然在点 $x=0$ 处的左、右极限存在,但不相等,故函数 $f(x)$在 $x=0$ 点间断,且为第一类间断点(图 2-12).

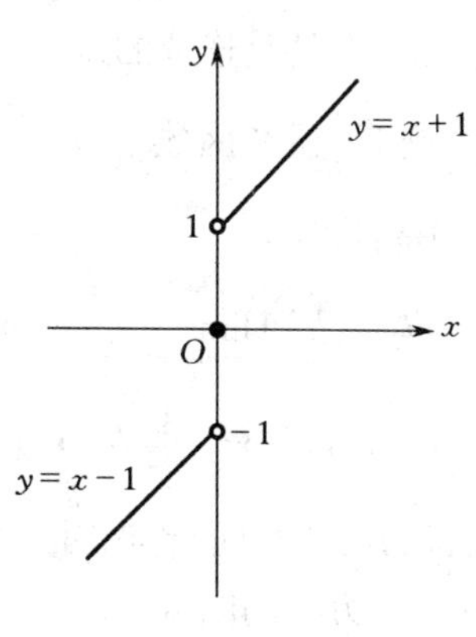

图 2-12

例 5　讨论函数

$$f(x)=\begin{cases} x\sin\dfrac{1}{x}, -2\leqslant x<0, \\ x+1, \quad 0\leqslant x\leqslant 2, \end{cases}$$

在点 $x=0$ 处的连续性.

解　因为函数 $f(x)$在点 $x=0$ 的左、右极限

$$\lim_{x\to 0-0} f(x)=\lim_{x\to 0-0} x\sin\frac{1}{x}=0,$$

$$\lim_{x\to 0+0} f(x)=\lim_{x\to 0+0}(x+1)=1$$

都存在,但不相等,故函数 $f(x)$在该点间断,点 $x=0$ 是 $f(x)$的第一类间断点.

例 6　讨论函数 $f(x)=\dfrac{\sin x}{x}$在点 $x=0$ 处的连续性.

解　已知 $f(x)=\dfrac{\sin x}{x}$,在点 $x=0$ 处没有定义,所以 $f(x)$在点 $x=0$处间断,但$\lim\limits_{x\to 0}\dfrac{\sin x}{x}=1$,故点 $x=0$ 是函数 $f(x)$的可去间断点.如果补充定义,令 $f(x)$在点 $x=0$ 处为 $f(0)=1$,那么得到一个新的函数

$$f_1(x)=\begin{cases} \dfrac{\sin x}{x}, & x\neq 0, \\ 1, & x=0. \end{cases}$$

在点 $x=0$ 处是连续的.

例 7　研究函数 $f(x)=\dfrac{1}{x^2}$,在点 $x=0$是否连续.

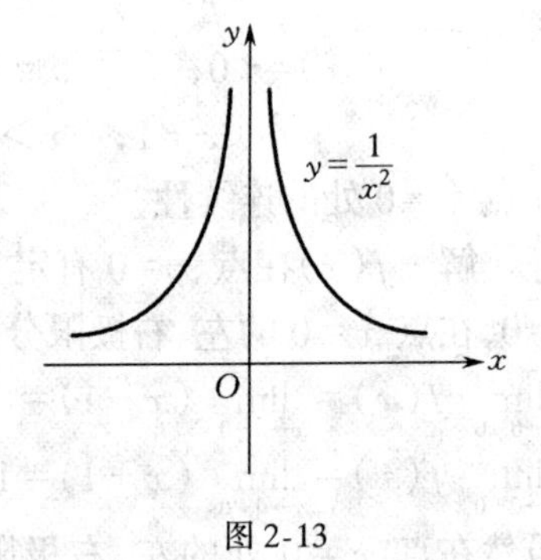

图 2-13

解　已知$\lim\limits_{x\to 0}\dfrac{1}{x^2}=+\infty$(图 2-13),所以 $f(x)=\dfrac{1}{x^2}$在点 $x=0$ 处间断,且为第二类间断点.因为当 $x\to 0$ 时,$f(x)$趋向于无穷大,也称点 $x=0$ 是无穷型间断点.

例 8 研究函数 $f(x)=\sin\dfrac{1}{x}$，在点 $x=0$ 是否连续.

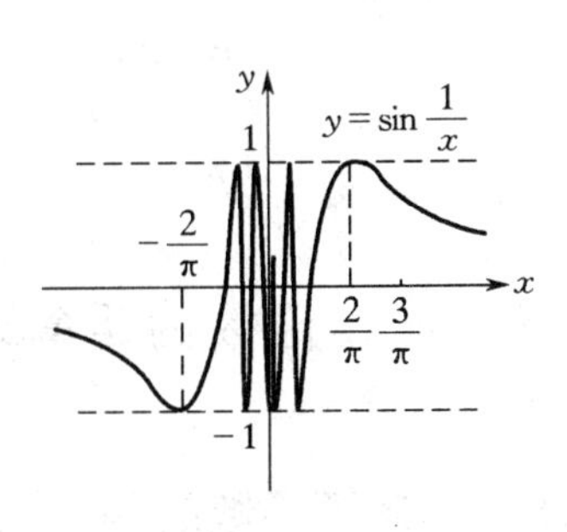

图 2-14

解 当 $x\to0$ 时，$f(x)=\sin\dfrac{1}{x}$ 的左、右极限都不存在，所以 $f(x)=\sin\dfrac{1}{x}$ 在点 $x=0$ 处间断，且为第二类间断点.

因为当 $x\to0$ 时，函数值 $\sin\dfrac{1}{x}$ 在 -1 与 1 之间振荡无限次(图 2－14)，所以，点 $x=0$ 也称为振荡型间断点.

习　　题　2-7

1. (1)试说明函数 $f(x)$ 在点 $x=x_0$ 处有定义，在点 x_0 处有极限，在点 x_0 处连续，这三个概念之间的区别与联系.

(2)已知函数 $f(x)$ 在点 $x=a$ 处连续，试问当 $x\to a$ 时，函数 $f(x)$ 是否有极限，若有极限，极限值等于什么？

2. 用定义证明 $y=\cos x$ 在 $(-\infty,+\infty)$ 内是连续的.

3. 设函数 $f(x)=\begin{cases}x^2, & 0\leqslant x\leqslant1,\\ 2-x, & 1<x\leqslant2,\end{cases}$ 试讨论 $f(x)$ 在 $x=1$ 处的连续性.

4. 指出下列函数的间断点，并指明是哪一类型间断点.

(1) $f(x)=\dfrac{x^2-1}{x^2-3x+2}$；　　(2) $f(x)=\dfrac{1}{x^2-1}$；

(3) $f(x)=e^{\frac{1}{x}}$；　　(4) $f(x)=\arctan\dfrac{1}{x}$.

5. 设 $f(x)=(1+x)^{\frac{1}{x}}$，问怎样补充定义 $f(0)$，才能使 $f(x)$ 在点 $x=0$ 处连续.

6. 当 A 为何值时，函数

$$f(x)=\begin{cases}\dfrac{\cos 2x-\cos 3x}{x^2}, & x\neq 0,\\ A, & x=0,\end{cases}$$ 在点 $x=0$ 处连续.

2.8 连续函数的运算与初等函数的连续性

2.8.1 连续函数的和、差、积、商的连续性

由函数在一点处连续的定义及极限的四则运算法则,可以得到如下定理.

定理 2.8.1 如果函数 $f(x)$、$g(x)$在点 x_0 处连续,则它们的和、差、积、商(分母不为零)在点 x_0 也连续.

证 我们只证和的情形,其他的证明都是类似的.

因为 $f(x)$、$g(x)$在点 $x=x_0$ 连续,故有

$$\lim_{x\to x_0} f(x)=f(x_0),\ \lim_{x\to x_0} g(x)=g(x_0).$$

根据极限的运算法则得

$$\begin{aligned}\lim_{x\to x_0}[f(x)+g(x)]&=\lim_{x\to x_0} f(x)+\lim_{x\to x_0} g(x)\\&=f(x_0)+g(x_0),\end{aligned}$$

所以,$f(x)+g(x)$在点 $x=x_0$ 处是连续的. 证毕.

例 1 讨论 $y=\tan x$ 的连续性.

因为 $\tan x=\dfrac{\sin x}{\cos x}$,而 $\sin x$,$\cos x$ 在$(-\infty,+\infty)$内连续,所以当 $\cos x\neq 0$,即 $x\neq n\pi+\dfrac{\pi}{2}(n=0,\pm 1,\pm 2,\cdots)$时 $y=\tan x$ 连续,也就是说 $y=\tan x$ 在它的定义域$(x\neq n\pi+\dfrac{\pi}{2}, n=0,\pm 1,\pm 2\cdots)$内是连续的.

同样,$y=\cot x$ 在它的定义域$(x\neq n\pi, n=0,\pm 1,\pm 2,\cdots)$内是连续的.

2.8.2 反函数的连续性

定理 2.8.2 如果函数 $y=f(x)$在某区间上是单调增(或单调减)的连续函数,则它的反函数 $x=\varphi(y)$也在对应的区间上是单调增(或单调减)的连续函数(证明从略).

例 2 函数 $y=\sin x$ 在区间$\left[-\frac{\pi}{2},\frac{\pi}{2}\right]$上是单调增的连续函数.由定理 2.8.2 可得,它的反函数 $y=\arcsin x$ 在对应区间$[-1,1]$上也是单调增的连续函数(图 2-15,2-16),

同样,应用定理 2.8.2 可得到 $y=\arccos x$ 在$[-1,1]$上单调减且连续;$y=\arctan x$ 在区间$(-\infty,+\infty)$内单调增且连续;$y=\text{arccot}\ x$在$(-\infty,+\infty)$内单调减且连续.

总之,反三角函数在它们的定义域内是连续的.

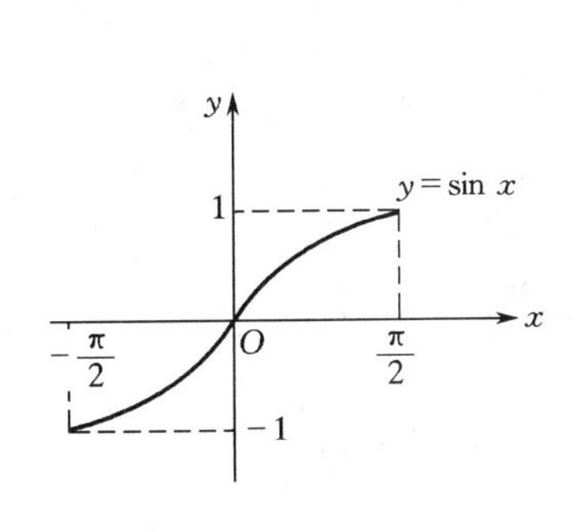

图 2-15

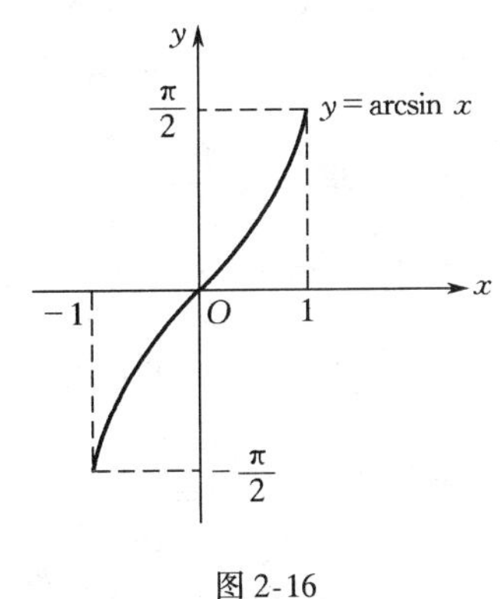

图 2-16

2.8.3 复合函数的连续性

1. 复合函数的极限

定理 2.8.3 设函数 $u=\varphi(x)$,当 $x\to x_0$ 时的极限存在,且等于 a,即

$$\lim_{x\to x_0}\varphi(x)=a,$$

而函数 $y=f(u)$,在点 $u=a$ 处连续,则复合函数 $y=f[\varphi(x)]$,当 x

$\to x_0$ 时的极限存在,且等于 $f(a)$,即

$$\lim_{x\to x_0} f[\varphi(x)]=f(a).$$

证明从略.

在定理 2.8.3 中,因为 $\lim\limits_{x\to x_0} \varphi(x)=a$,因此上式又可写成:

$$\lim_{x\to x_0} f[\varphi(x)]=f[\lim_{x\to x_0} \varphi(x)].$$

该式说明,在定理 2.8.3 的条件下,求复合函数 $f[\varphi(x)]$极限时,函数符号 f 与极限符号可以交换次序.

例 3 求$\lim\limits_{x\to 0} \cos(1+x)^{\frac{1}{x}}$.

解 函数 $y=\cos(1+x)^{\frac{1}{x}}$,可看成是由 $y=\cos u$,$u=(1+x)^{\frac{1}{x}}$复合而成.而$\lim\limits_{x\to 0} (1+x)^{\frac{1}{x}}=\mathrm{e}$,在点 $u=\mathrm{e}$ 处函数 $y=\cos u$ 连续,由定理 2.8.3 可得

$$\lim_{x\to 0} \cos(1+x)^{\frac{1}{x}}=\cos[\lim_{x\to 0} (1+x)^{\frac{1}{x}}]=\cos \mathrm{e}.$$

例 4 求$\lim\limits_{x\to 0} \dfrac{\mathrm{e}^x-1}{x}$.

解 令 $y=\mathrm{e}^x-1$,则 $x=\ln(1+y)$,当 $x\to 0$ 时,$y\to 0$,则

$$\lim_{x\to 0} \frac{\mathrm{e}^x-1}{x}=\lim_{y\to 0} \frac{y}{\ln(1+y)}=\lim_{y\to 0} \frac{1}{\ln(1+y)^{\frac{1}{y}}}$$

$$=\frac{1}{\ln[\lim\limits_{y\to 0} (1+y)^{\frac{1}{y}}]}=\frac{1}{\ln \mathrm{e}}=1.$$

2.复合函数的连续性

定理 2.8.4 设函数 $u=\varphi(x)$,在点 $x=x_0$ 连续,即

$$\lim_{x\to x_0} \varphi(x)=\varphi(x_0)=u_0,$$

而函数 $y=f(u)$在点 $u=u_0$ 连续,则复合函数 $y=f[\varphi(x)]$在点 $x=x_0$处连续.

定理 2.8.4 的条件,显然满足定理 2.8.3,只要在定理 2.8.3 中令 $a=u_0=\varphi(x_0)$,于是由定理 2.8.3 得

$$\lim_{x \to x_0} f[\varphi(x)] = f(u_0) = f[\varphi(x_0)].$$

该式说明复合函数 $f[\varphi(x)]$在点 x_0 处连续.

例 5 讨论函数 $y=\sin\frac{1}{x}$的连续性.

解 函数 $y=\sin\frac{1}{x}$,可看做是由 $y=\sin u$,及 $u=\frac{1}{x}$复合而成的. $\sin u$ 在$(-\infty,+\infty)$内是连续的,$\frac{1}{x}$在$(-\infty,0)$和$(0,+\infty)$内是连续的,根据定理 2.8.4 得,复合函数 $y=\sin\frac{1}{x}$在区间$(-\infty,0)$和$(0,+\infty)$内是连续的.

2.8.4 初等函数的连续性

1. 基本初等函数在它们的定义域内都是连续的

前面证明了三角函数及反三角函数在它们的定义域内是连续的.

指数函数 $y=a^x(a>0,a\neq1)$在区间$(-\infty,+\infty)$内有定义,且单调和连续(证略).

由指数函数 a^x 的单调性和连续性,根据反函数的连续性定理 2.8.2,可得对数函数 $y=\log_a x(a>0,a\neq1)$在其定义区间$(0,+\infty)$内是单调且连续.

幂函数 $y=x^\mu$,不论 μ 取何值在区间$(0,+\infty)$内,总是有定义的,而且是连续的.

事实上,设 $x>0$,则

$$y=x^\mu=a^{\mu\log_a x},$$

幂函数 $y=x^\mu$ 可看做是由 $y=a^u$,$u=\mu\log_a x$ 复合而成的.由复合函数的连续性定理 2.8.4 可知,幂函数 $y=x^\mu$ 在$(0,+\infty)$内是连续的.

综上所述,基本初等函数在它们的定义域内都是连续的.

2. 初等函数在其定义区间内都是连续的

根据初等函数的定义,由基本初等函数的连续性以及连续函数的和、差、积、商的连续性定理和复合函数的连续性定理,可得到一个重要结论:**一切初等函数在其定义区间(就是包含在定义域内的区间)内都是连续的.**

根据初等函数连续性的结论,提供了求初等函数极限的一个简捷方法.这就是:若 $f(x)$是初等函数,x_0 是 $f(x)$定义区间内的一点,则

$$\lim_{x\to x_0} f(x)=f(x_0).$$

例6 求$\lim\limits_{x\to 2}\dfrac{x^2+\sin x}{e^x\sqrt{1+x^2}}$.

解 因为 $x_0=2$ 是初等函数$\dfrac{x^2+\sin x}{e^x\sqrt{1+x^2}}$定义区间内的一点,所以

$$\lim_{x\to 2}\frac{x^2+\sin x}{e^x\sqrt{1+x^2}}=\frac{4+\sin 2}{\sqrt{5}e^2}.$$

例7 求$\lim\limits_{x\to\frac{\pi}{2}}[\ln(\sin x)]$.

解 因为 $x_0=\dfrac{\pi}{2}$是初函数 $f(x)=\ln(\sin x)$定义区间内的一点,所以

$$\lim_{x\to\frac{\pi}{2}}[\ln(\sin x)]=\ln\left(\sin\frac{\pi}{2}\right)=0.$$

习 题 2-8

1.求函数 $f(x)=\dfrac{x^3+3x^2-x-3}{x^2+x-6}$ 的连续区间,并求极限 $\lim\limits_{x\to 0}f(x)$,$\lim\limits_{x\to -3}f(x)$及$\lim\limits_{x\to 2}f(x)$.

2.求下列极限.

(1)$\lim\limits_{t\to -2}\dfrac{e^t+1}{t}$; (2)$\lim\limits_{x\to\frac{\pi}{4}}(\sin 2x)^3$;

(3)$\lim\limits_{x\to\frac{\pi}{9}}\ln(2\cos 3x)$; (4)$\lim\limits_{x\to\frac{\pi}{4}}\dfrac{\sin 2x}{2\cos(\pi-x)}$.

3.求下列极限.

(1)$\lim\limits_{x\to 0}\ln\dfrac{\sin x}{x}$; (2)$\lim\limits_{x\to 0}\dfrac{\ln(1+ax)}{x}$ $(a\neq 0)$;

(3) $\lim\limits_{x\to 0}\dfrac{\ln(a+x)-\ln a}{x}\quad(a>0)$;

(4) $\lim\limits_{x\to 0}(1+\sin x)^{\cot x}$.

2.9 闭区间上连续函数的性质

本节将叙述在闭区间上连续函数的几个性质,这些性质在几何图形中是十分明显的,但分析的证明却很复杂,超出本书的范围,故证明从略.

2.9.1 最大值与最小值定理

定理 2.9.1(最大值与最小值定理) 设函数 $f(x)$ 在闭区间 $[a,b]$ 上连续,则函数 $f(x)$ 在闭区间 $[a,b]$ 上必有最大值和最小值(证略).

定理 2.9.1 说明,如果 $f(x)$ 在闭区间 $[a,b]$ 上连续,则在 $[a,b]$ 上至少有一点 ξ_1 和一点 ξ_2,使对 $[a,b]$ 上的一切 x 值均有

$$f(x)\leqslant f(\xi_2),\ f(x)\geqslant f(\xi_1)\ (a\leqslant x\leqslant b).$$

满足上述的函数值 $f(\xi_2)$ 就是函数 $f(x)$ 在 $[a,b]$ 上的最大值,$f(\xi_1)$ 就是函数 $f(x)$ 在 $[a,b]$ 上的最小值,如图 2-17 所示取得最大值和最小值的点 ξ_2、ξ_1 也可能是闭区间的端点.

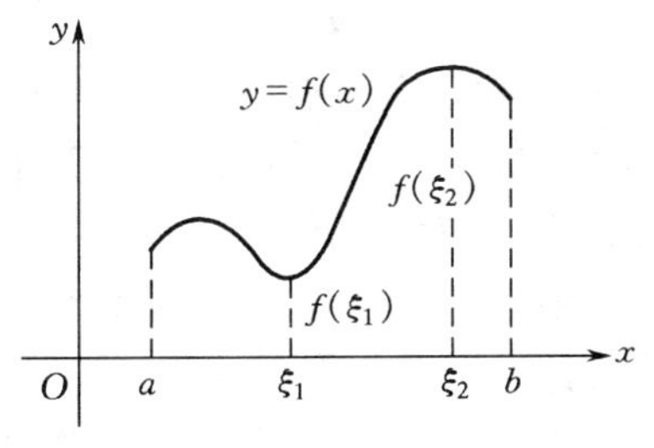

图 2-17

例如,函数 $y=\sin x$ 在闭区间 $[0,2\pi]$ 上是连续的,在点 $\xi_2=\dfrac{\pi}{2}$,有 $\sin\dfrac{\pi}{2}=1$,对 $[0,2\pi]$ 上的任何点 x 的函数值都满足

$$\sin\frac{\pi}{2}\geqslant\sin x\qquad(0\leqslant x\leqslant 2\pi).$$

在点 $\xi_1=\frac{3}{2}\pi$ 处,有 $\sin\frac{3}{2}\pi=-1$,对[0,2π]上任何点 x 的函数值都满足

$$\sin\frac{3}{2}\pi\leqslant\sin x\quad(0\leqslant x\leqslant 2\pi).$$

$\sin\frac{\pi}{2}=1,\sin\frac{3}{2}\pi=-1$,就是函数 $f(x)=\sin x$ 在闭区间[0,2π]上的最大值和最小值.

对于定理2.9.1需要注意如下两点.

(1)如果区间不是闭区间,而是开区间(a,b),那么定理的结论不一定成立.

例如,函数 $f(x)=x^3$ 在(0,2)内是连续的,但在开区间(0,2)内既无最大值,也无最小值.

(2)如果函数 $f(x)$ 在闭区间上有间断点(不连续),则定理的结论也不一定成立.

例如,函数

$$f(x)=\begin{cases}-x+1, & 0\leqslant x<1,\\ 1, & x=1,\\ -x+3, & 1<x\leqslant 2.\end{cases}$$

在闭区间[0,2]上有间断点 $x=1$(图2-18),函数 $f(x)$ 在闭区间[0,2]上既无最大值,又无最小值.

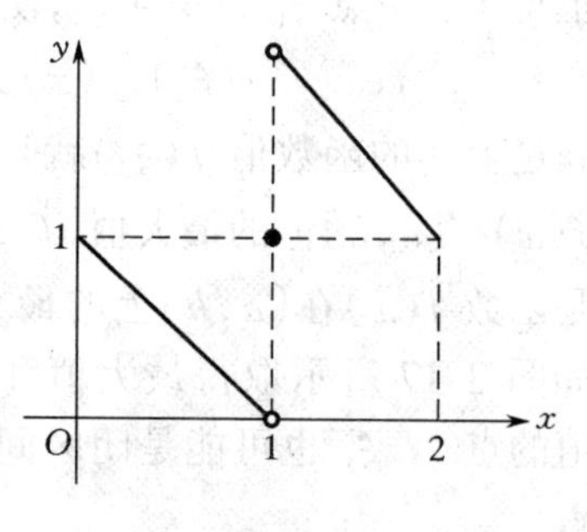

图2-18

由定理2.9.1很容易得到一个重要推论.

推论　如果函数 $f(x)$ 在闭区间 $[a,b]$ 上连续,则 $f(x)$ 在 $[a,b]$ 上有界.

事实上,因为 $f(x)$ 在闭区间 $[a,b]$ 上连续,故 $f(x)$ 在 $[a,b]$ 上有最大值 M 和最小值 m,则

$$m\leqslant f(x)\leqslant M\qquad(a\leqslant x\leqslant b).$$

令 $N=\max(|m|,|M|)$,于是有

$$-N\leqslant f(x)\leqslant N,$$

即 $$|f(x)| \leqslant N \qquad (a \leqslant x \leqslant b).$$
所以，$f(x)$在$[a,b]$上是有界的.

2.9.2　介值定理

定理 2.9.2(介值定理)　设函数 $f(x)$在闭区间$[a,b]$上连续，两端点处的函数值分别为 $f(a)=A$，$f(b)=B(A \neq B)$，而 μ 是介于 A 与 B 之间的任一值，则在开区间(a,b)内至少有一点 ξ，使得

$$f(\xi)=\mu \qquad (a<\xi<b).$$

证明略.

定理 2.9.2 的几何意义是：直线 $y=\mu$（μ 介于 A 与 B 之间），与连续曲线 $y=f(x)$至少相交于一点(图 2-19).

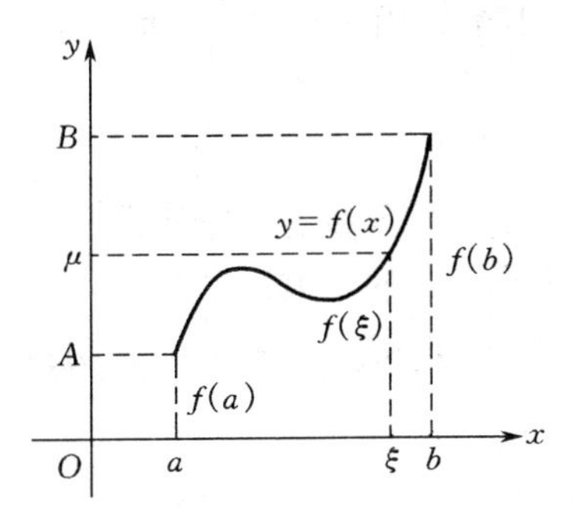

图 2-19

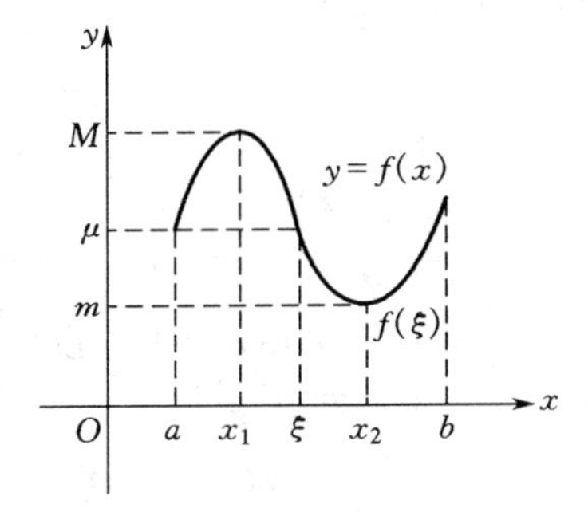

图 2-20

由定理 2.9.2，我们可以得到如下两个推论.

推论 1　在闭区间上连续函数必能取得介于最大值与最小值之间的任何值.

设最大值为 $M=f(x_1)$，最小值为 $m=f(x_2)$，而 $m \neq M$. 在以 x_1,x_2 为端点的闭区间上，应用介质定理，即得推论 1(图 2-20).

推论 2　设函数 $f(x)$在闭区间$[a,b]$上连续，且$f(a) \cdot f(b)<0$（两端点的函数值异号），则在(a,b)的内部，至少存在一点 ξ，使 $f(\xi)=0$(图 2-21).

因为 $\mu=0$ 是在 $f(a)$、$f(b)$之间的一个值，由介值定理，即得推论

2.

这个推论说明，如果函数 $f(x)$ 在 $[a,b]$ 上连续，且 $f(a)$ 与 $f(b)$ 异号，则方程 $f(x)=0$ 在 (a,b) 内至少有一个根.

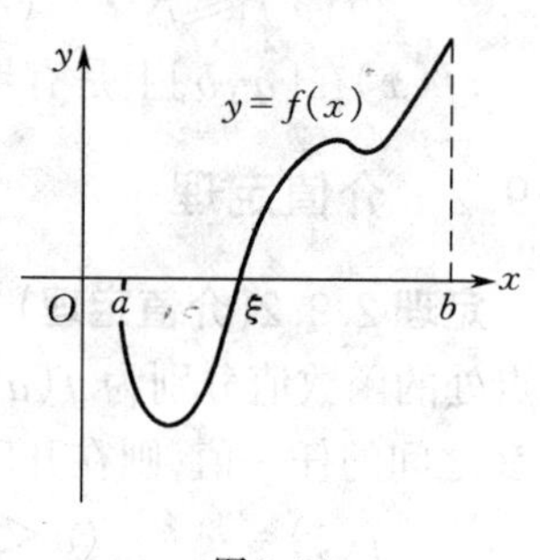

图 2-21

例　设函数 $f(x)=x^3-4x^2+1$，因 $f(x)$ 在闭区间 $[0,1]$ 上连续，又 $f(0)=1>0$，$f(1)=-2<0$，根据介质定理在 $(0,1)$ 内至少有一点 ξ，使得

$$f(\xi)=0,$$

即
$$\xi^3-4\xi^2+1=0 \quad (0<\xi<1).$$

这等式说明方程 $x^3-4x^2+1=0$，在区间 $(0,1)$ 内至少有一个根 ξ.

习　题　2-9

1. 证明方程 $x^5-13x-2=0$ 在 1 与 2 之间至少有一个实根.

2. 证明方程 $x2^x-1=0$ 至少有一个小于 1 的正根.

3. 设 $f(x)$ 在 (a,b) 上连续，且 $a<x_1<x_2<\cdots<x_n<b$. 证明：在 $[x_1,x_n]$ 上必存在 ξ，使

$$f(\xi)=\frac{f(x_1)+f(x_2)+\cdots+f(x_n)}{n}.$$

本　章　总　结

一、学习本章的基本要求

(1)理解数列极限与函数极限的概念. 了解左、右极限的概念.

(2)知道极限的一些基本性质(主要指：有界性、惟一性、同号性、函数极限与无穷小关系等几个定理).

(3)掌握极限的四则运算法则. 知道两个极限存在准则，掌握两个重要极限.

(4)了解无穷小、无穷大的概念及其相互关系.知道无穷小的性质，掌握无穷小的比较.

(5)理解函数在一点处连续的概念，会求函数的间断点及判断间断点的类型.

(6)知道初等函数的连续性及在闭区间上连续函数的性质(最大值、最小值定理及介值定理).

二、本章的重点、难点

重点 (1)极限的概念；无穷小；极限四则运算法测；两个重要极限.

(2)函数的连续性.

难点 (1)极限的定义.

(2)函数在一点连续的定义.

三、学习中应注意的几个问题

1.极限概念

数列极限和函数极限，这两个概念所研究的都是在自变量的某种变化过程中函数的变化趋势问题(数列 x_n 可以看做自变量为正整数 n 的函数，即 $x_n=f(n)$.弄清极限概念，必须先了解自变量的变化状态及其函数的变化趋势.

(1)自变量的变化状态　极限是研究函数变化趋势的，但函数的变化趋势是与自变量的变化状态有关的，因而必须首先指出，极限是在自变量的某种变化过程中，研究函数的变化趋势问题.

数列极限，自变量 n 只有一种变化状态：n 取正整数无限增大(即 $n\to\infty$).

函数极限，自变量 x 的变化状态，主要有两种情形：

①自变量 x 任意接近于定值 x_0.当 x 取比 x_0 大的值接近 x_0 时，记做 $x\to x_0+0$；当 x 取比 x_0 小的值接近 x_0 时，记做 $x\to x_0-0$；当 x 以任意方式(包括上述的两种情形)接近 x_0 时，记做 $x\to x_0$.

②自变量 x 趋向无穷大.当 x 取正值无限变大时，记做 $x\to+\infty$；

当 x 取负值,而绝对值无限增大时,记做 $x\to-\infty$;当$|x|$无限增大时,记做 $x\to\infty$.

(2)函数的变化趋势　在自变量不同变化状态下,函数的变化趋势也是各种各样的.

①函数 $f(x)$无限趋近于一个确定常数(极限存在).

②函数 $f(x)$趋向无穷大,包括 $f(x)$取正值无限增大;$f(x)$取负值而绝对值增大;$f(x)$的绝对值无限增大.此时,均称 $f(x)$的极限不存在,但依然用极限符号表示($\lim f(x)=\infty$).

③$f(x)$不无限趋向于一个确定的常数,也不趋向于无穷大.

(3)函数的极限形式　由于自变量的变化状态及其相应的函数变化趋势的不同,因此就构成了函数的极限形式的多样性.如

$$\lim_{x\to x_0} f(x)=A,$$

$$\lim_{x\to x_0+0} f(x)=A,\lim_{x\to x_0} f(x)=\infty,\lim_{x\to x_0} f(x)=+\infty,$$

$$\lim_{x\to+\infty} f(x)=A,\lim_{x\to\infty} f(x)=A,\lim_{x\to-\infty} f(x)=+\infty,\cdots,$$

函数极限形式虽然很多,但最主要的是两种形式:

$$\lim_{x\to x_0} f(x)=A,\lim_{x\to\infty} f(x)=A.$$

只要把这两种形式的极限定义理解清楚,其他各种极限形式的定义也就不难理解了.

(4)正确理解极限"$\lim\limits_{x\to x_0} f(x)=A$"的含义.

①$\lim\limits_{x\to x_0} f(x)=A$ 的含意的通俗说法:当自变量 x 充分接近 x_0 时,函数 $f(x)$与常数 A 充分接近,或说当 x 与 x_0 之差的绝对值$|x-x_0|$充分小时($x\neq x_0$),则 $f(x)$与 A 之差的绝对值$|f(x)-A|$可以任意小.

②用$|f(x)-A|<\varepsilon$ 来刻画 $f(x)$无限趋近于 A,它的含义是,ε 是任意给定的不论多么小的正数,而$|f(x)-A|$比 ε 还要小,这就刻画出$|f(x)-A|$要多么小,有多么小的含义.

自变量在哪里取值,才能使绝对值不等式$|f(x)-A|<\varepsilon$ 成立呢?在极限定义中指出,只有 x 在点 x_0 充分小的邻域内取值,即 $0<|x-x_0|<\delta$,才能保证不等式$|f(x)-A|<\varepsilon$ 成立.用绝对值不等式 $0<$

$|x-x_0|<\delta$,刻画了 x 充分接近 x_0 的含义.

③两个绝对值不等式的关系(即 ε 与 δ 之间的关系).极限定义中强调对任给的 $\varepsilon>0$,总能找到点 x_0 的 δ 邻域($0<|x-x_0|<\delta$),当 x 落在点 x_0 的 δ 邻域(即 x 满足($0<|x-x_0|<\delta$)时,x 所对应的函数值 $f(x)$ 就一定满足绝对值不等式 $|f(x)-A|<\varepsilon$.对任意给定的 $\varepsilon>0$,总能找到 $\delta>0$,一般说来 ε 变了,δ 也变,ε 越小,δ 相应地也越小,因此 δ 一般依赖于 ε.

只有深刻地理解 ε 的任意性,ε 与 δ 之间的关系,两个绝对值不等式,才能掌握极限概念的实质.

④函数 $f(x)$ 在 $x\to x_0$ 时的极限值,与 $f(x)$ 在点 $x=x_0$ 的函数值是两个不同的概念,两者不能混为一谈.换句话说,函数 $f(x)$ 在 $x\to x_0$ 时的极限值与 $f(x)$ 在点 $x=x_0$ 的函数值无关.

例如,$f(x)=\dfrac{x^2-1}{x-1}$,在点 $x=1$ 没有定义,而在 $x\neq1$ 时,有

$$f(x)=\frac{x^2-1}{x-1}=\frac{(x-1)(x+1)}{x-1}=x+1,$$

当 $x\to1$ 时($x\neq1$),有

$$\lim_{x\to1}f(x)=\lim_{x\to1}(x+1)=2.$$

这个例子说明,求函数极限是从函数无限变化过程中看函数变化趋势的,而不是静止地看函数在一点处的函数值.

读者可以仿照上面的解释,深刻地理解极限“$\lim\limits_{x\to\infty}f(x)=A$”的含义.

(5)函数极限几种形式的表述列表如下:

函数各种形式的极限定义,其核心内容都是四句话,表述方式可列为下表.

极限形式	任给	存在	当	总有
$\lim\limits_{x\to x_0}f(x)=A$	$\varepsilon>0$	$\delta>0$	$0<\|x-x_0\|<\delta$	$\|f(x)-A\|<\varepsilon$
$\lim\limits_{x\to x_0}f(x)=\infty$	$M>0$	$\delta>0$	$0<\|x-x_0\|<\delta$	$\|f(x)\|>M$
$\lim\limits_{x\to\infty}f(x)=A$	$\varepsilon>0$	$X>0$	$\|x\|>X$	$\|f(x)-A\|<\varepsilon$
$\lim\limits_{x\to\infty}f(x)=\infty$	$M>0$	$X>0$	$\|x\|>X$	$\|f(x)\|>M$

2. 极限四则运算法则

极限四则运算法则是求函数极限的重要依据. 但在运用时要特别注意条件,只有 $f(x)$、$g(x)$的极限存在时,极限四则运算法则才成立(对于除法还需分母极限不为零),否则极限运算法则是不能使用的.

根据极限运算法则,不难得到,若 $\lim f(x)$存在,$\lim g(x)$不存在,则 $\lim[f(x)\pm g(x)]$不存在. 这是因为,若 $\lim[f(x)\pm g(x)]$存在,令 $\varphi(x)=f(x)\pm g(x)$,则

$$g(x)=\pm[\varphi(x)-f(x)],$$

已知 $\lim \varphi(x)$,$\lim f(x)$存在,则由极限运算法则可得,$\lim g(x)$存在,这与已知条件 $\lim g(x)$不存在相矛盾,故 $\lim[f(x)\pm g(x)]$不存在.

若 $\lim f(x)$,$\lim g(x)$都不存在,而 $\lim[f(x)\pm g(x)]$可能存在,也可能不存在.

3. 求函数极限的方法

求函数的极限是本章的基本要求,归纳起来有以下几种方法.

(1)利用极限四则运算法则求极限. 有些函数的极限不满足极限四则运算法则的条件,因此不能直接应用四则运算法则. 对这些函数往往需先进行恒等变换(如消去公因子,分子与分母同除以 x 的最高次幂,分子、分母同乘共轭根式,利用三角恒等式等),再用极限四则运算法则求极限.

(2)利用两个重要极限求极限(或通过变量代换化为两个重要极限形式后再求极限).

(3)利用无穷小的性质及无穷小与无穷大的关系求极限.

(4)利用有关复合函数的极限定理求极限.

(5)利用函数的连续性求极限.

(6)在以后各章节中还将会学到其他的一些求极限的方法(如应用洛必达法则;应用定积分求某些函数的极限;应用级数收敛的必要条件求某些函数的极限等).

4. 函数连续性概念

(1)函数连续性三个定义是等价的,函数 $f(x)$在 x_0 处的连续性,

可以用三种不同形式定义.

定义1 $\lim\limits_{\Delta x \to 0} \Delta y = \lim\limits_{\Delta x \to 0} [f(x_0 + \Delta x) - f(x_0)] = 0$.

定义2 $\lim\limits_{x \to x_0} f(x) = f(x_0)$.

定义3 如果对任给的 $\varepsilon > 0$,总存在 $\delta > 0$,当 $|x - x_0| < \delta$ 时,恒有 $|f(x) - f(x_0)| < \varepsilon$,则称 $f(x)$ 在点 x_0 连续.

这三种定义本质是一致的,表示的是同一个概念,从其中任一个定义出发,便可推出另外两个定义形式.

在定义3中,特别需要注意的是,$f(x)$ 在点 x_0 处必须有定义.

(2)函数连续条件　由连续定义

$$\lim_{x \to x_0} f(x) = f(x_0),$$

立即可得到 $f(x)$ 在点 x_0 连续,必须满足以下三个条件:

①$f(x)$ 在点 x_0 有定义;

②$\lim\limits_{x \to x_0} f(x)$ 存在;

③极限值等于函数值,即 $\lim\limits_{x \to x_0} f(x) = f(x_0)$.

以上三个条件至少有一条不满足,则称 $f(x)$ 在点 x_0 处间断.

讨论分段函数在分界点处是否连续,我们就是按以上的三个条件逐个检查看是否满足,只有三个条件同时满足时,方可断定在分界点是连续的.

(3)函数连续性的几何意义　函数在某区间上连续,其函数的几何图形是一条连续变化没有缝隙的曲线.

5. 函数的间断点

(1)如果函数 $f(x)$ 在点 x_0 不满足连续的三个条件之一者,则称点 x_0 为 $f(x)$ 的间断点.

(2)如果 x_0 是 $f(x)$ 的间断点,且在 x_0 点的左、右极限存在,则称点 x_0 为第一类间断点.在第一类间断点中,极限存在($f(x_0 - 0) = f(x_0 + 0)$)的间断点又称为可去间断点.显然可去间断点是第一类间断点中的特殊情形.除第一类间断点以外的间断点,称为第二类间断点.

(3)判断分段函数的分界点是不是间断点,通常方法是求分界点处的左、右极限.依此来判断该点是不是间断点,若是间断点时属何种类型.在分界点处,左、右极限存在且相等,又等于$f(x_0)$,则点x_0是连续点;左、右极限存在且相等,但不等于$f(x_0)$,则x_0为可去间断点;左、右极限存在,但不相等,则x_0为第一类间断点;左、右极限至少有一个不存在,则x_0为第二类间断点.

6.初等函数在其定义区间内是连续的

设初等函数$y=f(x)$,$x=x_0$是定义区间内的一点,于是有

$$\lim_{x\to x_0} f(x)=f(x_0)=f(\lim_{x\to x_0} x).$$

上式说明对于连续函数,极限符号与函数符号可以交换次序.求初等函数在其定义区间内任一点处的极限值,就是求函数在该点处的函数值,因此,求函数的极限困难之处,是求初等函数在其无定义点处的极限和分段函数在分段点处的极限问题.

测验作业题(一)

1.求下列各函数的定义域.

(1)$y=\sqrt{x}+\sqrt[3]{\dfrac{1}{x-2}}$;　　(2)$y=\arcsin\dfrac{x-1}{2}$;

(3)$y=\sqrt{x+1}+\dfrac{1}{\lg(1-x)}$;　　(4)$y=e^{\frac{1}{x-5}}$

2.设$f(x+1)=x^2-3x+2$,求$f(x)$,$f(x-1)$.

3.把一个半径为R的圆形铁片自中心处剪出中心角为α的扇形,围成一个无底圆锥(图2-22,2-23),试将这圆锥的容积表达成角α的函数.

4.如果当$x\to0$时,要使$(1-\cos x)$与$a\sin^2 x$是等价无穷小,问a应该等于多少?

5.求下列函数的极限.

(1)$\lim\limits_{x\to\infty}\dfrac{(3x-1)(4x+5)}{2x^2+x+1}$;　　(2)$\lim\limits_{x\to0}\dfrac{\sqrt{1-x^2}-1}{x}$

(3)$\lim\limits_{x \to \infty} \left(\dfrac{x-1}{x+1}\right)^{x}$；　　(4)$\lim\limits_{x \to 0} \dfrac{1-\cos x}{\cos x \cdot \sin^2 x}$；

(5)$\lim\limits_{x \to 1} \dfrac{\ln x}{x-1}$(提示:设 $x-1=t$).

6.设函数

$$f(x)=\begin{cases} x^2-1, & x<2, \\ -x^2, & 2\leqslant x. \end{cases}$$

求函数的连续区间、间断点,并判断间断点的类型.

7.设 $f(x)=(x^2-a^2)g(x)$,其中 $g(x)$在点 $x=a$ 处连续,求 $\lim\limits_{x \to a} \dfrac{f(x)-f(a)}{x-a}$.

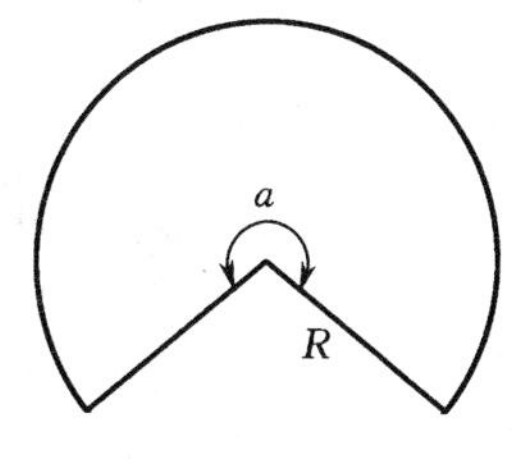

图 2-22

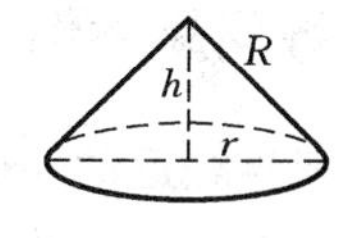

图 2-23

第3章　导数与微分

微分学是微积分的重要组成部分,它的基本概念是导数与微分.导数是反映函数相对于自变量的变化快慢的程度,而微分则是描述当自变量有微小改变时,函数改变量的近似值.

本章主要讨论导数与微分的概念以及它们的计算方法.

3.1　导数的概念

3.1.1　导数问题举例

1.求变速直线运动的速度

对于等速直线运动的速度可用下面公式

$$速度=\frac{路程}{时间}$$

求得,而对于变速直线运动的速度如何来求呢?下面以自由落体运动为例加以说明.若已知自由落体运动的路程 s 随时间 t 的变化规律是

$$s=f(t)=\frac{1}{2}gt^2.$$

要求时刻 $t=t_0$ 时的瞬时速度 $v(t_0)$.自由落体运动是速度不断加快的变速运动,它的速度不能用上述公式求得.但是我们注意到,在很短一段时间内,速度变化很小,运动接近于等速运动,可以用上述公式来求这段时间的平均速度.

设时刻 t_0 变到 $t_0+\Delta t$,相应的路程由 $f(t_0)=\frac{1}{2}gt_0^2$ 变到 $f(t_0+\Delta t)=\frac{1}{2}g(t_0+\Delta t)^2$,在时间间隔$[t_0,t_0+\Delta t]$内落体所走的路程为

$$\Delta s=\frac{1}{2}g(t_0+\Delta t)^2-\frac{1}{2}gt_0^2=gt_0\Delta t+\frac{1}{2}g(\Delta t)^2.$$

于是落体在时间间隔$[t_0,t_0+\Delta t]$内的平均速度为

$$\bar{v}=\frac{\Delta s}{\Delta t}=gt_0+\frac{1}{2}g\Delta t.$$

这个平均速度$\bar{v}$只能近似地描述落体在时刻t_0的速度.但是,时间间隔Δt越小,在这段时间间隔内的运动就越接近于等速运动,平均速度$\bar{v}$就接近于t_0时刻的瞬时速度$v(t_0)$.因此我们考虑$\Delta t\to 0$,若$\bar{v}$的极限存在,就称这个极限值为自由落体在t_0时刻的瞬时速度$v(t_0)$,即

$$v(t_0)=\lim_{\Delta t\to 0}\frac{\Delta s}{\Delta t}=\lim_{\Delta t\to 0}\left(gt_0+\frac{1}{2}g\Delta t\right)=gt_0.$$

这个方法对于求一般变速直线运动的瞬时速度也适用.设已知质点的运动规律为$s=s(t)$,则质点在时刻t_0的瞬时速度定义为

$$v(t_0)=\lim_{\Delta t\to 0}\frac{\Delta s}{\Delta t}=\lim_{\Delta t\to 0}\frac{s(t_0+\Delta t)-s(t_0)}{\Delta t}.$$

上式说明,对于变速直线运动在t_0时刻的瞬时速度是位置函数$s=s(t)$的增量与时间的增量的比值,当时间的增量趋于零时的极限.

2.求电流强度

由物理学知道,对于恒定电流来说,单位时间内通过导线横截面的电量叫做电流强度(简称电流),计算公式为

$$\text{电流强度}=\frac{\text{电量}}{\text{时间}}.$$

若电流不是恒定电流,即从不同时刻起始的单位时间内通过导线横截面的电量是不同的,因此不能用上式求在t_0时刻的电流强度.用时间去除通过导线横截面的电量,只能是这段时间内的平均电流强度.如何求变动电流在t_0时刻的电流强度呢?这和讨论变速直线运动速度的方法在本质上是相同的.

设通过导线横截面的电量Q随时间t的变化规律为$Q=Q(t)$,$Q(t)$表示从开始到时刻t通过该截面的总电量,求t_0时刻的电流强度$i(t_0)$.

先求微小的一段时间内,电量增量值.时刻从 t_0 变到 $t_0+\Delta t$,通过导线横截面的电量由 $Q(t_0)$变到 $Q(t_0+\Delta t)$.电量相应的增量为

$$\Delta Q=Q(t_0+\Delta t)-Q(t_0).$$

再求在 Δt 时间内的平均电流强度

$$\bar{i}=\frac{\Delta Q}{\Delta t}=\frac{Q(t_0+\Delta t)-Q(t_0)}{\Delta t}.$$

最后令 $\Delta t\to 0$,求 $\bar{i}$ 的极限,所得的极限值就是 t_0 时刻的电流强度 $i(t_0)$,即

$$i(t_0)=\lim_{\Delta t\to 0}\bar{i}=\lim_{\Delta t\to 0}\frac{\Delta Q}{\Delta t}=\lim_{\Delta t\to 0}\frac{Q(t_0+\Delta t)-Q(t_0)}{\Delta t}.$$

上式说明,通过导线的电流强度就是电量函数的增量和时间增量之比,当时间增量趋于零时的极限.

3.1.2　导数的定义

上面两例尽管它们的实际意义不同,但它们的数学方法是相同的,都是对于自变量的增量算出相应的函数增量;写出函数增量与自变量的增量的比;最后求出这个比值的极限.现在我们抛开实际问题的具体意义,抽象出它们在数量关系上的共性,得出函数的导数概念.

定义　设函数 $y=f(x)$在点 x_0 的某一邻域内有定义,当自变量 x 在 x_0 处有增量 Δx 时,相应地函数有增量 $\Delta y=f(x_0+\Delta x)-f(x_0)$,如果 Δy 与 Δx 之比,当 $\Delta x\to 0$ 时的极限存在,则称这个极限值为 $y=f(x)$在点 x_0 处的导数,记为 $y'|_{x=x_0}$,即

$$y'|_{x=x_0}=\lim_{\Delta x\to 0}\frac{\Delta y}{\Delta x}=\lim_{\Delta x\to 0}\frac{f(x_0+\Delta x)-f(x_0)}{\Delta x},\tag{1}$$

也可以记为

$$f'(x_0),\quad \left.\frac{\mathrm{d}y}{\mathrm{d}x}\right|_{x=x_0},\quad 或\left.\frac{\mathrm{d}}{\mathrm{d}x}f(x)\right|_{x=x_0}.$$

函数 $f(x)$在点 x_0 处存在导数,简称函数 $f(x)$在点 x_0 处可导.

很明显,函数增量与自变量增量之比$\frac{\Delta y}{\Delta x}$是函数在以$x_0$ 和 $x_0+\Delta x$

为端点的区间上的平均变化率,而导数 $y'|_{x=x_0}$ 则是函数$y=f(x)$在点 x_0 处的变化率,它反映了函数随自变量的变化而变化的快慢程度.

如果式(1)的极限不存在,就称函数 $y=f(x)$在点 x_0 处不可导.若当 $\Delta x\to 0$ 时,$\frac{\Delta y}{\Delta x}\to\infty$(导数不存在),为了方便起见,往往也称函数 $y=f(x)$在点 x_0 的导数为无穷大.

如果我们把 $x_0+\Delta x$ 记为 x,即 $\Delta x=x-x_0$,当 $\Delta x\to 0$ 时,有 $x\to x_0$,于是导数定义式(1)可改写成

$$y'|_{x=x_0}=\lim_{x\to x_0}\frac{f(x)-f(x_0)}{x-x_0}. \tag{2}$$

在点 x_0 的导数定义的两种表示法(1)和(2),以后都要用到.

上面讲的是函数在某一点 x_0 处可导.如果函数 $y=f(x)$在区间 (a,b)内每一点都可导,就称函数 $f(x)$在区间(a,b)内可导.显然,函数 $y=f(x)$对于(a,b)内的每一个确定的 x 值,都对应着一个确定的导数,就构成了一个新的函数,这个函数叫做原来函数$y=f(x)$的导函数,记为

$$y',\quad f'(x),\quad \frac{\mathrm{d}y}{\mathrm{d}x}\quad 或\quad \frac{\mathrm{d}}{\mathrm{d}x}f(x).$$

在公式(1)中,把 x_0 换成 x,即得计算导函数的公式

$$y'=\lim_{\Delta x\to 0}\frac{f(x+\Delta x)-f(x)}{\Delta x}. \tag{3}$$

显然,函数 $y=f(x)$在 x_0 处的导数,就是导函数 $f'(x)$在 $x=x_0$ 处的函数值,即

$$f'(x_0)=f'(x)|_{x=x_0}.$$

在不致发生混淆的情况下,导函数也简称为导数.

有了导数定义以后,我们对前面讨论的两个问题就可以说,变速直线运动的瞬时速度 $v(t)$是位置函数 $s(t)$对时间 t 的导数,即

$$v(t)=\frac{\mathrm{d}s}{\mathrm{d}t}.$$

通过导线的电流强度 $i(t)$是电量函数 $Q(t)$对时间 t 的导数,即

$$i(t)=\frac{\mathrm{d}Q(t)}{\mathrm{d}t}.$$

例1 求函数 $y=x^2$ 在 $x=1$ 处的导数.

解 x 变到 $x+\Delta x$,函数增量

$$\Delta y=(x+\Delta x)^2-x^2=2x\Delta x+(\Delta x)^2.$$

由导数定义,得

$$y'=\lim_{\Delta x\to 0}\frac{2x\Delta x+(\Delta x)^2}{\Delta x}=2x.$$

于是,在 $x=1$ 处的导数为

$$y'|_{x=1}=2x|_{x=1}=2.$$

3.1.3 导数的几何意义

为了直观地说明导数概念,现在讨论导数的几何意义.所谓导数的几何意义,就是在函数的图形上如何表示导数.

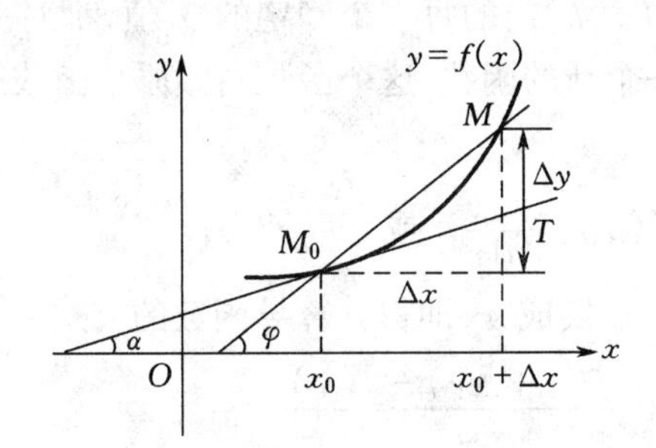

图 3-1

设函数 $y=f(x)$(图 3-1)在点 x_0 有导数 $f'(x_0)$,为了说明 $f'(x_0)$的几何意义可从导数定义

$$f'(x_0)=\lim_{\Delta x\to 0}\frac{\Delta y}{\Delta x}=\lim_{\Delta x\to 0}\frac{f(x_0+\Delta x)-f(x_0)}{\Delta x},$$

逐步地在函数图形上找出导数的几何表示.当自变量 x 由 x_0 变到 $x_0+\Delta x$ 时,函数 y 由 $f(x_0)$变到 $f(x_0+\Delta x)$,在函数图形上对应着点 $M_0(x_0,y_0)$和 $M(x_0+\Delta x,y_0+\Delta y)$点.其中 $\Delta y=f(x_0+\Delta x)-$

$f(x_0)$. 由解析几何知，$\frac{\Delta y}{\Delta x}=\tan\varphi$ 表示割线 M_0M 的斜率，当 $\Delta x\to 0$ 时，点 M 沿曲线 $y=f(x)$ 移动趋向于点 M_0，这时割线 M_0M 绕点 M_0 转动，而趋向于它的极限位置直线 M_0T，直线 M_0T 叫做曲线在点 M_0 的切线. 容易看出，割线 M_0M 的斜角 φ 趋向切线 M_0T 的斜角 α，因而割线 M_0M 的斜率 $\tan\varphi$ 趋向切线 M_0T 的斜率 $\tan\alpha$，即

$$f'(x_0)=\lim_{\Delta x\to 0}\frac{\Delta y}{\Delta x}=\lim_{\varphi\to\alpha}\tan\varphi=\tan\alpha.$$

所以，函数 $y=f(x)$ 在点 x_0 的导数 $f'(x_0)$，表示曲线 $y=f(x)$ 在点 $M_0(x_0,y_0)$ 处的切线的斜率.

根据导数的几何意义，并应用直线的点斜式方程，可得到曲线 $y=f(x)$ 在点 $M_0(x_0,y_0)$ 处的切线方程

$$y-y_0=f'(x_0)(x-x_0).$$

过切点 M_0 且与切线垂直的直线，叫做曲线 $y=f(x)$ 在点 M_0 处的法线. 若 $f'(x_0)\neq 0$，法线的斜率为 $-\frac{1}{f'(x_0)}$，从而法线方程为

$$y-y_0=-\frac{1}{f'(x_0)}(x-x_0).$$

例 2 在抛物线 $y=x^2$ 上求点(1,1)处的切线斜率，并写出该点的切线方程和法线方程.

解 根据导数的几何意义，在点(1,1)处的切线斜率为

$$k=y'|_{x=1}=2x|_{x=1}=2.$$

所求的切线方程为

$$y-1=2(x-1),$$

即 $2x-y-1=0$（见图 3-2）.

所求的法线方程为

$$y-1=-\frac{1}{2}(x-1),$$

即 $$x+2y-3=0.$$

例 3 问曲线 $y=x^2$ 上哪一点处的切线与直线 $y=4x-3$ 平行？

解 已知直线 $y=4x-3$ 的斜率 $k=4$. 根据两直线平行的条件，

所求切线的斜率也应等于 4.

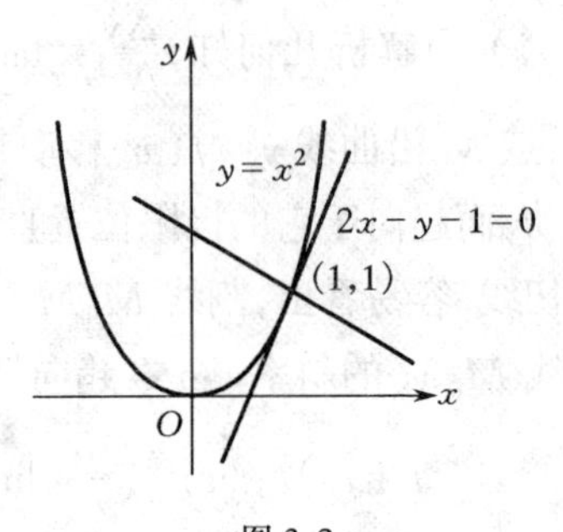

图 3-2

因为　　$y'=(x^2)'=2x$,

由导数的几何意义知，y'表示曲线 $y=x^2$ 上点 $M(x,y)$处的切线斜率，所以，当 x 为何值时，导数 $2x$ 等于 4，由

$$2x=4.$$

故得 $x=2$，将 $x=2$ 代入所给曲线方程，得 $y=2^2=4$，所以曲线 $y=x^2$ 在点(2,4)处的切线与直线 $y=4x-3$ 平行.

3.1.4　函数的可导性与连续性之间的关系

设函数 $y=f(x)$在点 x 处可导，则 $y=f(x)$在点 x 连续. 由于

$$\lim_{\Delta x\to 0}\frac{\Delta y}{\Delta x}=f'(x)$$

存在，于是当 $\Delta x\to 0$ 时，必有 Δy 趋于零，否则$\dfrac{\Delta y}{\Delta x}$的极限就不存在，由此得出，若函数 $y=f(x)$在点 x 可导，必有

$$\lim_{\Delta x\to 0}\Delta y=0,$$

即函数在点 x 连续. 这个结论以后经常用到.

另一方面，一个函数在某一点连续，它却不一定在该点可导. 例如函数

$$y=f(x)=|x|=\begin{cases}x, & x\geqslant 0,\\ -x, & x<0.\end{cases}$$

虽然在 $x=0$ 处连续，但是在该点不可导. 因为

$$\Delta y=f(0+\Delta x)-f(0)=|\Delta x|,$$

$$\frac{\Delta y}{\Delta x}=\frac{|\Delta x|}{\Delta x}.$$

讨论极限$\displaystyle\lim_{\Delta x\to 0}\frac{\Delta y}{\Delta x}=\lim_{\Delta x\to 0}\frac{|\Delta x|}{\Delta x}$.

当 $\Delta x>0$ 时，$\lim\limits_{\Delta x\to 0+0}\dfrac{\Delta y}{\Delta x}=\lim\limits_{\Delta x\to 0+0}\dfrac{\Delta x}{\Delta x}=1$，

当 $\Delta x<0$ 时，$\lim\limits_{\Delta x\to 0-0}\dfrac{\Delta y}{\Delta x}=\lim\limits_{\Delta x\to 0-0}\dfrac{-\Delta x}{\Delta x}=-1$.

因左、右极限不等，所以极限 $\lim\limits_{\Delta x\to 0}\dfrac{\Delta y}{\Delta x}$ 不存在，即函数 $y=|x|$ 在点 $x=0$ 处不可导．即曲线 $y=|x|$ 在原点 O 没有切线，这可从图 3-3 明显看出．

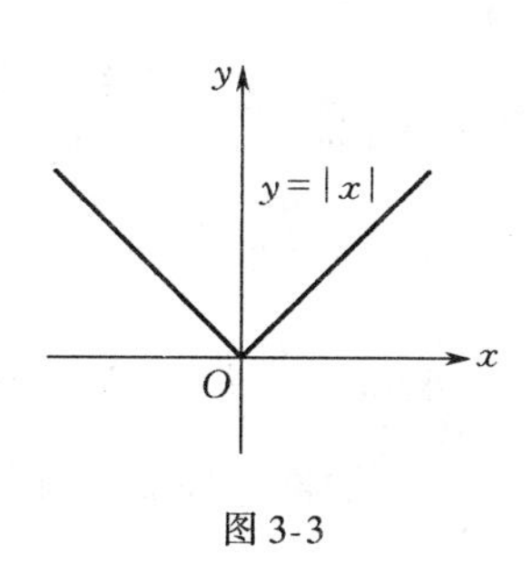

图 3-3

由以上讨论可知，函数连续是函数可导的必要条件，但不是充分条件．

例 4 讨论函数

$$f(x)=\begin{cases} x\sin\dfrac{1}{x}, & x\neq 0,\\ 0, & x=0, \end{cases}$$

在点 $x=0$ 处的连续性与可导性．

解 因为

$$\lim_{x\to 0} f(x)=\lim_{x\to 0} x\sin\frac{1}{x}=0,$$

即

$$\lim_{x\to 0} f(x)=f(0),$$

所以函数 $y=f(x)$ 在点 $x=0$ 处连续．

因为 $\dfrac{f(x)-f(0)}{x-0}=\dfrac{x\sin\dfrac{1}{x}}{x}=\sin\dfrac{1}{x}$，

当 $x\to 0$ 时，$\sin\dfrac{1}{x}$ 极限不存在．于是根据函数 $y=f(x)$ 在点 $x=0$ 的导数定义，故得函数 $y=f(x)$ 在点 $x=0$ 处不可导．

习　　题　3-1

1. 设 $y=10x^2$，试按导数定义，求 $\left.\dfrac{\mathrm{d}y}{\mathrm{d}x}\right|_{x=-10}$．

2. 设 $y=ax+b$　（a,b 是常数），试按导数定义，求 $\dfrac{\mathrm{d}y}{\mathrm{d}x}$．

3. 下列各题中,假定 $f'(x_0)$存在,根据导数定义,指出 A 表示什么?

(1) $\lim\limits_{x \to x_0} \dfrac{f(x)-f(x_0)}{x-x_0}=A$;

(2) $\lim\limits_{\Delta x \to 0} \dfrac{f(x_0-\Delta x)-f(x_0)}{\Delta x}=A$;

(3) $\lim\limits_{h \to 0} \dfrac{f(x_0+h)-f(x_0)}{h}=A$;

(4) $\lim\limits_{x \to 0} \dfrac{f(x)}{x}=A$,其中 $f(0)=0$,且 $f'(0)$存在.

4. 已知物体的运动规律为 $s=t^3$(m),求这物体在 $t=2$ 秒时的速度.

3.2 基本初等函数的导数公式

根据导数定义可知,求函数 $y=f(x)$的导数可分为以下三个步骤(简称为三步法则):

(1)求相应于自变量增量 Δx 的函数增量

$$\Delta y=f(x+\Delta x)-f(x);$$

(2)求函数增量与自变量增量比值

$$\frac{\Delta y}{\Delta x}=\frac{f(x+\Delta x)-f(x)}{\Delta x};$$

(3)求当自变量增量 Δx 趋于零时,$\dfrac{\Delta y}{\Delta x}$的极限

$$y'=\lim_{\Delta x \to 0} \frac{\Delta y}{\Delta x}.$$

求一般函数的导数,都要以基本初等函数的导数为基础,为此必须熟记基本初等函数的导数公式.

3.2.1 **常数导数为零**$(c)'=0$.

设 $y=c$ (c 为常数),

(1) $\Delta y=f(x+\Delta x)-f(x)=c-c=0$,

(2) $\dfrac{\Delta y}{\Delta x}=\dfrac{0}{\Delta x}=0$,

(3) $\lim\limits_{\Delta x\to 0}\dfrac{\Delta y}{\Delta x}=0$,

即 $(c)'=0$.

3.2.2 幂函数 $y=x^n$ 的导数公式(n 为正整数)

$$(x^n)'=nx^{n-1}.$$

(1) $\Delta y=(x+\Delta x)^n-x^n$

$$=x^n+nx^{n-1}\Delta x+\frac{n(n-1)}{2!}x^{n-2}(\Delta x)^2+\cdots+(\Delta x)^n-x^n,$$

(2) $\dfrac{\Delta y}{\Delta x}=nx^{n-1}+\dfrac{n(n-1)}{2!}x^{n-2}\Delta x+\cdots+(\Delta x)^{n-1}$,

(3) $\lim\limits_{\Delta x\to 0}\dfrac{\Delta y}{\Delta x}=nx^{n-1}$,

即 $y'=nx^{n-1}$.

更一般地,对于幂函数 $y=x^\mu$ (μ 为任意实数),有

$$(x^\mu)'=\mu x^{\mu-1}.$$

这就是幂函数的求导公式,公式的证明将在 3.4 节中给出.

例 1 $(x^5)'=5x^4$.

例 2 $(\sqrt{x})'=(x^{\frac{1}{2}})'=\dfrac{1}{2}x^{-\frac{1}{2}}$,

或写成 $(\sqrt{x})'=\dfrac{1}{2\sqrt{x}}$.

3.2.3 三角函数的导数公式

(1) $(\sin x)'=\cos x$;

(2) $(\cos x)'=-\sin x$;

(3) $(\tan x)'=\dfrac{1}{\cos^2 x}=\sec^2 x$;

(4) $(\cot x)'=-\dfrac{1}{\sin^2 x}=-\csc^2 x$;

(5) $(\sec x)'=\sec x\tan x$;

(6) $(\csc x)'=-\csc x\cot x$.

只推导　$y=\sin x$ 的导数.

(1) $\Delta y=\sin(x+\Delta x)-\sin x=2\cos\left(x+\dfrac{\Delta x}{2}\right)\cdot\sin\dfrac{\Delta x}{2}$,

(2) $\dfrac{\Delta y}{\Delta x}=2\cos\left(x+\dfrac{\Delta x}{2}\right)\cdot\dfrac{\sin\dfrac{\Delta x}{2}}{\Delta x}=\cos\left(x+\dfrac{\Delta x}{2}\right)\cdot\dfrac{\sin\dfrac{\Delta x}{2}}{\dfrac{\Delta x}{2}}$,

(3) $\lim\limits_{\Delta x\to 0}\dfrac{\Delta y}{\Delta x}=\cos x$,

即　$(\sin x)'=\cos x$.

用类似的方法,可求出余弦函数的导数,即

$$(\cos x)'=-\sin x.$$

其余四个三角函数导数公式的推导过程,将在下一节给出.

3.2.4　对数函数 $y=\log_a x(a>0,a\neq 1)$ 的导数公式

$$(\log_a x)'=\frac{1}{x}\log_a \mathrm{e}=\frac{1}{x\ln a}.$$

(1) $\Delta y=\log_a(x+\Delta x)-\log_a x=\log_a\left(1+\dfrac{\Delta x}{x}\right)$,

(2) $\dfrac{\Delta y}{\Delta x}=\dfrac{1}{\Delta x}\log_a\left(1+\dfrac{\Delta x}{x}\right)=\log_a\left(1+\dfrac{\Delta x}{x}\right)^{\frac{1}{\Delta x}}$

$=\log_a\left[\left(1+\dfrac{\Delta x}{x}\right)^{\frac{x}{\Delta x}}\right]^{\frac{1}{x}}=\dfrac{1}{x}\log_a\left(1+\dfrac{\Delta x}{x}\right)^{\frac{x}{\Delta x}}$,

(3) $\lim\limits_{\Delta x\to 0}\dfrac{\Delta y}{\Delta x}=\dfrac{1}{x}\log_a\left[\lim\limits_{\Delta x\to 0}\left(1+\dfrac{\Delta x}{x}\right)^{\frac{x}{\Delta x}}\right]$

$$=\frac{1}{x}\log_a e=\frac{1}{x\ln a},$$

即　　$$(\log_a x)'=\frac{1}{x}\log_a e=\frac{1}{x\ln a}.$$

特别当 $a=e$ 时, $y=\ln x$ 的导数为

$$(\ln x)'=\frac{1}{x}.$$

3.2.5 指数函数 $y=a^x(a>0,a\neq1)$的导数公式

$$(a^x)'=a^x\ln a,$$

(1) $\Delta y=a^{x+\Delta x}-a^x=a^x(a^{\Delta x}-1)$,

(2) $\dfrac{\Delta y}{\Delta x}=a^x\cdot\dfrac{a^{\Delta x}-1}{\Delta x}$,

(3) $\lim\limits_{\Delta x\to0}\dfrac{\Delta y}{\Delta x}=a^x\lim\limits_{\Delta x\to0}\dfrac{a^{\Delta x}-1}{\Delta x}$,

令 $a^{\Delta x}-1=\beta$, 则 $\Delta x=\log_a(1+\beta)$, 当 $\Delta x\to0$ 时, 有 $\beta\to0$.

于是

$$\lim_{\Delta x\to0}\frac{a^{\Delta x}-1}{\Delta x}=\lim_{\beta\to0}\frac{\beta}{\log_a(1+\beta)}=\frac{1}{\lim\limits_{\beta\to0}\log_a(1+\beta)^{\frac{1}{\beta}}}$$

$$=\frac{1}{\log_a e}=\ln a,$$

所以　　$$(a^x)'=a^x\ln a.$$

特别地, 若　$y=e^x$, 则有

$$(e^x)'=e^x,$$

即以 e 为底的指数函数 e^x 的导数, 等于函数的本身.

3.2.6 反三角函数导数公式

(1) $(\arcsin x)'=\dfrac{1}{\sqrt{1-x^2}}$,

(2) $(\arccos x)'=-\dfrac{1}{\sqrt{1-x^2}}$,

(3) $(\arctan x)' = \dfrac{1}{1+x^2}$,

(4) $(\text{arccot } x)' = -\dfrac{1}{1+x^2}$.

反三角函数的导数公式的推导,将在3.5节给出.

习　题　3-2

1. 根据导数定义,求下列函数的导数.

(1) $y=\sqrt{x}$,　　(2) $y=\dfrac{1}{x}$,求 $y'(2)$,

(3) $y=\cos x$.

2. 利用幂函数导数公式,求下列函数的导数.

(1) $y=x^{15}$,　　(2) $y=x^{-3}$,

(3) $y=\dfrac{1}{x^2}$,　　(4) $y=\dfrac{1}{\sqrt[3]{x^2}}$.

3. 问曲线 $y=x^{\frac{3}{2}}$ 上哪一点的切线与直线 $y=3x-1$ 平行?

4. 求曲线 $y=\ln x$ 在点 $M(\mathrm{e},1)$ 处的切线方程和法线方程.

3.3　函数和、差、积、商的求导法则

前面我们根据导数的定义,求出了几个基本初等函数的导数.但是对于比较复杂的函数(如基本初等函数的和、差、积、商、复合函数等),根据定义求它们的导数是很困难的,甚至是不可能的.为此,我们在这一节和下一节介绍求导数的基本法则,借助于这些法则和基本初等函数的导数公式,就能比较方便地求出初等函数的导数.

3.3.1　函数和、差的求导法则

法则一　两个可导函数和(差)的导数等于这两个函数的导数的和(差).

设函数 $u=u(x)$、$v=v(x)$ 在点 x 可导,则函数 $y=u(x)+$

$v(x)$在点 x 也可导,且有

$$(u+v)'=u'+v'.$$

事实上,当自变量 x 有增量 Δx 时,函数 $u(x)$、$v(x)$,及 $y=u(x)+v(x)$相应地有增量 Δu、Δv,及 Δy,其中

$$\Delta u=u(x+\Delta x)-u(x),$$

$$\Delta v=v(x+\Delta x)-v(x),$$

$$\begin{aligned}\Delta y&=[u(x+\Delta x)+v(x+\Delta x)]-[u(x)+v(x)]\\&=[u(x+\Delta x)-u(x)]+[v(x+\Delta x)-v(x)]\\&=\Delta u+\Delta v.\end{aligned}$$

于是 $\dfrac{\Delta y}{\Delta x}=\dfrac{\Delta u}{\Delta x}+\dfrac{\Delta v}{\Delta x}$,

从而 $\lim\limits_{\Delta x\to 0}\dfrac{\Delta y}{\Delta x}=\lim\limits_{\Delta x\to 0}\left(\dfrac{\Delta u}{\Delta x}+\dfrac{\Delta v}{\Delta x}\right)=\lim\limits_{\Delta x\to 0}\dfrac{\Delta u}{\Delta x}+\lim\limits_{\Delta x\to 0}\dfrac{\Delta v}{\Delta x}$,

即得 $y'=u'+v'$,

或写成 $(u+v)'=u'+v'$. 证毕.

对于两个函数差的导数也有类似的结论,即

$$(u-v)'=u'-v'.$$

这个法则对于有限个可导函数的代数和也是成立的.

例 1 求 $y=\sqrt[3]{x}+\sin x-\ln 3$ 的导数 y'.

解
$$\begin{aligned}y'&=(\sqrt[3]{x}+\sin x-\ln 3)'\\&=(\sqrt[3]{x})'+(\sin x)'-(\ln 3)'\\&=\frac{1}{3}x^{-\frac{2}{3}}+\cos x-0=\frac{1}{3\sqrt[3]{x^2}}+\cos x.\end{aligned}$$

例 2 求 $y=x^3+\cos x+\ln x+\sin\dfrac{\pi}{3}$的导数 y'.

解
$$\begin{aligned}y'&=(x^3+\cos x+\ln x+\sin\frac{\pi}{3})'\\&=(x^3)'+(\cos x)'+(\ln x)'+(\sin\frac{\pi}{3})'\\&=3x^2-\sin x+\frac{1}{x}.\end{aligned}$$

3.3.2 函数乘积的求导法则

法则二 两个可导函数乘积的导数等于第一个函数的导数乘第二个函数,加上第一个函数乘第二个函数的导数.

设函数 $u=u(x)$,$v=v(x)$在点 x 可导,则函数 $y=u(x)\cdot v(x)$ 在点 x 也可导,且有

$$(uv)'=u'v+uv'.$$

事实上,当自变量 x 有增量 Δx,函数 $u=u(x)$、$v=v(x)$ 及 $y=u(x)v(x)$ 相应地有增量 Δu、Δv 及 Δy,其中

$$\Delta u=u(x+\Delta x)-u(x), \qquad u(x+\Delta x)=u+\Delta u,$$
$$\Delta v=v(x+\Delta x)-v(x), \qquad v(x+\Delta x)=v+\Delta v,$$
$$\begin{aligned}\Delta y&=u(x+\Delta x)v(x+\Delta x)-u(x)v(x)\\&=(u+\Delta u)(v+\Delta v)-uv\\&=v\Delta u+u\Delta v+\Delta u\Delta v,\end{aligned}$$

于是 $$\frac{\Delta y}{\Delta x}=\frac{\Delta u}{\Delta x}v+u\frac{\Delta v}{\Delta x}+\Delta u\frac{\Delta v}{\Delta x},$$

从而 $$\lim_{\Delta x\to 0}\frac{\Delta y}{\Delta x}=\lim_{\Delta x\to 0}\left(\frac{\Delta u}{\Delta x}v+u\frac{\Delta v}{\Delta x}+\Delta u\frac{\Delta v}{\Delta x}\right).$$

因为 $u=u(x)$,$v=v(x)$在点 x 处可导,即

$$\lim_{\Delta x\to 0}\frac{\Delta u}{\Delta x}=u', \qquad \lim_{\Delta x\to 0}\frac{\Delta v}{\Delta x}=v',$$

由于 $u(x)$在点 x 可导,故在点 x 必连续,即

$$\lim_{\Delta x\to 0}\Delta u=0,$$

所以 $$\lim_{\Delta x\to 0}\frac{\Delta y}{\Delta x}=\left(\lim_{\Delta x\to 0}\frac{\Delta u}{\Delta x}\right)v+u\lim_{\Delta x\to 0}\frac{\Delta v}{\Delta x}+\lim_{\Delta x\to 0}\Delta u\cdot\lim_{\Delta x\to 0}\frac{\Delta v}{\Delta x},$$

即 $$y'=u'v+uv',$$

或写成 $$(uv)'=u'v+uv'.$$ 证毕.

特别,当 $v(x)=c$(常数)时,由法则二,得

$$[cu(x)]'=(c)'u(x)+cu'(x)=cu'(x),$$

即 $$[cu(x)]'=cu'(x).$$

就是说,常数因子可以从导数记号里提出来.

例 3 $f(x)=\sqrt{x}\sin x$， 求 $f'(x)$.

解 $f'(x)=(\sqrt{x})'\sin x+\sqrt{x}(\sin x)'$

$$=\frac{1}{2\sqrt{x}}\sin x+\sqrt{x}\cos x.$$

例 4 求 $y=x^3(\cos x+3\ln x)$的导数 y'.

解 $y'=(x^3)'(\cos x+3\ln x)+x^3(\cos x+3\ln x)'$

$$=3x^2(\cos x+3\ln x)+x^3(-\sin x+\frac{3}{x})$$

$$=3x^2(\cos x+3\ln x)-x^3\sin x+3x^2.$$

函数乘积的导数公式可以推广到两个因式以上的情况.例如,对于三个函数 $u=u(x),v=v(x),w=w(x)$乘积的导数为

$$\begin{aligned}(uvw)'&=[(uv)w]'=(uv)'w+(uv)w'\\&=(u'v+uv')w+uvw'\\&=u'vw+uv'w+uvw'.\end{aligned}$$

例 5 $f(x)=x^3\ln x\cos x$，求 $f'(x)$.

解 $f'(x)=(x^3)'\ln x\cos x+x^3(\ln x)'\cos x+x^3\ln x(\cos x)'$

$$=3x^2\ln x\cos x+x^3(\frac{1}{x})\cos x+x^3\ln x(-\sin x)$$

$$=x^2(3\ln x\cos x+\cos x-x\ln x\sin x).$$

3.3.3 函数商的求导法则

法则三 两个可导函数之商的导数,等于分子的导数与分母的乘积减去分母的导数与分子的乘积,再除以分母的平方.

即函数 $u=u(x),v=v(x)$在点 x 可导,则函数 $y=\frac{u(x)}{v(x)}$在点 x 也可导,且有

$$(\frac{u}{v})'=\frac{u'v-uv'}{v^2}.$$

事实上,当自变量 x 有增量 Δx,函数 $u(x),v(x)$及 $y=\frac{u(x)}{v(x)}$相应地有增量 $\Delta u,\Delta v$ 和 Δy.其中

$$\Delta u = u(x+\Delta x) - u(x), \qquad u(x+\Delta x) = u + \Delta u,$$
$$\Delta v = v(x+\Delta x) - v(x), \qquad v(x+\Delta x) = v + \Delta v,$$
$$\Delta y = \frac{u(x+\Delta x)}{v(x+\Delta x)} - \frac{u(x)}{v(x)} = \frac{u+\Delta u}{v+\Delta v} - \frac{u}{v}$$
$$= \frac{(u+\Delta u)v - (v+\Delta v)u}{(v+\Delta v)v} = \frac{v\Delta u - u\Delta v}{(v+\Delta v)v},$$

于是 $$\frac{\Delta y}{\Delta x} = \frac{\frac{\Delta u}{\Delta x}v - u\frac{\Delta v}{\Delta x}}{(v+\Delta v)v}.$$

而 $$\lim_{\Delta x\to 0}\frac{\Delta u}{\Delta x} = u', \qquad \lim_{\Delta x\to 0}\frac{\Delta v}{\Delta x} = v'.$$

由于在点 x 处可导的函数 $v(x)$ 在该点必连续,即

$$\lim_{\Delta x\to 0}\Delta v = 0,$$

所以 $$\lim_{\Delta x\to 0}\frac{\Delta y}{\Delta x} = \frac{(\lim\limits_{\Delta x\to 0}\frac{\Delta u}{\Delta x})v - u(\lim\limits_{\Delta x\to 0}\frac{\Delta v}{\Delta x})}{v(v+\lim\limits_{\Delta x\to 0}\Delta v)},$$

即 $$y' = \frac{u'v - uv'}{v^2},$$

或写成 $$\left(\frac{u}{v}\right)' = \frac{u'v - uv'}{v^2}.$$

例 6 $y = \dfrac{x}{1+x}$,求 y'.

解 利用商的求导法则,得

$$y' = \left(\frac{x}{1+x}\right)' = \frac{(x)'(1+x) - x(1+x)'}{(1+x)^2}$$
$$= \frac{1+x-x}{(1+x)^2} = \frac{1}{(1+x)^2}.$$

例 7 $y = \tan x$, 求 y'.

解 由于 $\tan x = \dfrac{\sin x}{\cos x}$,应用商的求导法则,得

$$y' = (\tan x)' = \left(\frac{\sin x}{\cos x}\right)' = \frac{(\sin x)'\cos x - \sin x(\cos x)'}{\cos^2 x}$$

$$=\frac{\cos^2 x+\sin^2 x}{\cos^2 x}=\frac{1}{\cos^2 x}=\sec^2 x,$$

即 $(\tan x)'=\sec^2 x.$

这就是正切函数的导数公式.

例 8 $y=\sec x$ 求 y'.

解 由于 $\sec x=\frac{1}{\cos x}$,应用商的求导法则,得

$$y'=(\sec x)'=(\frac{1}{\cos x})'=\frac{(1)'\cos x-1\cdot(\cos x)'}{\cos^2 x}$$

$$=\frac{\sin x}{\cos^2 x}=\sec x\tan x,$$

即 $(\sec x)'=\sec x\tan x.$

这就是正割函数的导数公式.

用类似方法,还可以得到余切函数与余割函数的导数公式:

$(\cot x)'=-\csc^2 x$

$(\csc x)'=-\csc x\cot x.$

在求函数导数时,常常是把函数的和、差、积、商的求导法则结合起来运用.

例 9 设 $f(x)=\frac{x\sin x}{1+\cos x}$,求 $f'(x)$.

解 先用商的求导法则,得

$$f'(x)=\frac{(x\sin x)'(1+\cos x)-x\sin x(1+\cos x)'}{(1+\cos x)^2},$$

在计算 $(x\sin x)'$ 时用积的求导法则,在计算 $(1+\cos x)'$ 时用和的求导法则,得

$$f'(x)=\frac{(\sin x+x\cos x)(1+\cos x)-x\sin x(-\sin x)}{(1+\cos x)^2}$$

$$=\frac{\sin x(1+\cos x)+x\cos x+x\cos^2 x+x\sin^2 x}{(1+\cos x)^2}$$

$$=\frac{\sin x(1+\cos x)+x(1+\cos x)}{(1+\cos x)^2}$$

$$=\frac{\sin x+x}{1+\cos x}.$$

例 10　$y=\frac{1-\sqrt{x^3}+\sqrt{2x}}{\sqrt{x}}$,求 y'.

解　该函数可以用商的求导法则求出 y',但计算起来比较复杂,该函数可写成三项的代数和,把根式化为分指数形式,再按幂函数求导公式求导.该函数化简为

$$y=x^{-\frac{1}{2}}-x+\sqrt{2},$$

所以

$$y'=-\frac{1}{2}x^{-\frac{3}{2}}-1.$$

习　题　3-3

1.求下列函数的导数.

(1)$y=3x^2-\frac{2}{x^2}+5$,　　(2)$y=x^2(2+\sqrt{x})$,

(3)$y=\frac{x^5+\sqrt{x}+1}{x^3}$,　　(4)$y=(2x-1)^2$.

2.求下列函数的导数.

(1)$y=x\ln x$,　　(2)$y=e^x\sin x$,

(3)$y=x\tan x-2\sec x$,　　(4)$y=x\sin x\ln x$,

(5)$y=x\log_2 x+\lg e$,　　(6)$y=\arcsin x+\arctan x$.

3.求下列函数的导数.

(1)$y=\frac{\cos x}{x^2}$,　　(2)$y=\frac{\ln x}{x^2}$,

(3)$y=\frac{1-e^x}{1+e^x}$,　　(4)$y=\frac{\sin x}{1+\cos x}$,

(5)$y=\frac{\cot x}{1+\sqrt{x}}$,　　(6)$y=\frac{x\sin x}{1+\tan x}$

4.求下列函数在指定点处的导数值.

(1)$y=6a^x-3\tan x+5$　$(a>0)$,求 $y'|_{x=0}$.

(2) $f(x)=\dfrac{1-\sqrt{x}}{1+\sqrt{x}}$,求 $f'(4)$.

5. 一物体向上抛,经过 t 秒后,上升距离为 $s=12t-\dfrac{1}{2}gt^2$,求

(1)速度 $v(t)$;

(2)物体何时到达最高点.

6. 已知曲线 $y=ax^3$ 和直线 $y=x+b$,在 $x=1$ 处相切,问 a 和 b 应取什么值?

3.4 复合函数的求导法则

到现在为止虽然已会求一些简单函数的导数,但在实际问题中会遇到较多的复合函数,例如

$$\ln\tan x,\quad e^{x^3},\quad \sin\frac{2x}{1+x^2},$$

如何求它们的导数?下面给出复合函数的求导法则.

定理 如果 $u=\varphi(x)$ 在点 x 处有导数 $\dfrac{du}{dx}=\varphi'(x)$,函数 $y=f(u)$ 在对应点 u 处有导数 $\dfrac{dy}{du}=f'(u)$,则复合函数 $y=f[\varphi(x)]$ 在点 x 处也有导数. 并且

$$\frac{dy}{dx}=\frac{dy}{du}\cdot\frac{du}{dx},$$

或写成

$$y'(x)=f'(u)\cdot\varphi'(x),\qquad y'_x=y'_u\cdot u'_x.$$

式中 y'_x 表示 y 对 x 的导数,y'_u 表示 y 对中间变量 u 的导数,而 u'_x 表示中间变量 u 对自变量 x 的导数.

证 设自变量 x 有增量 Δx,则相应的中间变量 $u=\varphi(x)$ 有增量 Δu,从而 $y=f(u)$ 有增量 Δy. 将 Δy 与 Δx 之比写成

$$\frac{\Delta y}{\Delta x}=\frac{\Delta y}{\Delta u}\cdot\frac{\Delta u}{\Delta x}.$$

因 $u=\varphi(x)$连续,可知当 $\Delta x\to 0$ 时,必有 $\Delta u\to 0$. 又已知

$$\lim_{\Delta x\to 0}\frac{\Delta u}{\Delta x}=\frac{\mathrm{d}u}{\mathrm{d}x},\quad \lim_{\Delta u\to 0}\frac{\Delta y}{\Delta u}=\frac{\mathrm{d}y}{\mathrm{d}u},$$

所以,对上式两端取极限,得

$$\begin{aligned}\frac{\mathrm{d}y}{\mathrm{d}x}&=\lim_{\Delta x\to 0}\frac{\Delta y}{\Delta x}=\lim_{\Delta x\to 0}\left(\frac{\Delta y}{\Delta u}\cdot\frac{\Delta u}{\Delta x}\right)=\lim_{\Delta u\to 0}\frac{\Delta y}{\Delta u}\cdot\lim_{\Delta x\to 0}\frac{\Delta u}{\Delta x}\\&=\frac{\mathrm{d}y}{\mathrm{d}u}\cdot\frac{\mathrm{d}u}{\mathrm{d}x},\end{aligned}$$

或写成 $y'_x=y'_u\cdot u'_x$.

复合函数的求导法则告诉我们:如果 y 是 x 的复合函数,u 是中间变量,即 $y=f[\varphi(x)]$. 求 y 对 x 导数,可先求 y 对中间变量 u 的导数 y'_u,再求中间变量 u 对 x 的导数 u'_x,最后做乘积而得到 y'_x,即

$$y'_x=y'_u\cdot u'_x.$$

利用复合函数求导法则,求复合函数导数,关键是把复合函数分解成基本初等函数,或基本初等函数的四则运算. 这是因为基本初等函数的导数会求(反三角函数的导数在下一节中讨论),其次,应用函数的四则运算求导法则,对基本初等函数的四则运算构成的函数的导数也会求了,所以,复合函数的求导运算就解决了.

例 1 $y=\ln\tan x$,求$\dfrac{\mathrm{d}y}{\mathrm{d}x}$.

解 $y=\ln\tan x$ 可看做由 $y=\ln u$, $u=\tan x$ 复合而成,因此

$$\frac{\mathrm{d}y}{\mathrm{d}x}=\frac{\mathrm{d}y}{\mathrm{d}u}\cdot\frac{\mathrm{d}u}{\mathrm{d}x}=\frac{1}{u}\cdot\sec^2 x=\cot x\cdot\sec^2 x.$$

注意中间变量 u,是为利用复合函数求导公式而设的,所以,在最后结果中应换回原来的自变量.

例 2 $y=\mathrm{e}^{x^3}$,求$\dfrac{\mathrm{d}y}{\mathrm{d}x}$.

解 $y=\mathrm{e}^{x^3}$ 可看做由 $y=\mathrm{e}^u$, $u=x^3$ 复合而成,因此,

$$\frac{\mathrm{d}y}{\mathrm{d}x}=\frac{\mathrm{d}y}{\mathrm{d}u}\cdot\frac{\mathrm{d}u}{\mathrm{d}x}=\mathrm{e}^u\cdot 3x^2=3x^2\mathrm{e}^{x^3}.$$

例 3 $y=\sin\dfrac{2x}{1+x^2}$,求$\dfrac{\mathrm{d}y}{\mathrm{d}x}$.

解 $y=\sin\frac{2x}{1+x^2}$可看做由 $y=\sin u$, $u=\frac{2x}{1+x^2}$复合而成的,因此

$$\frac{dy}{dx}=\frac{dy}{du}\cdot\frac{du}{dx}=\cos u\cdot\frac{2(1+x^2)-(2x)^2}{(1+x^2)^2}$$

$$=\cos u\cdot\frac{2(1-x^2)}{(1+x^2)^2}=\frac{2(1-x^2)}{(1+x^2)^2}\cos\frac{2x}{1+x^2}.$$

由以上几例看出,求复合函数的导数时,关键在于正确分解复合函数,并恰当地设中间变量,从而把所给的函数从外层到内层拆成几个基本初等函数或基本初等函数四则运算,然后再用复合函数求导公式,求出导数.

对复合函数的分解比较熟悉后,就不必再写出中间变量,而可以采用下面例题的形式来计算.

例 4 $y=\sqrt[3]{1-2x^2}$,求$\frac{dy}{dx}$.

解 $\frac{dy}{dx}=(\sqrt[3]{1-2x^2})'=\frac{1}{3}(1-2x^2)^{-\frac{2}{3}}(1-2x^2)'$

$$=\frac{-4x}{3\sqrt[3]{(1-2x^2)^2}}.$$

例 5 $y=\tan x^2$,求$\frac{dy}{dx}$.

解 $\frac{dy}{dx}=(\tan x^2)'=\sec^2 x^2\cdot(x^2)'=2x\sec^2 x^2$.

例 6 $y=\sin(\omega t+\varphi)$,求$\frac{dy}{dt}$.

解 $\frac{dy}{dt}=[\sin(\omega t+\varphi)]'=\cos(\omega t+\varphi)\cdot(\omega t+\varphi)'$

$$=\omega\cos(\omega t+\varphi).$$

复合函数的求导法则可以推广到多个中间变量的情形.下面以两个中间变量为例,设 $y=f(u)$, $u=\varphi(v)$, $v=\psi(x)$,则

$$\frac{dy}{dx}=\frac{dy}{du}\cdot\frac{du}{dx},\quad 其中\frac{du}{dx}=\frac{du}{dv}\cdot\frac{dv}{dx},$$

故复合函数 $y=f\{\varphi[\psi(x)]\}$ 的导数为

$$\frac{\mathrm{d}y}{\mathrm{d}x}=\frac{\mathrm{d}y}{\mathrm{d}u}\cdot\frac{\mathrm{d}u}{\mathrm{d}v}\cdot\frac{\mathrm{d}v}{\mathrm{d}x}.$$

例 7　$y=\ln\cos(\mathrm{e}^x)$，求 $\frac{\mathrm{d}y}{\mathrm{d}x}$.

解　所给函数可分解为 $y=\ln u$，$u=\cos v$，$v=\mathrm{e}^x$. 应用复合函数求导法则，得

$$\frac{\mathrm{d}y}{\mathrm{d}x}=\frac{\mathrm{d}y}{\mathrm{d}u}\cdot\frac{\mathrm{d}u}{\mathrm{d}v}\cdot\frac{\mathrm{d}v}{\mathrm{d}x}=\frac{1}{u}\cdot(-\sin v)\cdot\mathrm{e}^x=-\frac{\sin(\mathrm{e}^x)}{\cos(\mathrm{e}^x)}\cdot\mathrm{e}^x$$
$$=-\mathrm{e}^x\tan(\mathrm{e}^x).$$

不写出中间变量，此题可写成

$$\frac{\mathrm{d}y}{\mathrm{d}x}=\frac{1}{\cos(\mathrm{e}^x)}[\cos(\mathrm{e}^x)]'=\frac{-\sin(\mathrm{e}^x)}{\cos(\mathrm{e}^x)}(\mathrm{e}^x)'=-\mathrm{e}^x\tan(\mathrm{e}^x).$$

例 8　$y=\mathrm{e}^{\sin\frac{1}{x}}$，求 y'.

解　$$y'=(\mathrm{e}^{\sin\frac{1}{x}})'=\mathrm{e}^{\sin\frac{1}{x}}\cdot(\sin\frac{1}{x})'$$
$$=\mathrm{e}^{\sin\frac{1}{x}}\cos\frac{1}{x}\cdot(\frac{1}{x})'=-\frac{1}{x^2}\mathrm{e}^{\sin\frac{1}{x}}\cos\frac{1}{x}.$$

计算函数导数时，有时需要同时运用函数的四则运算求导法则和复合函数的求导法则.

例 9　$y=\frac{\sin^n x}{1+\mathrm{e}^{x^2}}$，求 y'.

解　首先应用商的求导法则，得

$$y'=\frac{(\sin^n x)'(1+\mathrm{e}^{x^2})-\sin^n x(1+\mathrm{e}^{x^2})'}{(1+\mathrm{e}^{x^2})^2}.$$

在计算 $(\sin^n x)'$、$(1+\mathrm{e}^{x^2})'$ 都要应用复合函数的求导法则，由此得

$$y'=\frac{n\sin^{n-1}x\cdot\cos x(1+\mathrm{e}^{x^2})-\sin^n x\cdot 2x\mathrm{e}^{x^2}}{(1+\mathrm{e}^{x^2})^2}$$
$$=\frac{\sin^{n-1}x[\mathrm{n}(1+\mathrm{e}^{x^2})\cos x-2x\mathrm{e}^{x^2}\sin x]}{(1+\mathrm{e}^{x^2})^2}.$$

最后，我们补证当 μ 是实数时，幂函数的导数公式

$$(x^{\mu})' = \mu x^{\mu-1} \quad (x>0).$$

因为 $x^{\mu} = \mathrm{e}^{\ln x^{\mu}} = \mathrm{e}^{\mu\ln x}$,

所以 $(x^{\mu})' = (\mathrm{e}^{\mu\ln x})' = \mathrm{e}^{\mu\ln x}\cdot(\mu\ln x)' = x^{\mu}\cdot\mu\dfrac{1}{x} = \mu x^{\mu-1}$.

习　　题 3-4

1.分析下列复合函数的结构.

(1) $y=(1+x)^{3/2}$;　　(2) $y=\cos^2\left(3x+\dfrac{\pi}{4}\right)$;

(3) $y=\mathrm{e}^{x^2}$;　　(4) $y=\ln\sin(x+1)$.

2.求下列函数的导数

(1) $y=(2x+1)^2$;　　(2) $y=\sqrt{3x-5}$;

(3) $y=\sqrt{\tan\dfrac{x}{2}}$;　　(4) $y=\dfrac{1}{4}\tan^4 x$;

(5) $y=\mathrm{e}^{\sin^3 x}$;　　(6) $y=\ln^3 x^2$;

(7) $y=\sin^2(2x-1)$;　　(8) $y=\ln\left(x^3\sqrt{1+x^2}\right)$.

3.求下列函数的导数

(1) $y=\dfrac{x}{\sqrt{(1-x^2)}}$;　　(2) $y=\dfrac{1}{\sqrt{a^2-x^2}}$;

(3) $y=x^2\sin\dfrac{1}{x}$;　　(4) $y=\sqrt{1+\mathrm{e}^{-x}}$;

(5) $y=\dfrac{x}{2}\sqrt{a^2-x^2}$;　　(6) $y=\ln\left(x+\sqrt{x^2+a^2}\right)$;

(7) $y=3^{\sqrt{\ln x}}$;　　(8) $y=\log_a(x^2+x+1)$.

4.设 $f(x)$、$g(x)$可导,$f^2(x)+g^2(x)\neq0$,求函数

$y=\sqrt{f^2(x)+g^2(x)}$的导数.

5.设 $f(x)$可导,求下列函数的导数$\dfrac{\mathrm{d}y}{\mathrm{d}x}$.

(1) $y=f(x^2)$;　　(2) $y=f(\sin^2 x)+f(\cos^2 x)$.

3.5 反函数的导数

设 $x=\varphi(y)$是直接函数,$y=f(x)$是它的反函数.由定理2.8.2可知,如果 $x=\varphi(y)$在某区间上单调,且连续,则它的反函数 $y=f(x)$在对应区间上也是单调且连续的.现推导 $x=\varphi(y)$的导数$\frac{\mathrm{d}x}{\mathrm{d}y}$与$y=f(x)$的导数$\frac{\mathrm{d}y}{\mathrm{d}x}$之间的关系.

让 x 取得增量 $\Delta x(\Delta x\neq0)$,由 $y=f(x)$的单调性可知

$$\Delta y=f(x+\Delta x)-f(x)\neq0,$$

因而有 $$\frac{\Delta y}{\Delta x}=\frac{1}{\frac{\Delta x}{\Delta y}},$$

但 $y=f(x)$连续,故当 $\Delta x\to0$ 时,必有 $\Delta y\to0$.现假定 $x=\varphi(y)$在点 y 可导,且 $\varphi'(y)\neq0$,即

$$\lim_{\Delta y\to0}\frac{\Delta x}{\Delta y}\neq0,$$

则 $$\lim_{\Delta x\to0}\frac{\Delta y}{\Delta x}=\lim_{\Delta y\to0}\frac{1}{\frac{\Delta x}{\Delta y}}=\frac{1}{\varphi'(y)},$$

即 $$f'(x)=\frac{1}{\varphi'(y)}.\tag{1}$$

于是得出结论:若单调函数 $x=\varphi(y)$在某区间内可导,且 $\varphi'(y)\neq0$,则它的反函数 $y=f(x)$在对应的区间内也可导,且有公式(1)成立.

上述的结论可以简单地说:反函数的导数等于直接函数导数的倒数.

下面利用公式(1)推导反三角函数的导数公式.

3.5.1 反正弦和反余弦函数的导数

设 $x=\sin y$ 为直接函数,则 $y=\arcsin x$ 是它的反函数.我们知

道,$x=\sin y$ 在区间 $-\frac{\pi}{2}<y<\frac{\pi}{2}$ 内单调、可导,而且

$$(\sin y)'=\cos y>0,$$

根据反函数导数公式,在对应区间 $-1<x<1$ 内有

$$(\arcsin x)'=\frac{1}{(\sin y)'}=\frac{1}{\cos y}.$$

但 $\cos y=\sqrt{1-\sin^2 y}=\sqrt{1-x^2}$(因为当 $-\frac{\pi}{2}<y<\frac{\pi}{2}$ 时,$\cos y>0$,所以根号前只取正号),从而得到反正弦函数的导数公式

$$(\arcsin x)'=\frac{1}{\sqrt{1-x^2}}.$$

用类似的方法可得反余弦函数的导数公式

$$(\arccos x)'=-\frac{1}{\sqrt{1-x^2}}.$$

3.5.2 反正切和反余切函数的导数

设 $x=\tan y$ 是直接函数,则 $y=\arctan x$ 是它的反函数. 函数 $x=\tan y$ 在区间 $-\frac{\pi}{2}<y<\frac{\pi}{2}$ 内单调、可导,且

$$(\tan y)'=\sec^2 y\neq 0,$$

因此,由反函数导数公式可知在对应区间 $-\infty<x<+\infty$ 内,有

$$(\arctan x)'=\frac{1}{(\tan y)'}=\frac{1}{\sec^2 y},$$

但 $\sec^2 y=1+\tan^2 y=1+x^2$,从而得到反正切函数的导数公式为

$$(\arctan x)'=\frac{1}{1+x^2}.$$

用类似方法,可得反余切的导数公式为

$$(\operatorname{arccot} x)'=-\frac{1}{1+x^2}.$$

例 1 $y=\arcsin\sqrt{x}$,求 y'.

解 $y'=(\arcsin\sqrt{x})'=\frac{1}{\sqrt{1-(\sqrt{x})^2}}\cdot\frac{1}{2\sqrt{x}}=\frac{1}{2\sqrt{x-x^2}}.$

例 2 $y=\arctan\frac{1}{x}$,求 y'.

解 $y'=(\arctan\frac{1}{x})'=\frac{1}{1+(\frac{1}{x})^2}(-\frac{1}{x^2})=-\frac{1}{1+x^2}$.

例 3 $y=e^{2x}\cdot\arccos x$,求 y'.

解 $y'=(e^{2x})'\arccos x+e^{2x}\cdot(\arccos x)'$

$$=2e^{2x}\arccos x-\frac{e^{2x}}{\sqrt{1-x^2}}.$$

例 4 $y=\operatorname{arccot}(2^x)+e^{-ax}\arcsin e^x$,求 y'.

解 $y'=-\frac{1}{1+2^{2x}}\cdot 2^x\ln 2-ae^{-ax}\arcsin e^x+e^{x-ax}\frac{1}{\sqrt{1-e^{2x}}}$

$$=-\frac{2^x\ln 2}{1+4^x}-ae^{-ax}\arcsin e^x+\frac{e^{(1-a)x}}{\sqrt{1-e^{2x}}}.$$

习 题 3-5

求下列函数的导数.

1. $y=\arctan x^2$.
2. $y=\sqrt{x}\arctan x$.
3. $y=(\arcsin x)^2$.
4. $y=x\arcsin(\ln x)$.
5. $y=e^{\arctan\sqrt{x}}$.
6. $y=x\arccos x-\sqrt{1-x^2}$.
7. $y=\arctan\ln(ax+b)$;
8. $y=a^{1-\sin^4(3x)}$.

3.6 初等函数的求导问题

前面已推导出所有的基本初等函数的导数公式,而且还推导出函数的和、差、积、商的求导法则与复合函数的求导法则.因为任意初等函数都是由基本初等函数经过有限次四则运算和复合步骤构成的,所以求初等函数的导数,只要运用基本初等函数导数公式及其四则运算求导法则和复合函数求导法则,就可以顺利地解决了.由此可见,基本初

等函数的求导公式和前面所述的求导法则,在初等函数的求导运算中是非常重要的.为此,我们把这些求导公式和求导法则归纳如下:

3.6.1 基本初等函数的导数公式

(1) $(c)'=0$, (2) $(x^{\mu})'=\mu x^{\mu-1}$,

(3) $(\sin x)'=\cos x$, (4) $(\cos x)'=-\sin x$,

(5) $(\tan x)'=\sec^2 x$, (6) $(\cot x)'=-\csc^2 x$

(7) $(\sec x)'=\sec x\tan x$, (8) $(\csc x)'=-\csc x\cot x$,

(9) $(e^x)'=e^x$, (10) $(a^x)'=a^x\ln a$,

(11) $(\ln x)'=\dfrac{1}{x}$, (12) $(\log_a x)'=\dfrac{1}{x\ln a}$,

(13) $(\arcsin x)'=\dfrac{1}{\sqrt{1-x^2}}$, (14) $(\arccos x)'=-\dfrac{1}{\sqrt{1-x^2}}$,

(15) $(\arctan x)'=\dfrac{1}{1+x^2}$, (16) $(\text{arccot}\ x)'=-\dfrac{1}{1+x^2}$.

3.6.2 函数的和、差、积、商的求导法则

(1) $(u\pm v)'=u'\pm v'$, (2) $(uv)'=u'v+uv'$,

(3) $\left(\dfrac{u}{v}\right)'=\dfrac{u'v-uv'}{v^2}\quad(v\neq 0)$.

3.6.3 复合函数的求导法则

设 $y=f(u)$,而 $u=\varphi(x)$,则复合函数 $y=f[\varphi(x)]$的导数

$$\frac{dy}{dx}=\frac{dy}{du}\cdot\frac{du}{dx},\text{或 } y'(x)=f'(u)\cdot\varphi'(x).$$

例 1 $y=e^{-2t}\sin(\omega t+\varphi)$ (ω,φ 为常数),求 y'.

解
$$\begin{aligned} y'&=(e^{-2t})'\sin(\omega t+\varphi)+e^{-2t}[\sin(\omega t+\varphi)]' \\ &=-2e^{-2t}\sin(\omega t+\varphi)+\omega e^{-2t}\cos(\omega t+\varphi) \\ &=e^{-2t}[\omega\cos(\omega t+\varphi)-2\sin(\omega t+\varphi)]. \end{aligned}$$

例2　$y=\ln(x+\sqrt{x^2+a^2})$　(a 为常数),求 y'.

解　$$y'=\frac{1}{x+\sqrt{x^2+a^2}}(x+\sqrt{x^2+a^2})'$$
$$=\frac{1}{x+\sqrt{x^2+a^2}}(1+\frac{x}{\sqrt{x^2+a^2}})$$
$$=\frac{1}{\sqrt{x^2+a^2}}.$$

习　　题　3-6

求下列函数的导数.

1. $y=\ln\dfrac{x+\sqrt{1-x^2}}{x}$.　　2. $y=(\arctan\dfrac{x}{2})^2$.

3. $s=\ln\sqrt{\dfrac{1-t}{1+t}}$.　　4. $s=\dfrac{e^t-e^{-t}}{e^t+e^{-t}}$.

5. $y=\sec^3(e^{2x})$.　　6. $y=e^{\sin^2\frac{1}{x}}$.

7. $y=e^{2t}\cos 3t+\sin(2^t)$;　8. $y=\sqrt{4x-x^2}-4\arcsin\dfrac{\sqrt{x}}{2}$.

3.7　高阶导数

函数 $y=f(x)$的导函数 $y'=f'(x)$仍然是 x 的一个函数,如果 $y'=f'(x)$的导数存在,这个导数就称为原来函数 $y=f(x)$的二阶导数,记做

$$y'',\quad f''(x)\quad 或\frac{d^2y}{dx^2},$$

即　$$f''(x)=[f'(x)]',\quad \frac{d^2y}{dx^2}=\frac{d}{dx}(\frac{dy}{dx}).$$

类似地,二阶导数 $f''(x)$的导数,叫做$f(x)$的三阶导数,记做 y''', $f'''(x)$或$\dfrac{d^3y}{dx^3}$;三阶导数 $f'''(x)$的导数,叫做 $f(x)$的四阶导数,记为

$y^{(4)}$，$f^{(4)}(x)$或$\frac{d^4y}{dx^4}$．一般地，$(n-1)$阶导数$f^{(n-1)}(x)$的导数，叫做$f(x)$的n阶导数，记做$y^{(n)}$，$f^{(n)}(x)$或$\frac{d^ny}{dx^n}$，即

$$f^{(n)}(x)=[f^{(n-1)}(x)]', \quad \frac{d^ny}{dx^n}=\frac{d}{dx}(\frac{d^{n-1}y}{dx^{n-1}}).$$

二阶和二阶以上的导数统称为高阶导数．相对于高阶导数来说，称$f(x)$的导数$f'(x)$为一阶导数．

由上述定义可知，求高阶导数就是多次连续地求导数，所以仍可应用前面的求导公式来计算高阶导数．

高阶导数在自然科学的许多领域是经常会用到的．例如，已知变速直线运动的速度$v(t)$，是位置函数$s(t)$对时间t的导数，即

$$v(t)=\frac{ds(t)}{dt},$$

而加速度a，则是位置函数$s(t)$对时间t的二阶导数，即

$$a=\frac{dv(t)}{dt}=\frac{d}{dt}(\frac{ds(t)}{dt})=\frac{d^2s(t)}{dt^2}.$$

例 1　已知自由落体的运动规律$s=\frac{1}{2}gt^2$，求落体的速度$v(t)$及加速度a．

解　$$v=\frac{ds}{dt}=gt,$$

$$a=\frac{d^2s}{dt^2}=g.$$

例 2　求n次多项式$y=a_0x^n+a_1x^{n-1}+\cdots+a_n \quad (a_0\neq0)$的各阶导数．

解　$y'=na_0x^{n-1}+(n-1)a_1x^{n-2}+\cdots+a_{n-1}$，这是$(n-1)$次多项式，可见每经过一次求导运算，多项式的次数就降低一次，继续求导，易知n阶导数

$$y^{(n)}=n!\ a_0,$$

这是一个常数，因而

$$y^{(n+1)}=y^{(n+2)}=\cdots=0.$$

这就是说，n 次多项式的一切高于 n 阶的导数都是零.

例 3 求指数函数 $y=e^{ax}$，$y=a^x$ 的 n 阶导数.

解 $y=e^{ax}$， $y'=ae^{ax}$， $y''=a^2e^{ax}$，…， $y^{(n)}=a^ne^{ax}$.

$y=a^x$， $y'=(\ln a)a^x$， $y''=(\ln a)^2a^x$，…，

$y^{(n)}=(\ln a)^na^x$.

例 4 求 $y=\sin x$ 的 n 阶导数.

解 $y'=\cos x=\sin\left(x+\frac{\pi}{2}\right)$，

$$y''=\cos\left(x+\frac{\pi}{2}\right)=\sin\left(x+2\cdot\frac{\pi}{2}\right),$$

$$y'''=\cos\left(x+2\cdot\frac{\pi}{2}\right)=\sin\left(x+3\cdot\frac{\pi}{2}\right),$$

……，

$$y^{(n)}=\cos\left[x+(n-1)\frac{\pi}{2}\right]=\sin\left(x+n\cdot\frac{\pi}{2}\right).$$

用类似地方法可得

$$(\cos x)^{(n)}=\cos\left(x+n\cdot\frac{\pi}{2}\right).$$

例 5 求 $y=\ln(1+x)$的 n 阶导数.

$$y'=\frac{1}{1+x},\quad y''=-\frac{1}{(1+x)^2},$$

$$y'''=\frac{1\cdot2}{(1+x)^3},\quad y^{(4)}=-\frac{1\cdot2\cdot3}{(1+x)^4},\ \cdots\cdots,$$

$$y^{(n)}=(-1)^{n-1}\frac{(n-1)!}{(1+x)^n}.$$

即 $$[\ln(1+x)]^{(n)}=(-1)^{n-1}\frac{(n-1)!}{(1+x)^n}.$$

习 题 3-7

1. 求下列函数的二阶导数.

(1)$y=\sqrt{1+x}$； (2)$y=xe^{x^2}$；

(3) $y=x\cos x$;　　(4) $y=\dfrac{x}{\sqrt{1-x^2}}$;

(5) $y=(\arcsin x)^2$;　　(6) $y=\arccos x^2$.

2. 若 $f''(x)$ 存在,求下列函数 y 的二阶导数.

(1) $y=f(x^2)$;　　(2) $y=\ln[f(x)]$.

3. 求下列函数的 n 阶导数 $y^{(n)}$.

(1) $y=e^{-x}$;　(2) $y=x\ln x$;　(3) $y=xe^x$.

3.8 隐函数的导数　由参数方程所确定的函数的导数

3.8.1 隐函数的导数

我们常见的函数,一般都是把函数 y 用自变量 x 的解析式子表示的,例如 $y=\sin x$, $y=\ln x\cdot\sqrt{1-x^2}$ 等,这样的函数称为显函数.在实际问题中有一些函数不是显函数的形式,而是由一个二元方程 $F(x,y)=0$ 来确定 y 为 x 的函数,例如方程

$$2x-y^3+1=0,$$

在区间 $(-\infty,+\infty)$ 内任给 x 一个值,相应地总有满足这方程的 y 值存在,这个方程就确定了 y 是 x 的函数,称这样的函数为隐函数.

一般地,如果在方程 $F(x,y)=0$ 中,当 x 取某区间内的任一值时,相应地总有满足这方程的 y 值存在,那末我们就说 $F(x,y)=0$,在该区间内确定了一个隐函数.

有些方程所确定的隐函数很容易表成显函数的形式.例如由方程 $2x-3y+1=0$ 解出 y,得显函数 $y=\dfrac{2x+1}{3}$.但是有些隐函数化为显函数是困难的,甚至是不可能的.例如

$$xy-e^x-e^y=0,$$

我们无法把 y 表成 x 的显函数.

在实际问题中,有时需要计算隐函数的导数,因此我们要求(不管隐函数能否化为显函数)直接由方程算出它所确定的隐函数的导数.下

面通过具体例子说明这种方法.

例 1　求由方程 $e^y + xy - e = 0$ 所确定的函数的导数 $\frac{dy}{dx}$.

解　将方程中的 y 看成 x 的函数,使方程成为恒等式.恒等式两端对 x 求导必相等,即

$$(e^y + xy - e)'_x = (0)'_x,$$

$$e^y \frac{dy}{dx} + y + x\frac{dy}{dx} = 0,$$

从而

$$\frac{dy}{dx} = -\frac{y}{x + e^y} \quad (x + e^y \neq 0).$$

例 2　求由方程 $y^5 + 2y - x - 3x^7 = 0$ 所确定的隐函数,在 $x = 0$ 处的导数 $\left.\frac{dy}{dx}\right|_{x=0}$.

解　把方程两端分别对 x 求导,由于方程两边的导数相等,所以

$$5y^4\frac{dy}{dx} + 2\frac{dy}{dx} - 1 - 21x^6 = 0,$$

由此得

$$\frac{dy}{dx} = \frac{1 + 21x^6}{5y^4 + 2}.$$

因为当 $x = 0$ 时,从原方程得 $y = 0$,所以

$$\left.\frac{dy}{dx}\right|_{x=0} = \frac{1}{2}.$$

例 3　求椭圆 $\frac{x^2}{16} + \frac{y^2}{9} = 1$ 在点 $(2, \frac{3}{2}\sqrt{3})$ 处的切线方程(图 3-4).

解　由导数的几何意义知道,所求切线的斜率为

$$k = y'|_{x=2}.$$

椭圆方程两边分别对 x 求导,得

$$\frac{x}{8} + \frac{2}{9}y \cdot \frac{dy}{dx} = 0,$$

所以

$$\frac{dy}{dx} = -\frac{9x}{16y}.$$

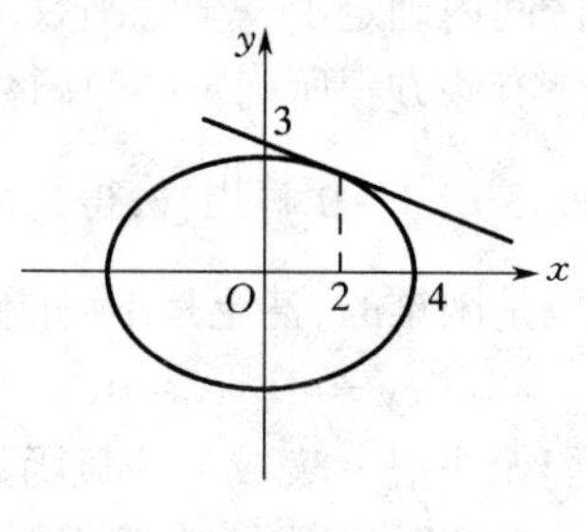

图 3-4

把 $x=2, y=\frac{3}{2}\sqrt{3}$代入上式得

$$\left.\frac{\mathrm{d}y}{\mathrm{d}x}\right|_{\substack{x=2\\y=\frac{3}{2}\sqrt{3}}}=-\frac{\sqrt{3}}{4},$$

于是,所求的切线方程为

$$y-\frac{3}{2}\sqrt{3}=-\frac{\sqrt{3}}{4}(x-2),$$

即 $$\sqrt{3}x+4y-8\sqrt{3}=0.$$

总之,对隐函数求导时,首先将方程两端同时对自变量 x 求导,但要切记方程中的 y 是x 的函数,它的导数用记号$\frac{\mathrm{d}y}{\mathrm{d}x}$(或 y')表示,然后再解出$\frac{\mathrm{d}y}{\mathrm{d}x}$来.

下面介绍**对数求导法**.对于某些函数,利用对数求导法比用通常的方法求导更简便些.通过下面的例子说明这种方法.

例 4 求 $y=x^{\sin x}\quad(x>0)$的导数.

解 这函数既不是幂函数也不是指函数,通常称为幂指函数.求这类函数的导数,可先对方程两边取对数,得

$$\ln y=\sin x\cdot\ln x.$$

上式两边对 x 求导,注意 y 是x 的函数,得

$$\frac{1}{y}y'=\cos x\ln x+\sin x\cdot\frac{1}{x},$$

于是 $$y'=y\left(\cos x\ln x+\frac{\sin x}{x}\right)=x^{\sin x}\left(\cos x\ln x+\frac{\sin x}{x}\right).$$

幂指函数的一般形式为 $y=u^{v}\quad(u>0)$,其中 u、v 是x 的函数.如果 u、v 都可导,则可用对数求导法求出幂指函数 $y=u^{v}$ 的导数.

先对等式两边取对数,得

$$\ln y=v\cdot\ln u,$$

上式两边对 x 求导,注意到 y、u、v 都是x 的函数,得

$$\frac{1}{y}y'=v'\ln u+v\cdot\frac{1}{u}\cdot u',$$

于是 $y'=y(v'\ln u+\frac{vu'}{u})=u^{v}(v'\ln u+\frac{vu'}{u})$.

例5　求　$y=\sqrt{\frac{(x-1)(x-2)}{(x-3)(x-4)}}$的导数.

解　先对两边取对数,得

$$\ln y=\frac{1}{2}[\ln(x-1)+\ln(x-2)-\ln(x-3)-\ln(x-4)],$$

上式两边对 x 求导,注意到 y 是 x 的函数,得

$$\frac{1}{y}y'=\frac{1}{2}(\frac{1}{x-1}+\frac{1}{x-2}-\frac{1}{x-3}-\frac{1}{x-4}),$$

于是　$y'=\frac{1}{2}\sqrt{\frac{(x-1)(x-2)}{(x-3)(x-4)}}(\frac{1}{x-1}+\frac{1}{x-2}-\frac{1}{x-3}-\frac{1}{x-4})$.

指数函数的导数,也可以用对数求导法得到.例如,求指数函数 $y=a^{x}(a>0)$的导数.

两边取对数　$\ln y=x\ln a$.

两边对 x 求导,注意 y 是 x 的函数,得

$$\frac{1}{y}y'=\ln a,$$

于是　　$y'=y\ln a=a^{x}\ln a$.

3.8.2　由参数方程所确定的函数的导数

前面研究的都是形如 $y=f(x)$或 $F(x,y)=0$ 给出的函数关系,但在某些情况下,函数 y 与自变量 x 的函数关系是通过第三个变量 t(叫做参变量)给出的.如方程,

$$\begin{cases}x=\varphi(t),\\ y=\psi(t),\end{cases}\quad(\alpha\leqslant t\leqslant\beta)\tag{1}$$

称为参数方程.在参数方程中给定一个 x 值,可通过 $x=\varphi(t)$求出 t 值,然后通过 $y=\psi(t)$求出 y 值,所以 y 是 x 的函数,且称它是由参数方程所确定的函数.

下面讨论由参数方程所确定的函数的求导问题.在式(1)中,如果函数 $x=\varphi(t)$具有单调连续反函数 $t=\overline{\varphi}(x)$,则由参数方程(1)所确

定的函数 y，可以看成是由函数 $y=\psi(t)$，$t=\overline{\varphi}(x)$ 复合而成的函数

$$y=\psi(t)=\psi[\overline{\varphi}(x)].$$

利用复合函数和反函数的求导法则，得

$$\frac{\mathrm{d}y}{\mathrm{d}x}=\frac{\mathrm{d}y}{\mathrm{d}t}\cdot\frac{\mathrm{d}t}{\mathrm{d}x}=\frac{\mathrm{d}y}{\mathrm{d}t}\cdot\frac{1}{\frac{\mathrm{d}x}{\mathrm{d}t}}=\frac{\psi'(t)}{\varphi'(t)}. \tag{2}$$

式(2)就是由参数方程(1)所确定的 x 的函数的导数公式.

如果函数 $x=\varphi(t)$，$y=\psi(t)$，具有二阶导数，且 $\varphi'(t)\neq0$，则由公式(2)又可得到由参数方程(1)所确定的 x 的函数的二阶导数公式，即

$$\begin{aligned}\frac{\mathrm{d}^2y}{\mathrm{d}x^2}&=\frac{\mathrm{d}}{\mathrm{d}x}\left(\frac{\mathrm{d}y}{\mathrm{d}x}\right)=\frac{\mathrm{d}}{\mathrm{d}x}\left(\frac{\psi'(t)}{\varphi'(t)}\right)\\&=\frac{\mathrm{d}}{\mathrm{d}t}\left(\frac{\psi'(t)}{\varphi'(t)}\right)\frac{\mathrm{d}t}{\mathrm{d}x}=\frac{\mathrm{d}}{\mathrm{d}t}\left(\frac{\psi'(t)}{\varphi'(t)}\right)\cdot\frac{1}{\frac{\mathrm{d}x}{\mathrm{d}t}}\\&=\frac{\psi''(t)\varphi'(t)-\psi'(t)\varphi''(t)}{[\varphi'(t)]^2}\cdot\frac{1}{\varphi'(t)}\\&=\frac{\psi''(t)\varphi'(t)-\psi'(t)\varphi''(t)}{[\varphi'(t)]^3}.\end{aligned}$$

例 6 求由参数方程 $\begin{cases}x=a\cos t,\\y=b\sin t\end{cases}$ 所确定的椭圆在 $t=\frac{\pi}{4}$ 处的切线方程.

解 当 $t=\frac{\pi}{4}$ 时，椭圆上的相应点 M_0 的坐标是

$$x_0=a\cos\frac{\pi}{4}=\frac{\sqrt{2}}{2}a,\quad y_0=b\sin\frac{\pi}{4}=\frac{\sqrt{2}}{2}b.$$

曲线在点 M_0 的切线斜率为

$$\left.\frac{\mathrm{d}y}{\mathrm{d}x}\right|_{t=\frac{\pi}{4}}=\left.\frac{(b\sin t)'}{(a\cos t)'}\right|_{t=\frac{\pi}{4}}=\left.\frac{b\cos t}{-a\sin t}\right|_{t=\frac{\pi}{4}}=-\frac{b}{a}.$$

代入直线点斜式方程，即得椭圆在点 M_0 处的切线方程

$$y-\frac{\sqrt{2}}{2}b=-\frac{b}{a}\left(x-\frac{\sqrt{2}}{2}a\right),$$

化简得　　$bx+ay-\sqrt{2}ab=0.$

例7　求摆线的参数方程

$$\begin{cases} x=a(t-\sin t), \\ y=a(1-\cos t) \end{cases}$$

所确定的函数的一阶、二阶导数.

解　$\dfrac{\mathrm{d}y}{\mathrm{d}x}=\dfrac{\dfrac{\mathrm{d}y}{\mathrm{d}t}}{\dfrac{\mathrm{d}x}{\mathrm{d}t}}=\dfrac{[a(1-\cos t)]'}{[a(t-\sin t)]'}=\dfrac{\sin t}{1-\cos t}.$

$$\frac{\mathrm{d}^2 y}{\mathrm{d}x^2}=\frac{\mathrm{d}}{\mathrm{d}t}\left(\frac{\sin t}{1-\cos t}\right)\cdot\frac{1}{\dfrac{\mathrm{d}x}{\mathrm{d}t}}=\frac{\left(\dfrac{\sin t}{1-\cos t}\right)'}{[a(t-\sin t)]'}$$

$$=\frac{\cos t(1-\cos t)-\sin^2 t}{(1-\cos t)^2}\cdot\frac{1}{a(1-\cos t)}$$

$$=\frac{\cos t-1}{a(1-\cos t)^3}=-\frac{1}{a(1-\cos t)^2}\quad(t\neq 2n\pi).$$

习　　题　3-8

1. 求下列隐函数的导数$\dfrac{\mathrm{d}y}{\mathrm{d}x}$.

(1) $y^3-3y+2ax=0$;　　(2) $y=1+x\mathrm{e}^y$;

(3) $\cos(xy)=x$;　　(4) $y-\sin x-\cos(x-y)=0$.

2. 求曲线 $x^{\frac{2}{3}}+y^{\frac{2}{3}}=a^{\frac{2}{3}}$ 在点$\left(\dfrac{\sqrt{2}}{4}a,\dfrac{\sqrt{2}}{4}a\right)$处的切线方程和法线方程.

3. 利用对数求导法,求下列函数的导数.

(1) $y=(\ln x)^x$;　　(2) $y=(\sin x)^{\cos x}$;

(3) $y=\dfrac{\sqrt{x+1}\sin x}{(x^3+1)(x+2)}$;　　(4) $y=\dfrac{x^2}{1-x}\sqrt[3]{\dfrac{3-x}{(3+x)^2}}$.

4. 求下列参数方程所确定的函数的导数$\dfrac{\mathrm{d}y}{\mathrm{d}x}$.

(1) $\begin{cases} x=t^2, \\ y=4t; \end{cases}$　　(2) $\begin{cases} x=\dfrac{a}{2}(t+\dfrac{1}{t}), \\ y=\dfrac{b}{2}(t-\dfrac{1}{t}); \end{cases}$

(3) $\begin{cases} x=\ln(1+t^2), \\ y=t-\arcsin t. \end{cases}$

5. 求出下列曲线在已知点处的切线方程和法线方程.

(1) $\begin{cases} x=a(t-\sin t), \\ y=a(1-\cos t), \end{cases}$ 在 $t=\dfrac{\pi}{2}$ 处;

(2) $\begin{cases} x=\dfrac{3at}{1+t^2}, \\ y=\dfrac{3at^2}{1+t^2}, \end{cases}$ 在 $t=2$ 处.

6. * 求下列参数方程所确定的函数的二阶导数 $\dfrac{d^2y}{dx^2}$.

(1) $\begin{cases} x=a\cos t, \\ y=b\sin t; \end{cases}$　　(2) $\begin{cases} x=\sqrt{1+t}, \\ y=\sqrt{1-t}. \end{cases}$

3.9 微分概念

微分概念是与导数概念有密切联系的微分学中的另一个基本概念.

在许多实际问题中,当自变量有微小变化时,需要计算函数的改变量.一般说来函数改变量的计算是比较复杂的,如何建立计算函数改变量的近似式,使它既便于计算又有一定的精确度,这就是本节要解决的问题.

3.9.1 微分的概念

我们先从一个具体问题来分析函数增量的近似值的算法.例如,一个正方形金属薄片,当受冷热影响时,它的边长由 x_0 变到 $x_0+\Delta x$(图

3-5),问此薄片的面积改变了多少?

设此薄片的边长为 x,面积为 S,则 S 是 x 的函数,$S=x^2$,所求薄片面积的改变量,可以看成当自变量 x 自 x_0 取得增量 Δx 时,函数 S 相应的增量 ΔS,即

$$\Delta S=(x_0+\Delta x)^2-x_0^2$$
$$=2x_0\Delta x+(\Delta x)^2.$$

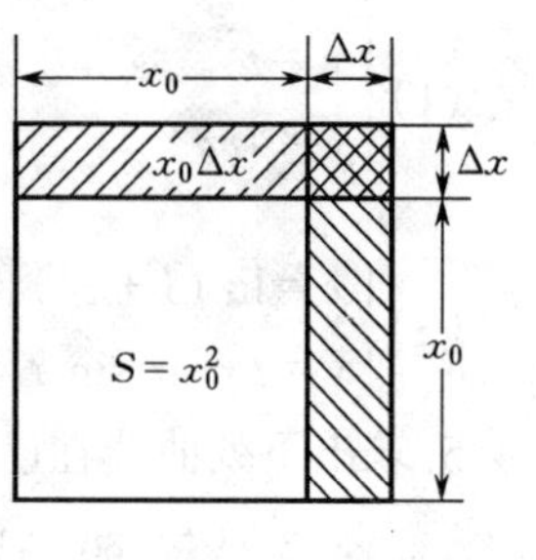

图 3-5

从上式可以看出,ΔS 分成两部分,第一部分 $2x_0\Delta x$,是 Δx 的线性函数,即图中带有斜线的两个矩形面积之和,而第二部分 $(\Delta x)^2$ 在图中是带有交叉斜线的小正方形的面积,当 $\Delta x\to 0$时,第二部分 $(\Delta x)^2$ 是比 Δx 高阶的无穷小,即

$$\lim_{\Delta x\to 0}\frac{(\Delta x)^2}{\Delta x}=\lim_{\Delta x\to 0}\Delta x=0,$$

或写成　$(\Delta x)^2=o(\Delta x)(\Delta x\to 0)$.

由此可见,当边长的改变很微小,即 $|\Delta x|$ 很小时,面积的改变量 ΔS,可近似地用第一部分来代替.

一般地,如果函数 $y=f(x)$满足一定条件,则函数的增量 Δy 可表示为

$$\Delta y=A\Delta x+o(\Delta x),$$

其中 A 是不依赖于 Δx 的常数,因此 $A\Delta x$ 是 Δx 的线性函数,且它与 Δy 之差

$$\Delta y-A\Delta x=o(\Delta x),$$

是比 Δx 高阶的无穷小. 所以当 $A\neq 0$,且 $|\Delta x|$ 很小时,可以用 $A\Delta x$ 近似代替 Δy.

微分定义　设函数 $y=f(x)$在某邻域内有定义,x_0 及 $x_0+\Delta x$ 为该邻域内的点,如果函数的增量

$$\Delta y=f(x_0+\Delta x)-f(x_0),$$

可表示为

$$\Delta y=A\Delta x+o(\Delta x), \tag{1}$$

其中 A 是不依赖于 Δx 的常数,而 $o(\Delta x)$ 是比 Δx 高阶的无穷小,则称函数 $y=f(x)$ 在点 x_0 是可微的,而 $A\Delta x$ 叫做函数 $y=f(x)$ 在点 x_0 的微分,记做 $\mathrm{d}y$,即

$$\mathrm{d}y=A\Delta x.$$

下面讨论**函数可微的条件**.

设函数 $y=f(x)$ 在点 x_0 可微,则按定义有式(1)成立.式(1)两边除以 Δx,得

$$\frac{\Delta y}{\Delta x}=A+\frac{o(\Delta x)}{\Delta x}.$$

当 $\Delta x\to 0$ 时,由上式就得到

$$A=\lim_{\Delta x\to 0}\frac{\Delta y}{\Delta x}=f'(x_0).$$

因此,如果函数 $f(x)$ 在点 x_0 可微,则 $f(x)$ 在点 x_0 一定可导(即 $f'(x_0)$ 存在),且 $A=f'(x_0)$.

反之,如果 $y=f(x)$ 在点 x_0 可导,即

$$\lim_{\Delta x\to 0}\frac{\Delta y}{\Delta x}=f'(x_0)$$

存在,根据极限与无穷小的关系定理,上式可写成

$$\frac{\Delta y}{\Delta x}=f'(x_0)+a,$$

其中 $a\to 0$(当 $\Delta x\to 0$).于是有

$$\Delta y=f'(x_0)\Delta x+a\Delta x.$$

因 $a\Delta x=o(\Delta x)$,且 $f'(x_0)$ 不依赖于 Δx,故上式相当于式(1),所以 $f(x)$ 在点 x_0 是可微的.

由此可得,**函数 $f(x)$ 在点 x_0 可微的必要充分条件是函数 $f(x)$ 在点 x_0 可导**.若当 $f(x)$ 在点 x_0 可微时,其微分一定是

$$\mathrm{d}y=f'(x_0)\Delta x. \tag{2}$$

从函数微分表达式(2)知,微分是 Δx 的线性函数,函数的增量与函数微分之差是 Δx 的高阶无穷小,即

$$\Delta y-\mathrm{d}y=o(\Delta x).$$

因此称**函数的微分** dy **是函数的增量** Δy **的线性主部**(当 $\Delta x\to 0$)，从而当 $|\Delta x|$ 很小时，有

$$\Delta y\approx dy.$$

例1　求函数 $y=x^2$ 在 $x=1$ 处的微分.

解　函数 $y=x^2$ 在 $x=1$ 处的微分

$$dy|_{x=1}=(x^2)'|_{x=1}\cdot\Delta x=2\Delta x.$$

函数 $y=f(x)$ 在任意点 x 的微分，称为函数的微分，记做 dy 或 $df(x)$，即

$$dy=f'(x)\Delta x.$$

例如函数 $y=\cos x$ 的微分为

$$dy=(\cos x)'\Delta x=-\sin x\Delta x.$$

函数 $y=e^x$ 的微分为

$$dy=(e^x)'\Delta x=e^x\Delta x.$$

显然，函数的微分 $dy=f'(x)\Delta x$ 与 x 和 Δx 有关.

例2　求函数 $y=x^3$，当 $x=2,\Delta x=0.02$ 时的微分.

解　先求函数在任意点 x 的微分

$$dy=(x^3)'\Delta x=3x^2\Delta x.$$

再求函数在 $x=2,\Delta x=0.02$ 时的微分，

$$dy\Big|_{\substack{x=2\\ \Delta x=0.02}}=3x^2\Delta x\Big|_{\substack{x=2\\ \Delta x=0.02}}=0.24.$$

通常把自变量 x 的增量 Δx 称为自变量的微分，记做 dx，即

$$dx=\Delta x.$$

于是函数的微分可记为

$$dy=f'(x)dx,$$

从而有　$\dfrac{dy}{dx}=f'(x).$

这就是说，函数的微分 dy 与自变量的微分 dx 之商，等于该函数的导数.因此，导数也叫做微商.

3.9.2　微分的几何意义

为了从直观上理解函数的微分概念，下面讨论它的几何意义.

函数 $y=f(x)$的图形是一条曲线,当自变量 x 由 x_0 变到 $x_0+\Delta x$ 时,曲线上的对应点 $M(x_0,y_0)$变到点 $N(x_0+\Delta x,y_0+\Delta y)$(图 3-6).

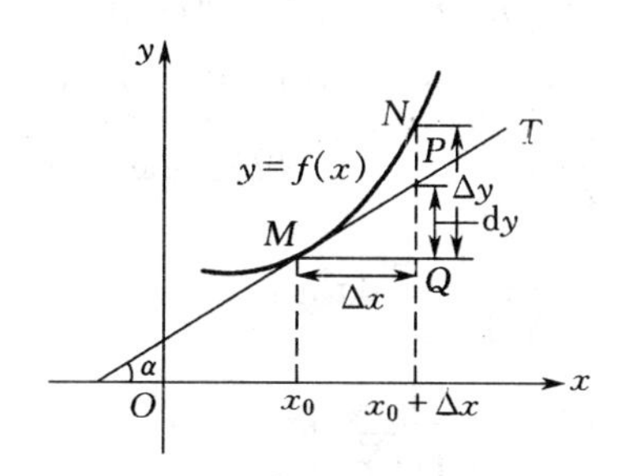

图 3-6

过点 M 作曲线的切线 MT,它的倾角为 α,从图 3-6 可知,

$$QP=MQ\cdot\tan\alpha=\Delta x\cdot f'(x_0),$$

即 $$\mathrm{d}y=QP.$$

于是,微分的几何意义是:函数 $y=f(x)$在点 x_0 的微分,就是曲线 $y=f(x)$在点 $M(x_0,y_0)$的切线 MT,当横坐标由 x_0 变到 $x_0+\Delta x$ 时,其对应纵坐标的增量.

因此,用函数的微分近似代替函数的增量,即用 M 点的切线上纵坐标增量 QP,近似代替曲线上纵坐标的增量 QN. 当$|\Delta x|$很小时,从图上可以看出$|\Delta y-\mathrm{d}y|$比$|\Delta x|$小得多,因此在点 M 的邻近,可以用切线段来近似代替曲线段.

3.9.3 基本初等函数的微分公式与微分运算法则

从函数的微分表达式

$$\mathrm{d}y=f'(x)\mathrm{d}x,$$

可以看出,函数的微分等于函数导数乘以自变量的微分. 因此,很容易得到微分公式和微分运算法则.

1. 基本初等函数的微分公式

由基本初等函数的导数公式,可以直接写出基本初等函数的微分公式.

(1) $d(c)=0$, (2) $d(x^{\mu})=\mu x^{\mu-1}dx$,

(3) $d(\sin x)=\cos x dx$, (4) $d(\cos x)=-\sin x dx$,

(5) $d(\tan x)=\sec^2 x dx$, (6) $d(\cot x)=-\csc^2 x dx$,

(7) $d(\sec x)=\sec x\tan x dx$, (8) $d(\csc x)=-\csc x\cot x dx$,

(9) $d(e^x)=e^x dx$, (10) $d(a^x)=a^x\ln a dx$,

(11) $d(\ln x)=\frac{1}{x}dx$, (12) $d(\log_a x)=\frac{1}{x\ln a}dx$,

(13) $d(\arcsin x)=\frac{1}{\sqrt{1-x^2}}dx$,

(14) $d(\arccos x)=-\frac{1}{\sqrt{1-x^2}}dx$,

(15) $d(\arctan x)=\frac{1}{1+x^2}dx$,

(16) $d(\text{arccot } x)=-\frac{1}{1+x^2}dx$.

2. 函数和、差、积、商的微分法则

由函数的和、差、积、商的求导法则,可推出相应的微分法则.

设 u、v 都是 x 的可微函数,则 u、v 的和、差、积、商的微分法则是:

(1) $d(u\pm v)=du\pm dv$;

(2) $d(uv)=vdu+udv$;

(3) $d\left(\frac{u}{v}\right)=\frac{vdu-udv}{v^2}\quad(v\neq 0)$.

现在只证明乘积的微分法则,其余的法则学员可用类似的方法自己证明.

由微分的定义,有

$$d(uv)=(uv)'dx,$$

再根据乘积的求导法则,有

$$(uv)'=u'v+uv',$$

于是
$$d(uv)=(u'v+uv')dx=vu'dx+uv'dx$$
$$=vdu+udv.$$

3. **复合函数的微分法则**

设 $y=f(u)$，$u=\varphi(x)$，则复合函数 $y=f[\varphi(x)]$ 的微分

$$\mathrm{d}y=y_x\mathrm{d}x=f'(u)\cdot\varphi'(x)\mathrm{d}x.$$

由于 $\varphi'(x)\mathrm{d}x=\mathrm{d}u$，所以，复合函数 $y=f[\varphi(x)]$ 的微分公式也可以写成

$$\mathrm{d}y=f'(u)\mathrm{d}u.$$

由此可见，无论 u 是自变量还是中间变量，$y=f(u)$ 的微分 $\mathrm{d}y$，总可以用 $f'(u)$ 与 $\mathrm{d}u$ 的乘积来表示. 这一性质称为一阶**微分形式不变性**.

有了这一性质，对于基本初等函数的微分公式，如 $\mathrm{d}(\sin u)=\cos u\mathrm{d}u$，$\mathrm{d}(\mathrm{e}^u)=\mathrm{e}^u\mathrm{d}u$ 等，这里的 u 不仅可以是自变量，也可以是一个函数. 这对于求复合函数的微分，十分方便.

例 3 $y=\sin(2x+1)$，求 $\mathrm{d}y$.

解 令 $u=2x+1$，则 $y=\sin u$，利用微分形式不变性，得

$$\begin{aligned}\mathrm{d}y&=\mathrm{d}(\sin u)=\cos u\mathrm{d}u=\cos(2x+1)\mathrm{d}(2x+1)\\&=\cos(2x+1)\cdot 2\mathrm{d}x=2\cos(2x+1)\mathrm{d}x.\end{aligned}$$

例 4 $y=\mathrm{e}^{ax+bx^2}$.

解 令 $u=ax+bx^2$，则 $y=\mathrm{e}^u$，利用微分形式不变性，得

$$\begin{aligned}\mathrm{d}y&=(\mathrm{e}^u)'\mathrm{d}u=\mathrm{e}^u\mathrm{d}u=\mathrm{e}^{ax+bx^2}\mathrm{d}(ax+bx^2)\\&=\mathrm{e}^{ax+bx^2}(a+2bx)\mathrm{d}x.\end{aligned}$$

在下面的例子中，不把中间变量写出来，直接用微分形式不变性，可得微分.

例 5 $y=\sqrt{1+\sin^2 x}$，求 $\mathrm{d}y$.

解
$$\begin{aligned}\mathrm{d}y&=\frac{\mathrm{d}(1+\sin^2 x)}{2\sqrt{1+\sin^2 x}}=\frac{2\sin x\mathrm{d}(\sin x)}{2\sqrt{1+\sin^2 x}}\\&=\frac{2\sin x\cos x\mathrm{d}x}{2\sqrt{1+\sin^2 x}}=\frac{\sin 2x\mathrm{d}x}{2\sqrt{1+\sin^2 x}}.\end{aligned}$$

例 6 $y=\mathrm{e}^{-ax}\sin bx$，求 $\mathrm{d}y$.

解 $\mathrm{d}y=\mathrm{e}^{-ax}\mathrm{d}(\sin bx)+\sin bx\mathrm{d}(\mathrm{e}^{-ax})$

$$= e^{-ax}\cos bx\,d(bx) + \sin bx\,e^{-ax}d(-ax)$$
$$= e^{-ax}(b\cos bx - a\sin bx)dx.$$

从以上几例可以看出,用一阶微分形式不变性求复合函数的微分,层次清楚不易出错.

3.9.4　微分在近似计算中的应用举例

1. 微分在近似计算中的应用举例

利用微分往往可以把一些复杂的计算公式用简单的近似公式来代替.

设函数 $y=f(x)$在 x_0 处的 $f'(x_0)\neq 0$,且 Δx 很小,则有

$$\Delta y \approx dy = f'(x_0)\Delta x.$$

这个式子也可以写成

$$\Delta y = f(x_0+\Delta x) - f(x_0) \approx f'(x_0)\Delta x, \tag{3}$$

或

$$f(x_0+\Delta x) \approx f(x_0) + f'(x_0)\Delta x. \tag{4}$$

在式(4)中令 $x=x_0+\Delta x$,即 $\Delta x = x - x_0$,则式(4)又可写成

$$f(x) \approx f(x_0) + f'(x_0)(x-x_0). \tag{5}$$

于是,可用式(3)来计算 Δy 的近似值;可用式(4)来计算 $f(x_0+\Delta x)$ 的近似值,或用式(5)来计算 $f(x)$的近似值.

例 7　半径为 10 cm 的金属圆片加热后,半径伸长了 0.05 cm,问面积估计增大了多少?

解　设圆面积为 A,半径为 r,则

$$A = \pi r^2.$$

由式(3)得　$\Delta A \approx 2\pi r \Delta r.$

将 $r=10$ cm,$\Delta r = 0.05$ cm,代入上式,得

$$\Delta A \approx 2\pi \times 10 \times 0.05 = \pi(\text{cm}^2),$$

于是金属圆片面积大约增大了 $\pi(\text{cm}^2)$.

例 8　利用微分计算 $\sin 30°30'$的近似值.

解　把 $30°30'$化为弧度,得

$$30°30' = \frac{\pi}{6} + \frac{\pi}{360}.$$

设 $f(x)=\sin x$，$f'(x)=\cos x$，取 $x_0=\frac{\pi}{6}$，显然，$f(\frac{\pi}{6})=\sin\frac{\pi}{6}=\frac{1}{2}$，$f'(\frac{\pi}{6})=\cos\frac{\pi}{6}=\frac{\sqrt{3}}{2}$，$\Delta x=\frac{\pi}{360}$，应用公式(4)得

$$\sin 30°30'=\sin(\frac{\pi}{6}+\frac{\pi}{360})$$

$$\approx\sin\frac{\pi}{6}+\cos\frac{\pi}{6}\cdot\frac{\pi}{360}=\frac{1}{2}+\frac{\sqrt{3}}{2}\cdot\frac{\pi}{360}$$

$$=0.5000+0.0076=0.5076.$$

2.几个常用的近似公式

在式(5)中取 $x_0=0$，于是得

$$f(x)\approx f(0)+f'(0)x. \tag{6}$$

应用式(6)可以推得以下几个工程上常用的近似公式(假定 $|x|$ 是很小的数值)：

(1) $\sqrt[n]{1+x}\approx 1+\frac{1}{n}x$；　(2) $\sin x\approx x$　(x 用弧度)；

(3) $\tan x\approx x$　(x 用弧度)；(4) $e^x\approx 1+x$；

(5) $\ln(1+x)\approx x$.

证　(1)取 $f(x)=\sqrt[n]{1+x}$，则 $f(0)=1$，

$f'(0)=\frac{1}{n}(1+x)^{\frac{1}{n}-1}|_{x=0}=\frac{1}{n}$，代入式(6)得

$$\sqrt[n]{1+x}\approx 1+\frac{1}{n}x.$$

(2)取 $f(x)=\sin x$，则 $f(0)=0$，$f'(0)=\cos x|_{x=0}=1$ 代入式(6)，得

$$\sin x\approx x.$$

其余几个公式，可用同样的方法自己证明.

例 9　计算 $\sqrt[5]{1.01}$、$\sqrt{26}$ 的近似值.

解　计算 $\sqrt[5]{1.01}$，把 $\sqrt[5]{1.01}$ 看成函数 $f(x)=(1+x)^{\frac{1}{5}}$ 在 $x=0.01$ 时的函数值，因 $x=0.01$ 很小，可用公式(1)，即

$$(1+x)^{\frac{1}{5}}\approx 1+\frac{1}{5}x,$$

用 $x=0.01$ 代入后，得

$$\sqrt[5]{1.01}\approx 1+\frac{1}{5}(0.01)=1.002.$$

计算$\sqrt{26}$的近似值，是否也可用公式(1)呢？若使$\sqrt{26}$为函数$(1+x)^{\frac{1}{2}}$在 $x=25$ 的函数值时，$x=25$ 是个较大的数，这不符合公式(1)所要求的条件，因此，不能直接应用公式(1). 可把$\sqrt{26}$写成

$$\sqrt{26}=\sqrt{25+1}=5\sqrt{1+\frac{1}{25}}=5\sqrt{1+0.04}.$$

把$\sqrt{1+0.04}$，看成$(1+x)^{\frac{1}{2}}$在 $x=0.04$ 时的函数值，$x=0.04$ 是个很小的数，由公式(1)，得

$$(1+x)^{\frac{1}{2}}\approx 1+\frac{1}{2}x,$$

$$\sqrt{1+0.04}\approx 1+\frac{1}{2}(0.04)=1.02,$$

所以　$\sqrt{26}=5\sqrt{1+0.04}\approx 5\times 1.02=5.10.$

计算$\sqrt{26}$的近似值也可以不用公式(1)，如取函数$f(x)=\sqrt{x}$，于是$\sqrt{26}$是 $x=26$ 时的函数值，在 26 附近取 $x_0=25$，容易地求出：

$$f(x_0)=\sqrt{25}=5,\quad f'(x_0)=\left.\frac{1}{2\sqrt{x}}\right|_{x=25}=0.1.$$

由公式(5)　$f(x)\approx f(x_0)+f'(x_0)(x-x_0)$，

得　$\sqrt{x}\approx 5+0.1(x-25).$

当 $x=26$ 时，有$\sqrt{26}\approx 5+0.1=5.10.$

3. 误差估计

先介绍什么是**绝对误差**，什么是**相对误差**.

若某个量的准确值为 A，它的近似值为 a，则 A 与 a 之差的绝对值$|A-a|$叫做 a 的**绝对误差**. 绝对误差与$|a|$的比值$\left|\frac{A-a}{a}\right|$叫做 a

的**相对误差**.

实际上某个量的精确值往往是无法知道的,于是绝对误差和相对误差也就无法求得.但是根据测量仪器的精度等因素,有时能够确定误差在某一个范围内.如果某个量的精确值是 A,测得它的近似值是 a,又知道它的误差不超过 δ_A,即

$$|A-a|\leqslant\delta_A,$$

则称 δ_A 为 A 的**绝对误差限**,而 $\frac{\delta_A}{|a|}$ 叫做 A 的**相对误差限**.

设函数 $y=f(x)$,当测量自变量 x 有误差,则由 $y=f(x)$ 计算 y 的值也有相应的误差,若 x 的绝对误差限是 δ_x,即

$$|\Delta x|\leqslant\delta_x,$$

则当 $y'\neq0$ 时,y 的绝对误差

$$|\Delta y|\approx|\mathrm{d}y|=|y'|\cdot|\Delta x|\leqslant|y'|\delta_x,$$

即 y 的绝对误差限为

$$\delta_y=|y'|\cdot\delta_x.$$

y 的相对误差限约为

$$\frac{\delta_y}{|y|}=\frac{|y'|}{|y|}\delta_x.$$

以后常把绝对误差限与相对误差限简称为绝对误差与相对误差.

例 10 设测得圆钢的截面的直径 $D=60.03$ mm,测量 D 的绝对误差限 $\delta_D=0.05$ mm,利用公式 $A=\frac{\pi}{4}D^2$ 计算圆钢的截面积时,试估计面积的误差.

解 $A=\frac{\pi}{4}D^2$, $\frac{\mathrm{d}A}{\mathrm{d}D}=\frac{\pi}{2}D$,

于是 $$\delta_A=\left|\frac{\mathrm{d}A}{\mathrm{d}D}\right|\cdot\delta_D=\frac{\pi}{2}D\delta_D,$$

$$\frac{\delta_A}{A}=\frac{\frac{\pi}{2}D\delta_D}{\frac{\pi}{4}D^2}=2\frac{\delta_D}{D}.$$

将 $D=60.03$ mm,$\delta_D=0.05$ mm 代入上面两式,得到 A 的绝对误差为

$$\delta_A=\frac{\pi}{2}\times 60.03\times 0.05\approx 4.715(\mathrm{mm}^2),$$

A 的相对误差为

$$\frac{\delta_A}{A}=2\times\frac{0.05}{60.03}\approx 0.17\%.$$

习　　题　3-9

1. 设 x 的值从 $x=1$ 变到 $x=1.01$,试求函数 $y=2x^2-x$ 的增量和微分.

2. 已知函数 $y=f(x)$在点 x 处已给增量 $\Delta x=0.2$,对应的函数增量的线性主部等于 0.8,求在 x 点处的导数.

3. 求下列函数的微分.

(1)$y=\sqrt[3]{1+x^2}$；　　(2)$y=\ln x^2+\ln\sqrt{x}$；

(3)$y=(x^2+2x)(x+1)$；　　(4)$y=\arctan\dfrac{1-x^2}{1+x^2}$；

(5)$y=\mathrm{e}^{ax}\cos bx$.

4. 将适当的函数填入下列括号内,使等式成立.

(1)$\mathrm{d}(\qquad)=2\mathrm{d}x$,　　(2)$\mathrm{d}(\qquad)=3x\mathrm{d}x$,

(3)$\mathrm{d}(\qquad)=\cos t\mathrm{d}t$,　　(4)$\mathrm{d}(\qquad)=\mathrm{e}^{-2x}\mathrm{d}x$,

(5)$\mathrm{d}(\qquad)=\dfrac{1}{\sqrt{x}}\mathrm{d}x$.

5. 水管壁的正截面是一个圆环,设它的内半径为 R_0,壁厚为 h,试利用微分计算这个圆环面积的近似值.

6. 利用微分计算下列各式的近似值.

(1)$\cos 29^\circ$；　　(2)$\ln(1.01)$.

7. 当$|x|$较小时,证明下列近似公式.

(1)$\tan x\approx x$　(x 是弧度值)；(2)$\ln(1+x)\approx x$；

(3)$\mathrm{e}^x\approx 1+x$.

本 章 总 结

一、学习本章的基本要求

(1)理解导数概念及导数的几何意义,了解函数的可导性与连续性的关系.

(2)熟练掌握基本初等函数的导数公式和求导法则,并能熟练地求初等函数的导数.

(3)会用导数定义求分段函数在分界点处的导数.

(4)会求隐函数及由参数方程所确定的函数的导数;会用对数求导法求函数的导数.

(5)了解高阶导数的概念及反函数的求导法则.

(6)理解微分的定义、微分的几何意义及导数与微分的关系.

(7)掌握微分的运算法则,会用微分求函数的近似值.

二、本章的重点、难点

重点 (1)导数与微分的概念.

(2)初等函数求导方法.

难点 (1)复合函数求导方法.

(2)分段函数在其分界点处导数的求法.

三、学习中应注意的几个问题

1. 导数概念

(1)导数是研究函数 y 相对自变量 x 变化的快慢程度的.

函数增量与自变量增量之比$\frac{\Delta y}{\Delta x}$是表示函数在以 x_0 和 $x_0+\Delta x$ 为端点的区间上的平均变化率,而导数

$$y'|_{x=x_0}=\lim_{\Delta x\to 0}\frac{\Delta y}{\Delta x}=\lim_{\Delta x\to 0}\frac{f(x_0+\Delta x)-f(x_0)}{\Delta x}$$

则是表示函数 $y=f(x)$ 在一点 x_0 处的变化率.

(2) $f(x)$ 在点 x_0 处导数定义的两种表示形式:

$$f'(x_0)=\lim_{\Delta x\to 0}\frac{f(x_0+\Delta x)-f(x_0)}{\Delta x},$$

令 $x=x_0+\Delta x$, $\Delta x=x-x_0$, 当 $\Delta x\to 0$ 时, $x\to x_0$, 于是上式可写成

$$f'(x_0)=\lim_{x\to x_0}\frac{f(x)-f(x_0)}{x-x_0}.$$

这两种表示形式,以后都会经常用到.

(3)用定义求导数的三步法则:

求函数 $y=f(x)$ 的导数的三个步骤是

①求增量 $\Delta y=f(x+\Delta x)-f(x)$;

②求比值 $\dfrac{\Delta y}{\Delta x}=\dfrac{f(x+\Delta x)-f(x)}{\Delta x}$;

③求极限 $y'=\lim\limits_{\Delta x\to 0}\dfrac{\Delta y}{\Delta x}$.

分段函数求分界点处的导数,必须用上述的三步法则求得.

(4)导函数与导数:

导函数 $f'(x)$ 与在点 x_0 处的导数 $f'(x_0)$,两者是不同的,但又有密切关系, $f'(x_0)$ 是导函数在点 x_0 处的函数值,即

$$f'(x_0)=f'(x)|_{x=x_0}.$$

显然 $f'(x_0)\neq(f(x_0))'$ $\quad((f(x_0))'\equiv 0)$. 求函数 $y=f(x)$ 在点 x_0 处的导数值 $f'(x_0)$,一般总是先求出导函数 $f'(x)$,然后再求 $f'(x)$ 在 x_0 处的函数值. 今后为方便起见,在不致引起混淆的前提下,导函数也简称为导数.

(5)函数的可导性与连续性的关系:

设函数 $y=f(x)$ 在点 x 处可导,则在该点必连续.

事实上,

$$\lim_{\Delta x\to 0}\frac{\Delta y}{\Delta x}=f'(x),$$

由具有极限的函数与无穷小的关系定理得

$$\frac{\Delta y}{\Delta x}=f'(x)+a,\qquad 其中\lim_{\Delta x\to 0}a=0.$$

于是，　$\Delta y=f'(x)\Delta x+a\Delta x$，

当 $\Delta x\to 0$ 时，则有 $\Delta y\to 0$，即 $y=f(x)$，在点 x 是连续的. $f(x)$在点 x 不连续，则在点 x 肯定是不可导的. 反之，若 $y=f(x)$在点 x 连续，则在该点不一定可导.

2. 初等函数的求导问题

因为任一初等函数都是由常数及基本初等函数经过有限次四则运算及复合步骤而构成的，所以求初等函数的导数可以不必用导数定义，只需运用基本初等函数导数公式及四则运算求导法则和复合函数求导法则就可以顺利地解决了. 因此，基本初等函数求导公式及四则运算求导法则和复合函数求导法则在初等函数的求导运算中是非常重要的，必须熟记.

求给定的初等函数导数时，是先用四则运算求导公式，还是先用复合函数的求导公式，这就要由给定的函数的具体形式来确定了.

(1)计算初等函数值的最后一步是四则运算，则求该函数导数时，就需先用四则运算求导公式.

例如，求 $y=\cos^2 x\cdot\sin 2x$ 的导数. 由于函数是由 $u(x)=\cos^2 x$，$v(x)=\sin 2x$ 的乘积得到. 因此，首先要用乘积的求导公式，即

$$y'=u'(x)v(x)+u(x)v'(x).$$

而 $u(x)$，$v(x)$都是复合函数，再按复合函数求导公式求出 $u'(x)$、$v'(x)$. 于是

$$\begin{aligned}y'&=2\cos x(\cos x)'\sin 2x+\cos^2 x\cos 2x(2x)'\\&=2\cos x(-\sin x)\sin 2x+\cos^2 x\cos 2x\cdot 2\\&=-(\sin 2x)^2+2\cos^2 x\cos 2x.\end{aligned}$$

(2)计算初等函数值最后一步是复合函数形式，求该函数导数时，就需先用复合函数求导公式.

例如，求 $y=\sqrt{x+\ln x}$ 的导数. 因为函数是由 $y=\sqrt{u(x)}$，$u(x)=x+\ln x$ 复合而成的. 因此，首先要用复合函数的求导公式，即

$$y' = \frac{1}{2}[u(x)]^{-\frac{1}{2}} \cdot u'(x),$$

而 $u(x)$是两个函数的和,再按和的求导公式,求出 $u'(x)$. 于是

$$y' = \frac{1}{2}[(x+\ln x)^{-\frac{1}{2}}](1+\frac{1}{x}) = \frac{x+1}{2x\sqrt{x+\ln x}}.$$

总之,求初等函数的导数,除了熟练掌握基本初等函数求导公式及求导法则以外,还必须清楚函数的结构.对任一初等函数能正确地分解为一系列基本初等函数或基本初等函数的四则运算的形式.

3. 微分概念

(1)函数的微分是函数增量的线性主部.

设 $f(x)$在点 x_0 可微,由微分定义得

$$\Delta y = A\Delta x + o(\Delta x),$$

其中 $A = f'(x_0)$是不依赖于 Δx 的常数,$o(\Delta x)$是比 Δx 高阶的无穷小. 称 $f'(x_0)\Delta x$ 为函数 $y = f(x)$在点 x_0 的微分,记为

$$\mathrm{d}y = f'(x_0)\Delta x.$$

由微分表达式知,微分 $\mathrm{d}y$ 是 Δx 的线性函数;而函数增量与函数微分之差是 Δx 的高阶无穷小,即

$$\Delta y - \mathrm{d}y = o(\Delta x).$$

所以微分又是函数增量的主部部分. 因此称函数微分 $\mathrm{d}y$ 是函数增量 Δy 的线性主部. 当$|\Delta x|$很小时,$\mathrm{d}y$ 是 Δy 的很好的近似值,

$$\Delta y \approx \mathrm{d}y.$$

(2)函数的微分与导数之间的关系

微分是函数增量的线性主部,而导数则是研究函数的变化率.

微分与变量 x 及 Δx 有关,而导数仅与 x 有关.

从几何意义看,微分是曲线 $y = f(x)$在一点处切线的纵坐标的增量,而导数是曲线在这点处切线的斜率.

函数在一点处可微与可导是等价的,并且有

$$\mathrm{d}y = f'(x)\mathrm{d}x.$$

于是 $f'(x)$又可写成

$$\frac{\mathrm{d}y}{\mathrm{d}x}=f'(x).$$

即函数的导数 $f'(x)$ 等于函数的微分 $\mathrm{d}y$ 与自变量微分 $\mathrm{d}x$ 之商. 因此,导数也叫做微商.

测验作业题(二)

1. 求下列函数的导数.

(1) $y=\dfrac{x^2}{\sqrt{x^2+a^2}}$;　　(2) $y=\mathrm{e}^{-x}\cos(3^x)$;

(3) $y=x\sec^2 x-\tan x$;　　(4) $y=(\mathrm{e}^{\sin x}-1)^2$;

(5) $y=\cos^2(\tan^3 x)$;　　(6) $y=\ln^3(\sin x^2)$;

(7) $y=\dfrac{x}{2}\sqrt{x^2+a^2}+\dfrac{a^2}{2}\ln\left(x+\sqrt{x^2+a^2}\right)$;

(8) $y=\operatorname{arccot}(1-x^2)$.

2. 求下列函数的导数.

(1) $y=(1+x^2)^{\sin x}$;　　(2) $y=(\mathrm{e}^x)^{\ln x}$;

(3) $\arctan\dfrac{y}{x}=\ln\sqrt{x^2+y^2}$.

3. 求下列函数的微分.

(1) $y=\dfrac{x}{\sqrt{1-x^2}}$;　　(2) $y=x\arccos x-\sqrt{1-x^2}$.

4. 已知曲线 $\begin{cases} x=\dfrac{3at}{1+t^2}, \\ y=\dfrac{3at^2}{1+t^2}, \end{cases}$ 求在 $t=2$ 处的切线方程和法线方程.

5. 讨论函数

$$y=f(x)=\begin{cases} x\sin\dfrac{1}{x}, & x\neq 0, \\ 0, & x=0, \end{cases}$$

在 $x=0$ 处的连续性与可导性.

第4章　中值定理与导数应用

上一章引入了导数的概念及求导数的法则,本章将利用导数来研究函数的某些性态.首先介绍微分学中值定理,它是用导数研究函数的某些性态的理论根据.

4.1　中值定理

本节将介绍罗尔定理、拉格朗日中值定理和柯西中值定理,它们都是微分学的中值定理.我们先介绍罗尔定理,然后根据它推出拉格朗日中值定理和柯西中值定理.

4.1.1　罗尔定理

罗尔(Rolle)定理　如果函数 $f(x)$满足下列条件:

(1)在闭区间$[a,b]$上连续;

(2)在开区间(a,b)内具有导数;

(3)在端点处函数值相等,即 $f(a)=f(b)$.

则在(a,b)内至少有一点 ξ,使

$$f'(\xi)=0.$$

证　由于 $f(x)$在闭区间$[a,b]$上连续,根据闭区间上连续函数的最大值和最小值定理,$f(x)$在闭区间$[a,b]$上必有最大值 M 和最小值 m.仅有两种可能情况.

(1)$M=m$.由 $m\leqslant f(x)\leqslant M$ 可知,$f(x)$在闭区间$[a,b]$上为一常数,即 $f(x)=M$,所以$f'(x)$在(a,b)内恒为零.这时可取(a,b)内任意一点作为 ξ,而有 $f'(\xi)=0$.

(2)$M>m$.由于 $f(a)=f(b)$,这时两数 M、m 中至少有一个不等于$f(a)$,不妨设 $M\neq f(a)$($m\neq f(a)$的情况证法完全类似),于是在(a, b)内至少有一点 ξ,使 $f(\xi)=M$,下面证明$f'(\xi)=0$.

因为 ξ 是(a,b)内的点,由条件(2)知 $f'(\xi)$存在,即

$$\lim_{\Delta x\to 0}\frac{f(\xi+\Delta x)-f(\xi)}{\Delta x}$$

存在,根据极限存在的充分必要条件是左、右极限存在且相等,所以有

$$f'(\xi)=\lim_{\Delta x\to 0+0}\frac{f(\xi+\Delta x)-f(\xi)}{\Delta x}$$
$$=\lim_{\Delta x\to 0-0}\frac{f(\xi+\Delta x)-f(\xi)}{\Delta x},$$

由于 $f(\xi)=M$ 是$f(x)$在$[a,b]$上的最大值,因此不论 $\Delta x>0$ 还是 $\Delta x<0$,只要 $\xi+\Delta x$ 在$[a,b]$上,总有

$$f(\xi+\Delta x)\leqslant f(\xi),$$

即

$$f(\xi+\Delta x)-f(\xi)\leqslant 0.$$

当 $\Delta x>0$ 时,有

$$\frac{f(\xi+\Delta x)-f(\xi)}{\Delta x}\leqslant 0,$$

根据函数与极限的同号性定理,得到

$$\lim_{\Delta x\to 0+0}\frac{f(\xi+\Delta x)-f(\xi)}{\Delta x}\leqslant 0.$$

同理,当 $\Delta x<0$ 时,有

$$\lim_{\Delta x\to 0-0}\frac{f(\xi+\Delta x)-f(\xi)}{\Delta x}\geqslant 0.$$

故

$$f'(\xi)=0.$$

证毕.

罗尔定理的几何意义是:如果连续曲线 $y=f(x)$的弧$\overset{\frown}{AB}$上除端点外处处具有不垂直于x 轴的切线且两端点的纵坐标相等,那么在这弧上至少有一点 C,使曲线在 C 点的切线平行于x 轴(图 4-1).

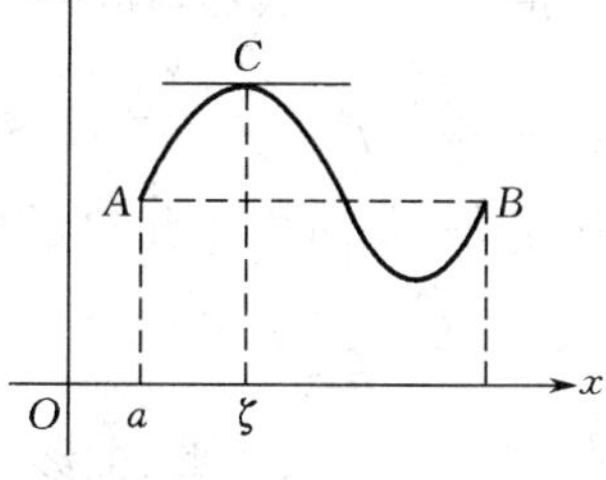

图 4-1

由定理可知,如果函数 $f(x)$在$[a,b]$上满足罗尔定理的三个条件,保证在(a,b)内至少有一点 ξ,使

$$f'(\xi)=0.$$

例 1　$f(x)=(x-1)(x-3)$ 在

闭区间[1,3]上连续,在开区间(1,3)内具有导数$f'(x)=2x-4$,且$f(1)=f(3)=0$,即$f(x)$在[1,3]上满足罗尔定理的三个条件,因此在(1,3)内有一点$\xi=2$,使$f'(\xi)=f'(2)=2\times2-4=0$.

应当注意,罗尔定理三个条件缺一不可,否则结论不一定成立,如图4-2.

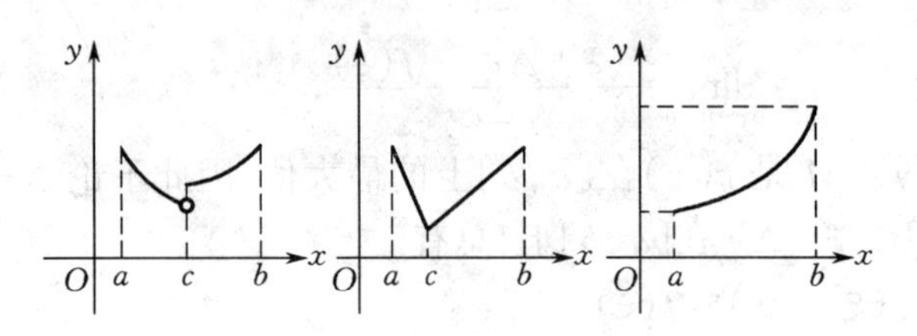

图4-2

把罗尔定理推广可得到下面的定理.

4.1.2　拉格朗日中值定理

拉格朗日(Lagrange)中值定理　如果函数$f(x)$满足下列条件:

(1)在闭区间[a,b]上连续;

(2)在开区间(a,b)内具有导数.

则在(a,b)内至少有一点ξ,使得

$$f(b)-f(a)=f'(\xi)(b-a). \tag{1}$$

定理的几何意义是:如果连续曲线$y=f(x)$上的弧$\overset{\frown}{AB}$除端点外处处具有不垂直于x轴的切线,那么在这弧上至少有一点C,使曲线在点C的切线平行于弦AB(图4-3).

事实上,把式(1)写成

$$\frac{f(b)-f(a)}{b-a}=f'(\xi),$$

其中,$f'(\xi)$是曲线在点C的切线斜率.

$$\frac{f(b)-f(a)}{b-a}$$

是弦AB的斜率,因此,曲线$f(x)$在点C的切线平行于弦AB(图4-3).

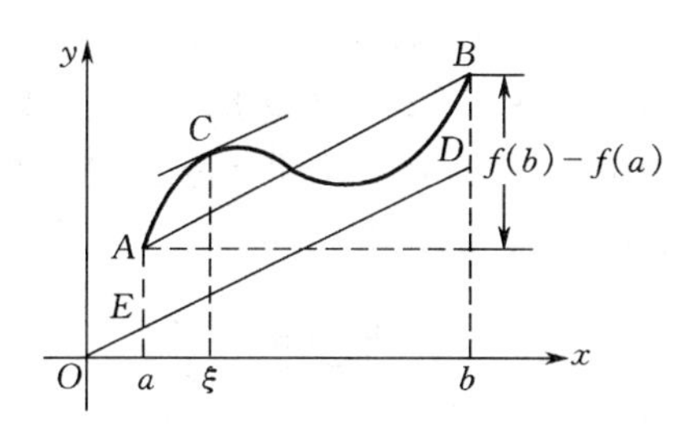

图 4-3

不难看出,过原点且平行于弦 AB 的直线 OD 的方程为

$$y=\frac{f(b)-f(a)}{b-a}x.$$

由图 4-3 还可以看出,函数 $f(x)-y$ 在 $x=a$ 和 $x=b$ 两端点处的函数值相等.

上述的分析为我们证明拉格朗日中值定理提供了引进辅助函数的方法,下面证明这个定理.

证 引进辅助函数

$$\varphi(x)=f(x)-\frac{f(b)-f(a)}{b-a}x.$$

由定理的假设可推出:$\varphi(x)$在$[a,b]$上连续,在(a,b)内具有导数

$$\varphi'(x)=f'(x)-\frac{f(b)-f(a)}{b-a},$$

且 $$\varphi(a)=\frac{bf(a)-af(b)}{b-a}=\varphi(b),$$

即 $\varphi(x)$满足罗尔定理的三个条件,因此,在(a,b)内至少有一点 ξ,使得

$$\varphi'(\xi)=f'(\xi)-\frac{f(b)-f(a)}{b-a}=0,$$

即 $$f(b)-f(a)=f'(\xi)(b-a).$$ 证毕.

公式(1)叫做拉格朗日中值公式,它对于 $b<a$ 也成立.

设 x_0、$x_0+\Delta x$ 是$[a,b]$上的任意两点($\Delta x>0$ 或 $\Delta x<0$),在以 x_0 与 $x_0+\Delta x$ 为端点的区间上,公式(1)的另外两种表达形式

$$f(x_0+\Delta x)-f(x_0)=f'(\xi)\Delta x \quad (\xi \text{在} x_0 \text{与} x_0+\Delta x \text{之间}); \tag{2}$$

$$f(x_0+\Delta x)-f(x_0)=f'(x_0+\theta\Delta x)\Delta x \quad (0<\theta<1). \tag{3}$$

在公式(2)中,取 $\xi=x_0+\theta\Delta x$,便得到公式(3).事实上,当 $\Delta x>0$ 时,$x_0<\xi<x_0+\Delta x$,即

$$0<\frac{\xi-x_0}{\Delta x}<1, \qquad \text{取 } \theta=\frac{\xi-x_0}{\Delta x},$$

得到　$\xi=x_0+\theta\Delta x$.

$\Delta x<0$ 的情况完全类似.

拉格朗日中值定理也叫做有限增量定理.

在拉格朗日中值定理中,如果 $f(a)=f(b)$,公式(1)就变为 $f'(\xi)=0$,这个定理就成为罗尔定理了.

作为拉格朗日中值定理的一个应用,我们给出下面的推论.

推论　如果函数 $f(x)$ 在区间 (a,b) 内的导数恒为零,那么 $f(x)$ 在 (a,b) 内是一个常数.

证　在 (a,b) 内任取两点 x_1、x_2 $(x_1\neq x_2)$,函数 $f(x)$ 在以 x_1、x_2 为端点的区间上满足拉格朗日中值定理的条件,所以

$$f(x_2)-f(x_1)=f'(\xi)(x_2-x_1) \quad (\xi \text{在} x_1 \text{与} x_2 \text{之间}).$$

由假设 $f'(\xi)=0$ 得到 $f(x_2)-f(x_1)=0$,即

$$f(x_2)=f(x_1).$$

这说明区间 (a,b) 内任意两点的函数值相等,从而证明了函数 $f(x)$ 在 (a,b) 内是一常数.　　证毕.

例2　设 $0<b\leqslant a$,证明

$$\frac{a-b}{a}\leqslant \ln\frac{a}{b}\leqslant\frac{a-b}{b}.$$

证　(1) $0<b<a$.

设函数 $f(t)=\ln t$,它在 $[b,a]$ 上满足拉格朗日中值定理的条件,所以

$$\ln a-\ln b=\frac{1}{\xi}(a-b), \qquad b<\xi<a,$$

即

$$\ln\frac{a}{b}=\frac{1}{\xi}(a-b), \qquad b<\xi<a.$$

由 $0<b<\xi<a$, 得到$\frac{1}{a}<\frac{1}{\xi}<\frac{1}{b}$,

因此 $\frac{a-b}{a}<\frac{a-b}{\xi}<\frac{a-b}{b}$,

即 $\frac{a-b}{a}<\ln\frac{a}{b}<\frac{a-b}{b}$.

(2)$0<b=a$.

$$\frac{a-b}{a}=\ln\frac{a}{b}=\frac{a-b}{a}=0,$$

故当 $0<b\leqslant a$ 时,

$$\frac{a-b}{a}\leqslant\ln\frac{a}{b}\leqslant\frac{a-b}{b}\text{成立}.$$

例 3 证明 $|\sin x-\sin y|\leqslant|x-y|$.

证 (1)$x\neq y$.

设函数 $f(t)=\sin t$,它在以 x 与 y 为端点的区间上满足拉格朗日中值定理的条件,所以

$$\begin{aligned}\sin x-\sin y&=(\sin t)'\big|_{t=\xi}(x-y)\\&=\cos\xi(x-y),\ \xi\text{ 在 }x\text{ 与 }y\text{ 之间}.\end{aligned}$$

从而 $|\sin x-\sin y|=|\cos\xi||x-y|\leqslant|x-y|$.

(2)$x=y$.

$$|\sin x-\sin y|=0=|x-y|.$$

因此 $|\sin x-\sin y|\leqslant|x-y|$. 证毕.

由上面两个例题可以看出,在应用拉格朗日中值定理证明不等式时,根据所给不等式的特点需先选定一个函数(如例 2 中选定 $f(t)=\ln t$,例 3 中选定 $f(t)=\sin t$),然后确定一个区间.注意选定的函数在所确定的区间上要满足拉格朗日中值定理的条件.

例 4 应用推论证明

$$\arcsin x+\arccos x=\frac{\pi}{2}\quad(-1\leqslant x\leqslant 1).$$

证 设 $f(x)=\arcsin x+\arccos x$.

(1)$-1<x<1$ 时,有

$$f'(x)=\frac{1}{\sqrt{1-x^2}}+(-\frac{1}{\sqrt{1-x^2}})=0,$$

所以,$f(x)$在区间$(1,-1)$内恒为一常数 c,

即　　$\arcsin x+\arccos x=c$.

下面确定常数 c 的值.不妨设 $x=0$,得

$$c=f(0)=\arcsin 0+\arccos 0=0+\frac{\pi}{2}=\frac{\pi}{2},$$

即　　当$-1<x<1$时,$\arcsin x+\arccos x=\frac{\pi}{2}$.

(2)$x=-1$时,有

$$f(-1)=\arcsin(-1)+\arccos(-1)=-\frac{\pi}{2}+\pi=\frac{\pi}{2}.$$

$x=1$时有

$$f(1)=\arcsin 1+\arccos 1=\frac{\pi}{2}+0=\frac{\pi}{2}.$$

因此　　$\arcsin x+\arccos x=\frac{\pi}{2}\quad(-1\leqslant x\leqslant 1)$.

4.1.3　柯西中值定理

柯西(Cauchy)中值定理　如果函数 $f(x)$与 $F(x)$满足下列条件:

(1)在闭区间$[a,b]$上连续;

(2)在开区间(a,b)内具有导数;

(3)$F'(x)$在(a,b)内的每一点处均不为零.

则在(a,b)内至少有一点 ξ,使得

$$\frac{f(b)-f(a)}{F(b)-F(a)}=\frac{f'(\xi)}{F'(\xi)}.$$

证　由定理条件可知　$F(b)-F(a)\neq 0$.

事实上,由于

$$F(b)-F(a)=F'(\eta)(b-a),a<\eta<b,$$

而　　$F'(\eta)\neq 0,b-a\neq 0$,

所以　　$F(b)-F(a)\neq 0$.

引进辅助函数

$$\varphi(x)=f(x)-\frac{f(b)-f(a)}{F(b)-F(a)}F(x).$$

$\varphi(x)$在$[a,b]$上连续,在(a,b)内具有导数

$$\varphi'(x)=f'(x)-\frac{f(b)-f(a)}{F(b)-F(a)}F'(x),$$

且 $$\varphi(a)=\frac{f(a)F(b)-f(b)F(a)}{F(b)-F(a)}=\varphi(b),$$

即 $\varphi(x)$满足罗尔定理的三个条件,因此,在(a,b)内至少有一点 ξ,使得

$$\varphi'(\xi)=f'(\xi)-\frac{f(b)-f(a)}{F(b)-F(b)}F'(\xi)=0,$$

即 $$\frac{f(b)-f(a)}{F(b)-F(a)}=\frac{f'(\xi)}{F'(\xi)}.$$ 证毕.

在柯西中值定理中,令 $F(x)=x$,就得到拉格朗日中值定理.

由上述的讨论可以知道,罗尔定理是拉格朗日中值定理的特例,柯西中值定理是拉格朗日中值定理的推广.

中值定理揭示了函数与导数之间的关系,它们是借助导数研究函数及曲线的某些性态的理论基础.

习　题　4-1

1. 验证函数 $f(x)=\frac{1}{1+x^2}$ 在区间$[-1,1]$上满足罗尔定理的条件,并求定理结论中的数值 ξ.

2. 不用求出函数 $f(x)=(x-1)(x-2)(x-3)(x-4)$的导数,说明方程 $f'(x)=0$ 有几个实根,并指出它们所在的区间.

3. 验证函数 $f(x)=\ln x$ 在区间$[1,e]$上满足拉格朗日中值定理的条件,并求定理结论中的数值 ξ.

4. 证明下列不等式.

(1)$|\arctan x-\arctan y|\leqslant|x-y|$;

(2)当 $x>0$ 时,$\frac{x}{1+x}<\ln(1+x)<x$;

(3)当 $a>b>0$ 时,

$$nb^{n-1}(a-b)<a^n-b^n<na^{n-1}(a-b)\quad(n>1).$$

5. 证明恒等式

$$\arctan x+\operatorname{arccot} x=\frac{\pi}{2}.$$

6. 如果函数 $f(x)$在闭区间$[-1,1]$上连续,且 $f(0)=0$,在开区间$(-1,1)$内具有导数 $f'(x)$,且$|f'(x)|\leqslant M$($M>0$ 常数).

证明,在$[-1,1]$上$|f(x)|\leqslant M$.

(提示:,在$[-1,1]$上任取一点 x,在以 0 与 x 为端点的闭区间上应用拉格朗日中值定理.)

4.2 洛必达法则

当 $x\to a$ 或$x\to\infty$时,两个函数 $f(x)$、$\varphi(x)$都趋于零或都趋于无穷大,这时极限 $\lim\limits_{\substack{x\to a\\(x\to\infty)}}\dfrac{f(x)}{\varphi(x)}$可能存在也可能不存在,通常分别把上述这两种极限叫做$\dfrac{0}{0}$型未定式或$\dfrac{\infty}{\infty}$型未定式.例如

$$\lim_{x\to0}\frac{x-\sin x}{x^3},\qquad\lim_{x\to+\infty}\frac{\operatorname{arccot} x}{\mathrm{e}^{-x}}$$

都是$\dfrac{0}{0}$型未定式.

$$\lim_{x\to\infty}\frac{\ln(1+x^2)}{x},\qquad\lim_{x\to0+0}\frac{\csc x}{\ln x}$$

都是$\dfrac{\infty}{\infty}$型未定式.对于这类极限,求其极限值不能用商的极限法则.下面介绍求这类未定式极限的一种简便有效的方法 —— 洛必达法则(L'Hospital).这个法则的理论根据是柯西中值定理.

4.2.1 $\dfrac{0}{0}$型未定式

1. $x\to a$ 情形

定理 4.2.1 如果

(1)当 $x\to a$ 时,$f(x)$与 $\varphi(x)$都趋于零;

(2)在点 a 的某邻域(点 a 可除外)内,$f'(x)$与 $\varphi'(x)$都存在且 $\varphi'(x)\neq 0$;

(3)$\lim\limits_{x\to a}\dfrac{f'(x)}{\varphi'(x)}$存在(或为∞).

则极限 $\lim\limits_{x\to a}\dfrac{f(x)}{\varphi(x)}$存在(或为∞),且

$$\lim_{x\to a}\frac{f(x)}{\varphi(x)}=\lim_{x\to a}\frac{f'(x)}{\varphi'(x)}.$$

证 由条件(1),如果 $f(x)$、$\varphi(x)$在点 a 连续,那么必有$f(a)=\varphi(a)=0$;如果在点 a 不连续,那么可补充定义或重新定义 $f(a)=\varphi(a)=0$,使 $f(x)$、$\varphi(x)$在点 a 连续,这样由条件(1)、(2)可得出 $f(x)$、$\varphi(x)$在点 a 的某一邻域内连续,在该邻域内任取一点 x,$f(x)$、$\varphi(x)$在以 x 与 a 为端点的区间上满足柯西中值定理的条件,所以有

$$\frac{f(x)}{\varphi(x)}=\frac{f(x)-f(a)}{\varphi(x)-\varphi(a)}=\frac{f'(\xi)}{\varphi'(\xi)}\quad(\xi\text{ 在 }x\text{ 与 }a\text{ 之间}).$$

由于当 $x\to a$ 时,$\xi\to a$,又由条件(3)知

$$\lim_{x\to a}\frac{f'(x)}{\varphi'(x)}\text{存在(或为}\infty\text{)},$$

因此 $$\lim_{x\to a}\frac{f(x)}{\varphi(x)}=\lim_{\xi\to a}\frac{f'(\xi)}{\varphi'(\xi)}.$$

将字母 ξ 换成x,则得到

$$\lim_{x\to a}\frac{f(x)}{\varphi(x)}=\lim_{x\to a}\frac{f'(x)}{\varphi'(x)}.$$

证毕.

如果$\lim\limits_{x\to a}\dfrac{f'(x)}{\varphi'(x)}$仍属$\dfrac{0}{0}$型未定式,且 $f'(x)$、$\varphi'(x)$满足定理的条件,那么可以继续使用定理 4.2.1,即有

$$\lim_{x\to a}\frac{f(x)}{\varphi(x)}=\lim_{x\to a}\frac{f'(x)}{\varphi'(x)}=\lim_{x\to a}\frac{f''(x)}{\varphi''(x)},$$

且可以依次类推.

例 1 求$\lim\limits_{x\to 0}\dfrac{(1+x)^{\alpha}-1}{x}$ (α 为任何实数).

解 $\lim\limits_{x\to 0}\dfrac{(1+x)^{\alpha}-1}{x}=\lim\limits_{x\to 0}\dfrac{\alpha(1+x)^{\alpha-1}}{1}=\alpha.$

例2 求$\lim\limits_{x\to -1}\dfrac{\ln(2+x)}{(x+1)^2}$.

解
$$\lim_{x\to -1}\frac{\ln(2+x)}{(x+1)^2}=\lim_{x\to -1}\frac{\frac{1}{2+x}}{2(x+1)}$$
$$=\lim_{x\to -1}\frac{1}{2(2+x)(x+1)}=\infty.$$

例3 求$\lim\limits_{x\to 2}\dfrac{x^3-3x^2+4}{x^2-4x+4}$.

解
$$\lim_{x\to 2}\frac{x^3-3x^2+4}{x^2-4x+4}=\lim_{x\to 2}\frac{3x^2-6x}{2x-4}=\lim_{x\to 2}\frac{6x-6}{2}$$
$$=\lim_{x\to 2}3(x-1)=3.$$

这种在一定条件下通过分子分母分别求导数再求极限来确定未定式的值的方法称为洛必达法则.

2. $x\to\infty$情形

推论 如果

(1)当 $x\to\infty$时,$f(x)$与 $\varphi(x)$都趋于零;

(2)当$|x|>N$ 时,$f'(x)$与 $\varphi'(x)$都存在,且 $\varphi'(x)\neq 0$;

(3)$\lim\limits_{x\to\infty}\dfrac{f'(x)}{\varphi'(x)}$存在(或为$\infty$).

则极限 $\lim\limits_{x\to\infty}\dfrac{f(x)}{\varphi(x)}$存在(或为$\infty$),且

$$\lim_{x\to\infty}\frac{f(x)}{\varphi(x)}=\lim_{x\to\infty}\frac{f'(x)}{\varphi'(x)}.$$

证 令 $x=\dfrac{1}{t}$,则当 $x\to\infty$时,$t\to 0$.

由定理4.2.1,得

$$\lim_{x\to\infty}\frac{f(x)}{\varphi(x)}=\lim_{t\to 0}\frac{f(\frac{1}{t})}{\varphi(\frac{1}{t})}=\lim_{t\to 0}\frac{[f(\frac{1}{t})]'}{[\varphi(\frac{1}{t})]'}$$

$$=\lim_{t\to 0}\frac{f'\left(\frac{1}{t}\right)\left(-\frac{1}{t^2}\right)}{\varphi'\left(\frac{1}{t}\right)\left(-\frac{1}{t^2}\right)}=\lim_{t\to 0}\frac{f'\left(\frac{1}{t}\right)}{\varphi'\left(\frac{1}{t}\right)}$$

$$=\lim_{x\to\infty}\frac{f'(x)}{\varphi'(x)}.$$

证毕.

例 4 求 $\lim\limits_{x\to\infty}\dfrac{\sin\frac{2}{x}}{\sin\frac{3}{x}}$.

解 $$\lim_{x\to\infty}\frac{\sin\frac{2}{x}}{\sin\frac{3}{x}}=\lim_{x\to\infty}\frac{-\frac{2}{x^2}\cos\frac{2}{x}}{-\frac{3}{x^2}\cos\frac{3}{x}}=\lim_{x\to\infty}\frac{2\cos\frac{2}{x}}{3\cos\frac{3}{x}}=\frac{2}{3}.$$

例 5 求 $\lim\limits_{x\to\infty}\dfrac{\ln\left(1-\frac{3}{x}\right)}{\tan\frac{1}{x}}$.

解 $$\lim_{x\to\infty}\frac{\ln\left(1-\frac{3}{x}\right)}{\tan\frac{1}{x}}=\lim_{x\to\infty}\frac{\frac{1}{1-\frac{3}{x}}}{\sec^2\frac{1}{x}\left(-\frac{1}{x^2}\right)}\left(\frac{3}{x^2}\right)$$

$$=\lim_{x\to\infty}\frac{-3\cos^2\frac{1}{x}}{1-\frac{3}{x}}=-3.$$

例 6 设函数 $f(x)$具有二阶连续导数,求

$$\lim_{h\to 0}\frac{f(x+h)+f(x-h)-2f(x)}{h^2}.$$

解 $$\lim_{h\to 0}\frac{f(x+h)+f(x-h)-2f(x)}{h^2}$$

$$=\lim_{h\to 0}\frac{f'(x+h)-f'(x-h)}{2h}$$

$$=\lim_{h\to 0}\frac{f''(x+h)+f''(x-h)}{2}=f''(x).$$

4.2.2 $\frac{\infty}{\infty}$型未定式

对于$\frac{\infty}{\infty}$型未定式，只给出相应的定理和推论，证明从略.

1. $x\to a$ 情形

定理 4.2.2 如果

(1)当 $x\to a$ 时，$f(x)$与 $\varphi(x)$都趋于无穷大；

(2)在点 a 的某邻域(点 a 可除外)内，$f'(x)$与 $\varphi'(x)$都存在，且 $\varphi'(x)\neq 0$；

(3)$\lim\limits_{x\to a}\dfrac{f'(x)}{\varphi'(x)}$存在(或为$\infty$).

则极限 $\lim\limits_{x\to a}\dfrac{f(x)}{\varphi(x)}$存在(或为$\infty$)，且

$$\lim_{x\to a}\frac{f(x)}{\varphi(x)}=\lim_{x\to a}\frac{f'(x)}{\varphi'(x)}.$$

例 7 求 $\lim\limits_{x\to 0+0}\dfrac{\cot x}{\ln x}$.

解 $\lim\limits_{x\to 0+0}\dfrac{\cot x}{\ln x}=\lim\limits_{x\to 0+0}\dfrac{-\csc^2 x}{\dfrac{1}{x}}=\lim\limits_{x\to 0+0}\dfrac{x}{\sin x}\left(\dfrac{-1}{\sin x}\right)=-\infty$.

例 8 求$\lim\limits_{x\to 0}\dfrac{\csc x}{\dfrac{2}{x}}$.

解 $\lim\limits_{x\to 0}\dfrac{\csc x}{\dfrac{2}{x}}=\lim\limits_{x\to 0}\dfrac{-\csc x\cot x}{-\dfrac{2}{x^2}}$

$$=\lim_{x\to 0}\frac{x^2}{2\sin x\tan x}=\lim_{x\to 0}\left(\frac{x}{\sin x}\right)^2\frac{\cos x}{2}=\frac{1}{2}.$$

2. $x\to\infty$ 情形

推论 如果

(1)当 $x\to\infty$时，$f(x)$与 $\varphi(x)$都趋于无穷大；

(2)当$|x|>N$时,$f'(x)$与$\varphi'(x)$都存在,且$\varphi'(x)\neq 0$;

(3)$\lim\limits_{x\to\infty}\dfrac{f'(x)}{\varphi'(x)}$存在(或为$\infty$).

则极限$\lim\limits_{x\to\infty}\dfrac{f'(x)}{\varphi'(x)}$存在(或为$\infty$),且

$$\lim_{x\to\infty}\frac{f(x)}{\varphi(x)}=\lim_{x\to\infty}\frac{f'(x)}{\varphi'(x)}.$$

例 9 求$\lim\limits_{x\to\infty}\dfrac{x^3}{e^{x^2}}$.

解 $\lim\limits_{x\to\infty}\dfrac{x^3}{e^{x^2}}=\lim\limits_{x\to\infty}\dfrac{3x^2}{2xe^{x^2}}=\lim\limits_{x\to\infty}\dfrac{3x}{2e^{x^2}}=\lim\limits_{x\to\infty}\dfrac{3}{4xe^{x^2}}=0$.

注意

(1)洛必达法则仅适用于$\dfrac{0}{0}$型及$\dfrac{\infty}{\infty}$型未定式.

(2)当$\lim\limits_{\substack{x\to a\\(x\to\infty)}}\dfrac{f'(x)}{\varphi'(x)}$不存在时,不能断定$\lim\limits_{\substack{x\to a\\(x\to\infty)}}\dfrac{f(x)}{\varphi(x)}$不存在,此时不能应用洛必达法则.

例 10 求$\lim\limits_{x\to\infty}\dfrac{x+\sin x}{x-\sin x}$.

解 因为$\lim\limits_{x\to\infty}\dfrac{(x+\sin x)'}{(x-\sin x)'}=\lim\limits_{x\to\infty}\dfrac{1+\cos x}{1-\cos x}$不存在,所以不能应用洛必达法则,但是

$$\lim_{x\to\infty}\frac{x+\sin x}{x-\sin x}=\lim_{x\to\infty}\frac{1+\dfrac{\sin x}{x}}{1-\dfrac{\sin x}{x}}=1.$$

4.2.3 其他类型未定式

还有$0\cdot\infty$、$\infty-\infty$、0^0、∞^0、1^∞五种类型未定式,可以把它们化为$\dfrac{0}{0}$型或$\dfrac{\infty}{\infty}$型未定式,然后再用洛必达法则来计算.

1. $0\cdot\infty$ 型未定式

设 $\lim\limits_{\substack{x\to a\\(x\to\infty)}} f(x)=0$，$\lim\limits_{\substack{x\to a\\(x\to\infty)}} \varphi(x)=\infty$，

则 $\lim\limits_{\substack{x\to a\\(x\to\infty)}} f(x)\cdot\varphi(x)$ 为 $0\cdot\infty$ 型未定式.

利用恒等变换

$$f(x)\cdot\varphi(x)=\frac{f(x)}{\frac{1}{\varphi(x)}},\text{或}\ f(x)\cdot\varphi(x)=\frac{\varphi(x)}{\frac{1}{f(x)}},$$

把它化为$\frac{0}{0}$型或$\frac{\infty}{\infty}$型未定式.

例 11　求$\lim\limits_{x\to 0} x\cot 2x$.

解　$\lim\limits_{x\to 0} x\cot 2x=\lim\limits_{x\to 0}\dfrac{x}{\tan 2x}=\lim\limits_{x\to 0}\dfrac{1}{2\sec^2 2x}=\dfrac{1}{2}$.

例 12　求$\lim\limits_{x\to\infty} x^2 e^{-x^2}$.

解　$\lim\limits_{x\to\infty} x^2 e^{-x^2}=\lim\limits_{x\to\infty}\dfrac{x^2}{e^{x^2}}=\lim\limits_{x\to\infty}\dfrac{2x}{2xe^{x^2}}=\lim\limits_{x\to\infty}\dfrac{1}{e^{x^2}}=0$.

2. $\infty-\infty$ 型未定式

设 $\lim\limits_{\substack{x\to a\\(x\to\infty)}} f(x)=\infty$，$\lim\limits_{\substack{x\to a\\(x\to\infty)}} \varphi(x)=\infty$，

则 $\lim\limits_{\substack{x\to a\\(x\to\infty)}} [f(x)-\varphi(x)]$ 为$\infty-\infty$ 型未定式.

利用恒等变换

$$f(x)-\varphi(x)=\frac{\frac{1}{\varphi(x)}-\frac{1}{f(x)}}{\frac{1}{f(x)}\cdot\frac{1}{\varphi(x)}},\text{可以把它化为}\frac{0}{0}\text{型未定式}.$$

例 13　求$\lim\limits_{x\to 0}\left(\dfrac{1}{x}-\dfrac{1}{e^x-1}\right)$.

解　$\lim\limits_{x\to 0}\left(\dfrac{1}{x}-\dfrac{1}{e^x-1}\right)=\lim\limits_{x\to 0}\dfrac{e^x-1-x}{x(e^x-1)}=\lim\limits_{x\to 0}\dfrac{e^x-1}{e^x-1+xe^x}$

$$=\lim_{x\to 0}\frac{e^x}{2e^x+xe^x}=\lim_{x\to 0}\frac{1}{2+x}=\frac{1}{2}.$$

3. 0^0、∞^0、1^∞型未定式

设 $\lim\limits_{\substack{x\to a\\(x\to\infty)}} f(x)=0$, $\lim\limits_{\substack{x\to a\\(x\to\infty)}} \varphi(x)=0$,

或 $\lim\limits_{\substack{x\to a\\(x\to\infty)}} f(x)=\infty$, $\lim\limits_{\substack{x\to a\\(x\to\infty)}} \varphi(x)=0$,

或 $\lim\limits_{\substack{x\to a\\(x\to\infty)}} f(x)=1$, $\lim\limits_{\substack{x\to a\\(x\to\infty)}} \varphi(x)=\infty$,

则 $\lim\limits_{\substack{x\to a\\(x\to\infty)}} f(x)^{\varphi(x)}$

为 0^0 型或为∞^0 型或为 1^∞型未定式.

(1)利用恒等变换

$$f(x)^{\varphi(x)}=e^{\ln f(x)^{\varphi(x)}}=e^{\varphi(x)\ln f(x)},$$

而 $\lim\limits_{\substack{x\to a\\(x\to\infty)}} \varphi(x)\ln f(x)$为$0\cdot\infty$型未定式,按上述1所介绍的方法可以化为$\frac{0}{0}$或$\frac{\infty}{\infty}$.

(2)利用求复合函数极限的定理2.8.3计算出最后结果,即

$$\lim_{\substack{x\to a\\(x\to\infty)}} f(x)^{\varphi(x)}=e^{\lim\limits_{\substack{x\to a\\(x\to\infty)}}\varphi(x)\ln f(x)}$$

例 14 求$\lim\limits_{x\to 1} x^{\frac{1}{1-x}}$.

解 这是 1^∞ 型未定式.

由于 $x^{\frac{1}{1-x}}=e^{\frac{\ln x}{1-x}}$,且$\lim\limits_{x\to 1}\frac{\ln x}{1-x}$是$\frac{0}{0}$型未定式,所以

$$\lim_{x\to 1} x^{\frac{1}{1-x}}=e^{\lim\limits_{x\to 1}\frac{\ln x}{1-x}}=e^{\lim\limits_{x\to 1}\frac{\frac{1}{x}}{-1}}=e^{-\lim\limits_{x\to 1}\frac{1}{x}}=e^{-1}.$$

例 15 求 $\lim\limits_{x\to 0+0} x^{\sin x}$.

解 这是 0^0 型未定式.

$$\lim_{x\to 0+0} x^{\sin x}=\lim_{x\to 0+0} e^{\ln x^{\sin x}}=\lim_{x\to 0+0} e^{\sin x\ln x}$$

$$=e^{\lim\limits_{x\to 0+0}\sin x\ln x}=e^{\lim\limits_{x\to 0+0}\frac{\ln x}{\csc x}}.$$

$$=e^{\lim\limits_{x\to 0+0}\frac{\frac{1}{x}}{-\csc x\cot x}}=e^{-\lim\limits_{x\to 0+0}\frac{\sin x\tan x}{x}}=e^0=1.$$

例 16　求 $\lim\limits_{x\to +\infty}(\ln x)^{\frac{1}{x}}$.

解　这是 ∞^0 型未定式.

$$\lim_{x\to +\infty}(\ln x)^{\frac{1}{x}}=\lim_{x\to +\infty} e^{\ln(\ln x)^{\frac{1}{x}}}=\lim_{x\to +\infty} e^{\frac{\ln\ln x}{x}}$$

$$=e^{\lim\limits_{x\to +\infty}\frac{\ln\ln x}{x}}=e^{\lim\limits_{x\to +\infty}\frac{\frac{1}{\ln x}\cdot\frac{1}{x}}{1}}$$

$$=e^{\lim\limits_{x\to +\infty}\frac{1}{x\ln x}}=e^0=1.$$

习　题　4-2

1. 利用洛必达法则求下列极限.

(1) $\lim\limits_{x\to 0}\dfrac{\sin 5x}{\sin 3x}$;　(2) $\lim\limits_{x\to 1}\dfrac{\ln x}{x-1}$;

(3) $\lim\limits_{x\to 2}\dfrac{e^{x-2}-1}{(x-2)^2}$;　(4) $\lim\limits_{x\to 0+0}\dfrac{\ln\sin 3x}{\ln\sin x}$;

(5) $\lim\limits_{x\to \frac{\pi}{2}}\dfrac{\tan x}{\tan 3x}$;　(6) $\lim\limits_{x+\infty}\dfrac{(\ln x)^2}{x}$;

(7) $\lim\limits_{x\to 0}\dfrac{e^x+e^{-x}-2}{1-\cos x}$;　(8) $\lim\limits_{x\to 0} x^2 e^{\frac{1}{x^2}}$;

(9) $\lim\limits_{x\to \frac{\pi}{2}}(x-\dfrac{\pi}{2})\tan x$;　(10) $\lim\limits_{x\to 1}(\dfrac{2}{x^2-1}-\dfrac{1}{x-1})$;

(11) $\lim\limits_{x\to 0+0} x^x$;　(12) $\lim\limits_{x\to 0+0}(\dfrac{1}{x})^{\tan x}$;

(13) $\lim\limits_{x\to 1}(\dfrac{x}{x-1}-\dfrac{1}{\ln x})$;　(14) $\lim\limits_{x\to +\infty}(\dfrac{2}{\pi}\arctan x)^x$.

2. 验证极限 $\lim\limits_{x\to\infty}\dfrac{x+\sin x}{x}$ 存在，但不能用洛必达法则.

4.3 泰勒公式

4.3.1 泰勒公式

在近似计算和理论分析中,我们希望用比较简单的函数来近似表示比较复杂的函数,以便对复杂的函数进行研究.一般说来,最简单的函数是多项式,因此我们经常用多项式来近似表示函数.

由微分学知道,当函数 $f(x)$在点 x_0 处具有导数时

$$\Delta y=f(x_0+\Delta x)-f(x_0)=f'(x_0)\Delta x+\alpha\Delta x,$$

其中 $\lim\limits_{\Delta x\to 0}\alpha=0.$

记 $\Delta x=x-x_0,$

则上式写成

$$\Delta y=f(x)-f(x_0)=f'(x_0)(x-x_0)+\alpha(x-x_0).$$

我们用一次多项式

$$P_1(x)=f(x_0)+f'(x_0)(x-x_0)$$

近似表示 $f(x)$.在微分学的应用中,当$|x|$很小时,有如下的近似等式:

$$\sqrt[n]{1+x}\approx 1+\frac{1}{n}x,\qquad \ln(1+x)\approx x.$$

这些都是用一次多项式来近似表示函数的例子.在点 $x=0$ 处,这些一次多项式及其一阶导数的值,分别等于被近似表示的函数及其导数的相应值.

但是这种近似表示存在着不足之处,其一是精确度不高,误差 $\alpha(x-x_0)=f(x)-P_1(x)$是 $x-x_0$ 的高阶无穷小($\lim\limits_{x\to x_0}\dfrac{a(x-x_0)}{x-x_0}=\lim\limits_{x\to x_0}\alpha=0$).其二是这个误差多大无法估计.因此对精确度要求较高及需要估计误差的情形,必须找到一个高次多项式

$$P_n(x)=a_0+a_1(x-x_0)+a_2(x-x_0)^2+\cdots+a_n(x-x_0)^n \quad (1)$$

来近似表示 $f(x)$,同时给出误差的具体表示式.

设函数 $f(x)$在含有 x_0 的某个开区间(a,b)内具有 $n+1$ 阶导数,函数 $f(x)$与多项式 $P_n(x)$满足关系式:

$$f(x_0)=P_n(x_0),\ f'(x_0)=P_n'(x_0),\ f''(x_0)=P_n''(x_0),$$
$$\cdots,f^{(n)}(x_0)=P_n^{(n)}(x_0).$$

下面求满足上述条件的多项式(1).

首先确定多项式(1)的系数 $a_0,a_1,a_2,\cdots,a_n$ 的值,对式(1)求各阶导数,然后分别代入上述各等式,得

$$a_0=f(x_0),\qquad 1\cdot a_1=f'(x_0).$$
$$2!\ a_2=f''(x_0),\ \cdots,\qquad n!\ a_n=f^{(n)}(x_0),$$

即
$$a_0=f(x_0),\qquad a_1=f'(x_0),$$
$$a_2=\frac{1}{2!}f''(x_0),\ \cdots,\qquad a_n=\frac{1}{n!}f^{(n)}(x_0).$$

将求得的系数 $a_0,a_1,a_2,\cdots,a_n$ 代入式(1),得

$$P_n(x)=f(x_0)+f'(x_0)(x-x_0)+\frac{f''(x_0)}{2!}(x-x_0)^2+\cdots+\frac{f^{(n)}(x_0)}{n!}(x-x_0)^n. \tag{2}$$

下面证明多项式(2)确实是我们要得到的多项式.

泰勒(Taylor)中值定理 如果函数 $f(x)$在含有 x_0 的某个开区间(a,b)内具有直到 $n+1$ 阶导数,则当 x 在(a,b)内时,有

$$f(x)=f(x_0)+f'(x_0)(x-x_0)+\frac{f''(x_0)}{2!}(x-x_0)^2+\cdots+\frac{f^{(n)}(x_0)}{n!}(x-x_0)^n+R_n(x), \tag{3}$$

其中

$$R_n(x)=\frac{f^{(n+1)}(\xi)}{(n+1)!}(x-x_0)^{n+1}\quad(\xi\text{ 在 }x_0\text{ 与 }x\text{ 之间}). \tag{4}$$

证 令 $R_n(x)=f(x)-P_n(x)$,

得到 $f(x)=P_n(x)+R_n(x)$,即式(3)成立.

下面只需证明

$$R_n(x)=\frac{f^{(n+1)}(\xi)}{(n+1)!}(x-x_0)^{n+1}\quad(\xi\text{ 在 }x_0\text{ 与 }x\text{ 之间}).$$

由于 $R_n(x)=f(x)-P_n(x)$,根据假设可知,$R_n(x)$在(a,b)内具有直到 $n+1$ 阶导数,且

$$R_n(x_0)=R'_n(x_0)=R''_n(x_0)=\cdots=R_n^{(n)}(x_0)=0.$$

两个函数 $R_n(x)$、$(x-x_0)^{n+1}$在以 x 及 x_0 为端点的区间上满足柯西中值定理的全部条件,所以

$$\frac{R_n(x)}{(x-x_0)^{n+1}}=\frac{R_n(x)-R_n(x_0)}{(x-x_0)^{n+1}}$$

$$=\frac{R'_n(\xi_1)}{(n+1)(\xi_1-x_0)^n}\quad(\xi_1\text{ 在 }x_0\text{ 与 }x\text{ 之间}).$$

同理,由柯西中值定理,得

$$\frac{R'_n(\xi_1)}{(n+1)(\xi_1-x_0)^n}=\frac{R'_n(\xi_1)-R'_n(x_0)}{(n+1)(\xi_1-x_0)^n}$$

$$=\frac{R_n''(\xi_2)}{(n+1)n(\xi_2-x_0)^{n-1}}\quad(\xi_2\text{ 在 }x_0\text{ 与 }\xi_1\text{ 之间})$$

照此方法继续下去,经过 $n+1$ 次后,得到

$$\frac{R_n(x)}{(x-x_0)^{n+1}}=\frac{R_n^{(n+1)}(\xi)}{(n+1)!}\quad(\xi\text{ 在 }x_0\text{ 与 }x\text{ 之间}).$$

因为 $P_n^{(n+1)}(x)=0$,

所以 $R_n^{(n+1)}(x)=f^{(n+1)}(x)-P_n^{(n+1)}(x)=f^{(n+1)}(x)$,

因此 $R_n(x)=\dfrac{f^{(n+1)}(\xi)}{(n+1)!}(x-x_0)^{(n+1)}\quad(\xi\text{ 在 }x_0\text{ 与 }x\text{ 之间}).$

证毕.

公式(3)叫做 $f(x)$在点 x_0 的 n **阶泰勒展开式**,或 n 阶泰勒公式. $R_n(x)$的表达式(4)叫做**拉格朗日型 n 阶泰勒余项**,或**拉格朗日型余项**.

用 $P_n(x)$近似表示 $f(x)$,误差为

$$|R_n(x)|=\left|\frac{f^{(n+1)}(\xi)}{(n+1)!}(x-x_0)^{n+1}\right|.$$

如果对于某个固定的 n,当 x 在开区间(a,b)内变动时,$|f^{(n+1)}(x)|$总不超过一个常数 M,则有误差估计式

$$|R_n(x)|\leqslant\frac{M}{(n+1)!}|x-x_0|^{n+1}.$$

由于 $$0\leqslant\frac{|R_n(x)|}{|x-x_0|^n}\leqslant\frac{M|x-x_0|}{(n+1)!},$$

且 $$\lim_{x\to x_0}\frac{M|x-x_0|}{(n+1)!}=0.$$

所以 $$\lim_{x\to x_0}\frac{|R_n(x)|}{(x-x_0)^n}=0.$$

这表示误差$|R_n(x)|$当 $x\to x_0$ 时,是比$(x-x_0)^n$ 高阶的无穷小.到此为止,我们提出的问题全部得到了解决.

4.3.2 麦克劳林公式

1.麦克劳林公式

在泰勒公式(3)中,取 $x_0=0$,得到

$$f(x)=f(0)+f'(0)x+\frac{f''(0)}{2!}x^2+\cdots+\frac{f^{(n)}(0)}{n!}x^n+R_n(x). \quad (5)$$

其中 $$R_n(x)=\frac{f^{(n+1)}(\xi)}{(n+1)!}x^{n+1} \quad (\xi\text{ 在 }0\text{ 与 }x\text{ 之间}). \quad (6)$$

公式(5)是 $f(x)$在 0 点展开的泰勒公式,叫做 $f(x)$的 n **阶麦克劳林(Maclaurin)展开式(或麦克劳林公式)**.

由此得到近似公式

$$f(x)\approx f(0)+f'(0)x+\frac{f''(0)}{2!}x^2+\cdots+\frac{f^{(n)}(0)}{n!}x^n,$$

误差估计式为

$$|R_n(x)|\leqslant\frac{M}{(n+1)!}|x|^{n+1}.$$

2.常用的麦克劳林公式

(1)$f(x)=\mathrm{e}^x$ 的 n 阶麦克劳林公式.

由于 $f'(x)=f''(x)=\cdots=f^{(n)}(x)=f^{(n+1)}(x)=\mathrm{e}^x$,

所以 $f(0)=f'(0)=f''(0)=\cdots=f^{(n)}(0)=1, f^{(n+1)}(\xi)=e^{\xi}$，
代入公式(5)，得到 e^x 的 n 阶麦克劳林公式

$$e^x=1+x+\frac{x^2}{2!}+\cdots+\frac{x^n}{n!}+\frac{e^{\xi}}{(n+1)!}x^{n+1} \quad (\xi \text{在} 0 \text{与} x \text{之间}).$$

由此可得到 e^x 的 n 次近似表示式

$$e^x\approx 1+x+\frac{x^2}{2!}+\cdots+\frac{x^n}{n!}.$$

这里，误差为

$$|R_n(x)|=\left|\frac{e^{\xi}}{(n+1)!}x^{n+1}\right|<\frac{e^{|x|}}{(n+1)!}|x|^{n+1}$$

$$(\xi \text{在} 0 \text{与} x \text{之间}).$$

(2) $f(x)=\sin x$ 的 n 阶麦克劳林公式.

由于 $f'(x)=\cos x=\sin\left(x+\frac{\pi}{2}\right)$，

$$f''(x)=\sin\left(x+2\cdot\frac{\pi}{2}\right),$$

……

$$f^{(n)}(x)=\sin\left(x+n\cdot\frac{\pi}{2}\right).$$

所以，当 $n=2m$ 时，

$$f(0)=0, f'(0)=1, f''(0)=0, f'''(0)=-1,$$
$$\cdots, f^{(2m-1)}(0)=(-1)^{m-1}, f^{(2m)}(0)=0.$$

代入公式(5)，得到 $\sin x$ 的 n 阶麦克劳林公式

$$\sin x=x-\frac{x^3}{3!}+\frac{x^5}{5!}-\cdots+(-1)^{m-1}\frac{x^{2m-1}}{(2m-1)!}+R_{2m}(x),$$

其中

$$R_{2m}(x)=\frac{\sin\left[\xi+(2m+1)\frac{\pi}{2}\right]}{(2m+1)!}x^{2m+1} \quad (\xi \text{在} 0 \text{与} x \text{之间}).$$

如果 $\sin x$ 的近似公式为

$$\sin x\approx x-\frac{x^3}{3!}+\frac{x^5}{5!}-\cdots+(-1)^{m-1}\frac{x^{2m-1}}{(2m-1)!},$$

则得到误差为

$$|R_{2m}(x)=\left|\frac{\sin\left[\xi+(2m+1)\frac{\pi}{2}\right]}{(2m+1)!}x^{2m+1}\right|\leqslant\frac{|x|^{2m+1}}{(2m+1)!}$$

（ξ 在 0 与 x 之间）.

显然，当 $m=1$ 时，$\sin x\approx x$，且误差 $|R_2|\leqslant\frac{|x|^3}{6}$.

(3) $f(x)=\ln(1+x)$ 的 n 阶麦克劳林公式.

利用同样的方法，得到 $\ln(1+x)$ 的 n 阶麦克劳林公式

$$\ln(1+x)=x-\frac{x^2}{2}+\frac{x^3}{3}-\cdots+(-1)^{n-1}\frac{x^n}{n}+R_n(x),$$

其中 $$R_n(x)=(-1)^n\frac{x^{n+1}}{(n+1)(1+\xi)^{n+1}}$$ （ξ 在 0 与 x 之间）.

习　　题 4-3

1. 写出 $f(x)=\cos x$ 的 $2n$ 阶麦克劳林公式并给出误差估计式.
2. 应用麦克劳林公式，按 x 乘幂展开函数
   $$f(x)=(x^2-3x+1)^2.$$
3. 求函数 $f(x)=\tan x$ 的二阶麦克劳林公式.
4. 求函数 $f(x)=xe^x$ 的五阶麦克劳林公式.
5. 求函数 $f(x)=(1+x)^a$ 的 n 阶麦克劳林公式.
6. 当 $x_0=-1$ 时，求函数 $f(x)=\frac{1}{x}$ 的 n 阶泰勒公式.

4.4　函数单调性的判别法

由单调函数的定义可以知道，单调增加(减少)函数的图形是一条沿 x 轴正方向上升(下降)的曲线. 它上面各点处的切线与 x 轴正向成锐角(钝角)，即各点切线的斜率是非负(非正)的(图 4-4). 这说明了函数的单调性与导数的正负号之间有着密切的联系.

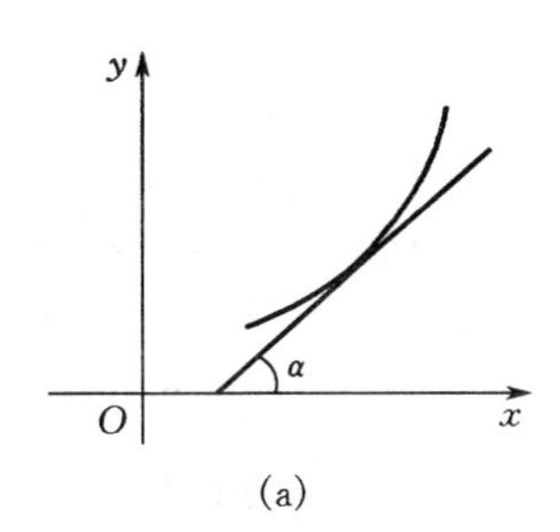

(a)

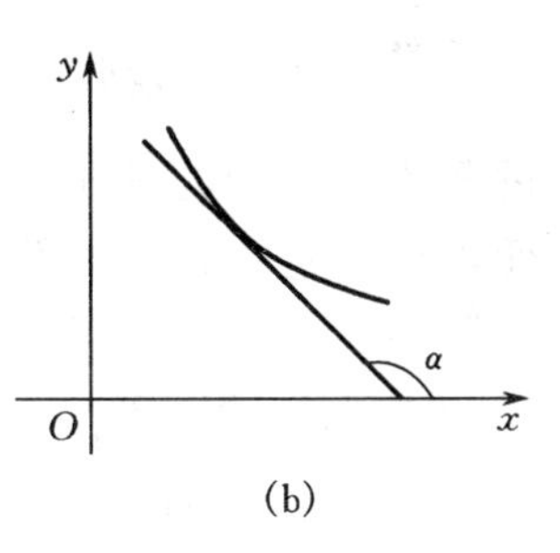

(b)

图 4-4

4.4.1 函数单调的必要条件

如果函数是单调增加(减少)的,我们有下面的定理.

定理 4.4.1(必要条件) 设函数 $f(x)$在$[a,b]$上连续,在(a,b)内具有导数.如果 $f(x)$在$[a,b]$上单调增加(减少),则在(a,b)内,$f'(x)\geqslant 0(f'(x)\leqslant 0)$.

证 只证单调增加的情形.

在(a,b)内任取两点 x、$x+\Delta x$,由假设知

$$f'(x)=\lim_{\Delta x\to 0}\frac{f(x+\Delta x)-f(x)}{\Delta x}$$

存在,且当 $\Delta x>0$ 时,$f(x+\Delta x)>f(x)$,

即 $$f(x+\Delta x)-f(x)>0;$$

当 $\Delta x<0$ 时,$f(x+\Delta x)<f(x)$,

即 $$f(x+\Delta x)-f(x)<0.$$

因此,不论 $\Delta x>0$,还是 $\Delta x<0$,总有

$$\frac{f(x+\Delta x)-f(x)}{\Delta x}>0.$$

根据函数与极限的同号性定理,得到

$$\lim_{\Delta x\to 0}\frac{f(x+\Delta x)-f(x)}{\Delta x}\geqslant 0,$$

即 $$f'(x)\geqslant 0.$$ 证毕.

4.4.2 函数单调性的判别法

反过来,如果导数的正负号知道,我们又有下面的定理.

定理 4.4.2(充分条件) 设函数 $f(x)$在$[a,b]$上连续,在(a,b)内具有导数.

(1)如果在(a,b)内,$f'(x)>0$,则 $f(x)$在$[a,b]$上单调增加;

(2)如果在(a,b)内,$f'(x)<0$,则 $f(x)$在$[a,b]$上单调减少.

证 只证 $f'(x)>0$ 的情况.

在$[a,b]$上任取两点 x_1、x_2,且 $x_1<x_2$,由假设知,$f(x)$在$[x_1,x_2]$上满足拉格朗日中值定理的条件,于是有

$$f(x_2)-f(x_1)=f'(\xi)(x_2-x_1),\qquad x_1<\xi<x_2.$$

因为 $f'(\xi)>0,\qquad x_2-x_1>0,$

所以 $f(x_2)-f(x_1)>0,$

即 $f(x_2)>f(x_1),$

而 x_1、x_2 是$[a,b]$上的任意两点,故由单调函数的定义知 $f(x)$在$[a,b]$上单调增加. 证毕.

定理 4.4.2 中的闭区间换成其他各种区间(包括无穷区间),这个定理的结论仍成立.

定理 4.4.2 给出了判定函数单调性的方法.

例 1 判定函数 $f(x)=\sin x-x$ 在$[0,2\pi]$上的单调性.

解 在$(0,2\pi)$内,

$$f'(x)=\cos x-1<0.$$

由定理 4.4.2 知,$f(x)=\sin x-x$ 在$[0,2\pi]$上单调减少.

例 2 讨论函数 $f(x)=x^3$ 的单调性.

解 $f'(x)=3x^2.$

在$(-\infty,0)$及$(0,+\infty)$内,$f'(x)>0.$

由定理 4.4.2 知,$f(x)$在$(-\infty,0]$及$[0,+\infty)$上单调增加. 因此,$f(x)=x^3$ 在$(-\infty,+\infty)$内单调增加(图 4-5).

一般地,在函数 $f(x)$的连续区间内,如果在有限多个点处$f'(x)$

$=0$ 或 $f'(x)$ 不存在，而在其余各点处导数均为正(负)的，那么，函数 $f(x)$ 在这个区间上仍是单调增加(减少)的.

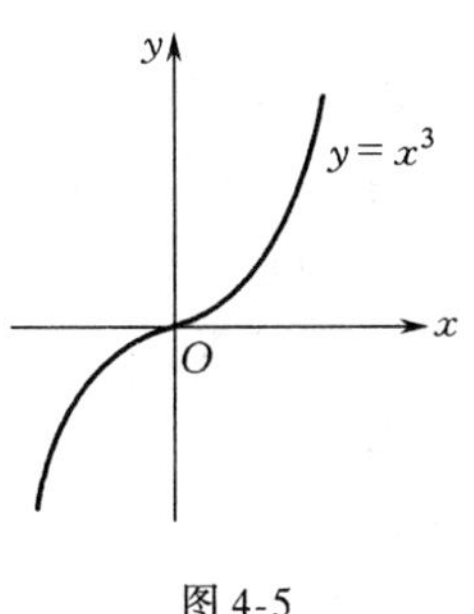

图 4-5

例 3 讨论函数 $f(x)=x^2-x+1$ 的单调性.

解 该函数的定义域为 $(-\infty,+\infty)$.

$$f'(x)=2x-1.$$

在 $(-\infty,\frac{1}{2})$ 内，$f'(x)<0$，所以 $f(x)=x^2-x+1$ 在 $(-\infty,\frac{1}{2}]$ 上单调减少；在 $(\frac{1}{2},+\infty)$ 内，$f'(x)>0$，所以 $f(x)=x^2-x+1$ 在 $[\frac{1}{2},+\infty)$ 上单调增加.

例 4 讨论函数 $f(x)=\sqrt[3]{x^2}$ 的单调性.

解 该函数的定义域为 $(-\infty,+\infty)$.

当 $x\neq 0$ 时，$y'=\dfrac{2}{3\sqrt[3]{x}}$；当 $x=0$ 时，$y=\sqrt[3]{x^2}$ 的导数不存在.

在 $(-\infty,0)$ 内，$y'<0$，所以 $y=\sqrt[3]{x^2}$ 在 $(-\infty,0]$ 上单调减少；在 $(0,+\infty)$ 内，$y'>0$，所以 $y=\sqrt[3]{x^2}$ 在 $[0,+\infty)$ 上单调增加.

一般地，如果函数 $f(x)$ 在其定义区间上连续，除去有限个导数不存在的点外，$f'(x)$ 存在且连续，那么就以 $f'(x)=0$ 及 $f'(x)$ 不存在的点为分界点划分函数 $f(x)$ 的定义区间. 这时，$f'(x)$ 在各个部分区间内不变号，从而保证了 $f(x)$ 在每个部分区间上单调.

例 5 确定函数 $f(x)=2x^3-9x^2+12x-3$ 的单调区间.

解 这个函数的定义域为 $(-\infty,+\infty)$.

$$f'(x)=6x^2-18x+12=6(x-1)(x-2).$$

令 $f'(x)=0$，得 $x_1=1,x_2=2$.

在 $(-\infty,1)$ 内，$f'(x)>0$，所以 $f(x)$ 在 $(-\infty,1]$ 上单调增加；在 $(1,2)$ 内，$f'(x)<0$，所以 $f(x)$ 在 $[1,2]$ 上单调减少；在 $(2,+\infty)$ 内，$f'(x)>0$，所以 $f(x)$ 在 $[2,+\infty]$ 上单调增加.

函数 $f(x)=2x^3-9x^2+12x-3$ 的图形如图 4-6 所示.

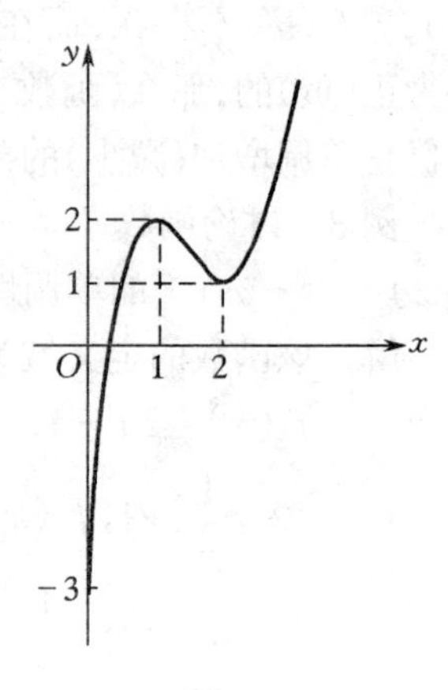

图 4-6

例 6　证明当 $x>1$ 时,$e^x>e\cdot x$.

证　设 $f(x)=e^x-e\cdot x$.

在 $(1,+\infty)$ 内,$f'(x)=e^x-e>0$,所以 $f(x)$ 在 $(1,+\infty)$ 上单调增加. 根据单调增加函数的定义,知

当 $x>1$ 时,$f(x)>f(1)=0$,

即　当 $x>1$ 时, $e^x>e\cdot x$.

例 7　证明函数 $f(x)=\dfrac{x}{\tan x}$ 在区间 $(0,\dfrac{\pi}{2})$ 内单调减少.

证　$f'(x)=\dfrac{\tan x-x\sec^2 x}{\tan^2 x}$.

要想证明 $f(x)$ 在 $(0,\dfrac{\pi}{2})$ 内单调减少. 就要证明在 $(0,\dfrac{\pi}{2})$ 内, $f'(x)<0$. 很明显,在 $(0,\dfrac{\pi}{2})$ 内,分母 $\tan^2 x>0$,所以,只须证明分子 $\tan x-x\sec^2 x<0$ 就可以了. 为此设

$$\varphi(x)=\tan x-x\sec^2 x.$$

$$\varphi'(x)=\sec^2 x-\sec^2 x-2x\sec^2 x\tan x$$

$$=-2x\sec^2\tan x.$$

在 $(0,\dfrac{\pi}{2})$ 内,$\varphi'(x)<0$,而 $\varphi(x)$ 在 $[0,\dfrac{\pi}{2})$ 上连续,因此 $\varphi(x)$ 在 $[0,\dfrac{\pi}{2})$ 上单调减少. 于是

当 $0<x<\dfrac{\pi}{2}$ 时,$\varphi(x)<\varphi(0)=0$.

即在 $(0,\dfrac{\pi}{2})$ 内,　$\tan x-x\sec^2 x<0$.

故函数 $f(x)=\dfrac{x}{\tan x}$ 在区间 $(0,\dfrac{\pi}{2})$ 内单调减少.

习　　题 4-4

1. 判定函数 $f(x)=\tan x-x$ 在区间$(-\frac{\pi}{2},\frac{\pi}{2})$内的单调性.

2. 判定函数 $f(x)=\ln(x+\sqrt{1+x^2})-x$ 的单调性.

3. 确定下列函数的单调区间.

(1)$y=xe^x$；　　(2)$y=\frac{1}{3}(x^3-3x)$；

(3)$y=\frac{4}{x^2-4x+3}$；　　(4)$y=(x-1)(x+1)^3$.

4. 证明下列不等式.

(1)当 $x>0$ 时，$x>\ln(1+x)$；

(2)当 $x\neq 0$ 时，$e^x>1+x$.

5. 证明函数 $f(x)=\frac{\sin x}{x}$在区间$(0,\frac{\pi}{2})$内单调减少.

6. 证明方程 $\sin x=x$ 只有一个实根.

7. 证明，当 $x>0$ 时，

$$x-\frac{x^3}{6}<\sin x<x.$$

4.5　函数的极值及其求法

由上节的图 4-6 容易看出，$x_1=1$ 和 $x_2=2$ 是

$$f(x)=2x^3-9x^2+12x-3$$

单调区间的分界点.函数值 $f(1)=2$ 比 $x_1=1$ 附近其他点 x 的函数值 $f(x)$都大，$f(2)=1$ 比 $x_2=2$ 附近其他点 x 的函数值 $f(x)$都小.下面利用导数来研究具有这种性质的点.

4.5.1　极值定义

设函数 $f(x)$在区间(a,b)内有定义，x_0 是(a,b)内的一个点.如

果存在 x_0 的一个邻域，对于这个邻域内的所有 $x \neq x_0$ 点，恒有$f(x) < f(x_0)$，就说 $f(x_0)$是 $f(x)$的一个**极大值**，点 x_0 是 $f(x)$的**极大点**；如果存在 x_0 的一个邻域，对于这个邻域内的所有 $x \neq x_0$ 点，恒有 $f(x) > f(x_0)$，就说 $f(x_0)$是 $f(x)$的一个**极小值**，点 x_0 是 $f(x)$的**极小点**. 函数 $f(x)$的极大值和极小值统称为$f(x)$的**极值**，极大点和极小点统称为**极值点**.

如 $f(1)=2, f(2)=1$ 就分别是函数 $f(x)=2x^3-9x^2+12x-3$ 的极大值和极小值.

注意

(1)函数在一个区间上可能有几个极大值和极小值，其中有的极大值可能比极小值还小. 如图 4-7，$f(x_2)$、$f(x_4)$、$f(x_6)$是$f(x)$的极大值，$f(x_1)$、$f(x_3)$、$f(x_5)$、$f(x_7)$都是 $f(x)$的极小值，$x_1, x_2, x_3, x_4, x_5, x_6, x_7$，都是 $f(x)$的极值点. 显然极大值$f(x_4)$比极小值 $f(x_7)$小.

(2)函数的极值概念是局部性的，它们与函数的最大值、最小值不同. 极值 $f(x_0)$是就点 x_0 附近的一个局部范围来说的. 最大值与最小值是就整个区间来说的，所以极大值不一定是最大值，极小值不一定是最小值. 如图 4-7，$f(x)$在$[a, b]$上只有极小值$f(x_3)$是最小值，而没有一个极大值是最大值.

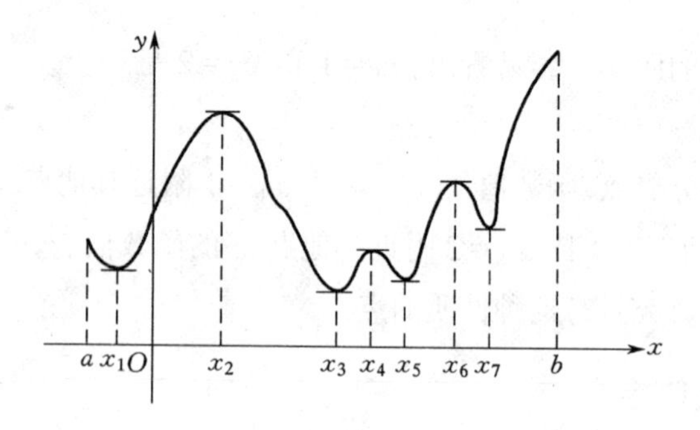

图 4-7

(3)函数的极值只能在区间的内部取得.

4.5.2 极值存在的充分必要条件

1. 必要条件

从图 4-7 可以看出,可导函数在取得极值点处的切线是水平的,即下面的定理成立.

定理 4.5.1(必要条件) 设函数 $f(x)$在点 x_0 处具有导数,且在点 x_0 处取得极值,则 $f'(x_0)=0$.

证 只证 $f(x_0)$是极大值的情形. 由假设,$f'(x_0)$存在,即

$$f'(x_0)=\lim_{x\to x_0+0}\frac{f(x)-f(x_0)}{x-x_0}=\lim_{x\to x_0-0}\frac{f(x)-f(x_0)}{x-x_0}.$$

因为 $f(x_0)$是 $f(x)$的一个极大值,所以对于 x_0 的某邻域内的一切 x,只要 $x\neq x_0$,恒有 $f(x)<f(x_0)$,于是当 $x>x_0$ 时,

$$\frac{f(x)-f(x_0)}{x-x_0}<0,$$

因此

$$\lim_{x\to x_0+0}\frac{f(x)-f(x_0)}{x-x_0}\leqslant 0.$$

当 $x<x_0$ 时,

$$\frac{f(x)-f(x_0)}{x-x_0}>0,$$

因此 $$\lim_{x\to x_0-0}\frac{f(x)-f(x_0)}{x-x_0}\geqslant 0.$$

从而得到 $f'(x_0)=0$. 证毕.

类似地,可以证明 $f(x_0)$是极小值的情形.

使 $f'(x_0)=0$ 的点称为函数 $f(x)$的**驻点**. 定理 4.5.1 告诉我们,可导函数 $f(x)$的极值点必是 $f(x)$的驻点;反过来,驻点却不一定是 $f(x)$的极值点. 如上节例 2,$f(x)=x^3$,由 $f'(x)=0$ 可得 $x=0$ 是 $f(x)$的驻点,但 $x=0$ 却不是 $f(x)$的极值点.

对于一个连续函数,它的极值点还可能是导数不存在的点. 例如,

$f(x)=|x|$，$f'(0)$不存在，但 $x=0$ 是它的极小点(图 4-8).

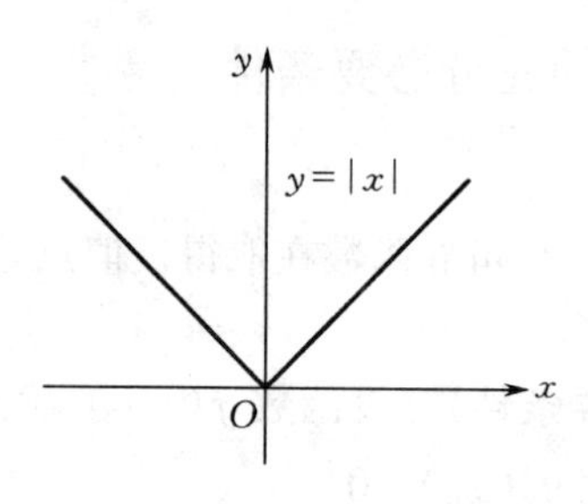

图 4-8

总之，函数的驻点或导数不存在的点可能是函数的极值点.连续函数仅在这种点上才可能取得极值.这种点是不是极值点，如果是极值点，它是极大点还是极小点，尚需进一步判定.

2. 充分条件

定理 4.5.2(第一充分条件)　设连续函数 $f(x)$在点 x_0 的一个邻域(x_0 点可除外)内具有导数.当 x 由小增大经过 x_0 时，如果

(1) $f'(x)$由正变负，则 x_0 是极大点；

(2) $f'(x)$由负变正，则 x_0 是极小点；

(3) $f'(x)$不变号，则 x_0 不是极值点.

证　(1)　由假设可知，$f(x)$在 x_0 的左侧邻近单调增加；在 x_0 的右侧邻近单调减少，即当 $x<x_0$ 时，$f(x)<f(x_0)$；当 $x>x_0$ 时，$f(x)<f(x_0)$.因此 x_0 是 $f(x)$的极大点，$f(x_0)$是 $f(x)$的极大值.

类似地可证明(2).

(3)由假设，当 x 在 x_0 的某个邻域($x\neq x_0$)内取值时，$f'(x)>0$ (<0)，所以 $f(x)$在这个邻域内是单调增加(减少)的.因此点 x_0 不是极值点.

例 1　求函数 $f(x)=3-(x-1)^{\frac{2}{3}}$ 的极值.

解　这个函数的定义域为$(-\infty,+\infty)$.

当 $x\neq 1$ 时，$f'(x)=-\dfrac{2}{3\sqrt[3]{x-1}}$；当 $x=1$ 时，$f'(x)$不存在.

在$(-\infty,1)$内，$f'(x)>0$；在$(1,+\infty)$内，$f'(x)<0$. 由定理 4.5.2 知，$f(x)$在 $x=1$ 取得极大值 $f(1)=3$. 见图 4-9.

例 2 求函数 $f(x)=x^3-6x^2+9x-3$ 的极值.

解 这个函数的定义域为$(-\infty,+\infty)$.

$$f'(x)=3x^2-12x+9=3(x-1)(x-3).$$

令 $f'(x)=0$， 得驻点 $x_1=1, x_2=3$.

在$(-\infty,1)$内，$f'(x)>0$，在$(1,3)$内，$f'(x)<0$，由定理 4.5.2 知，$f(1)=1$ 是 $f(x)$的极大值.

同理，$f(3)=-3$ 是 $f(x)$的极小值. 见图 4-10.

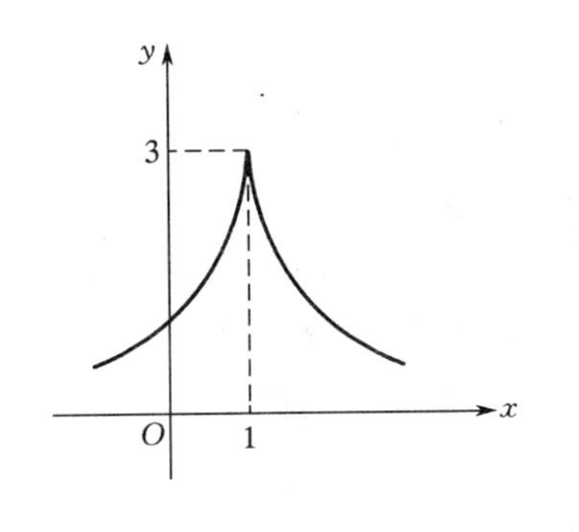

图 4-9

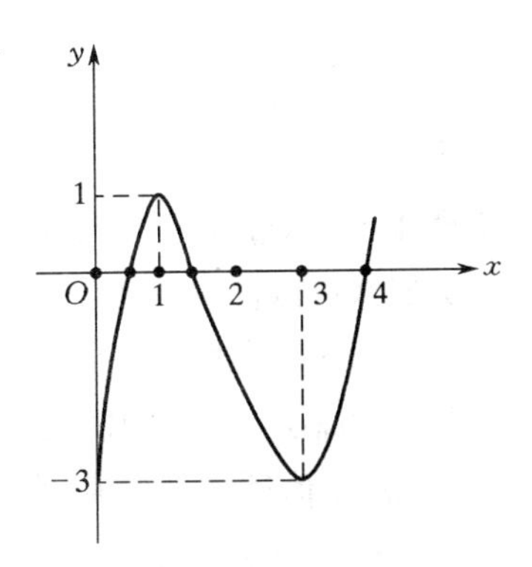

图 4-10

由上面的讨论可知，如果 $f(x)$在它的连续区间内除有限个点外具有导数，我们就可以按下列步骤来求 $f(x)$的极值点和极值.

(1)求导数 $f'(x)$；

(2)求出 $f(x)$在所讨论的区间内的全部驻点（即 $f'(x)=0$ 的实根）及 $f'(x)$不存在的点；

(3)根据定理 4.5.2 确定这些点是不是极值点，如果是极值点，确定对应的函数值是极大值还是极小值；

(4)求出各极值点处的函数值，就得到 $f(x)$在所讨论的连续区间内的全部极值.

如果 $f(x)$在驻点处的二阶导数存在且不为零，通常也可以用下面的定理判定 $f(x)$在驻点处取得极大值还是极小值.

定理 4.5.3(第二充分条件)　设函数 $f(x)$在点 x_0 处具有二阶导数且 $f'(x_0)=0, f''(x_0)\neq 0$.

(1)如果 $f''(x_0)<0$,则 $f(x)$在 x_0 点处取得极大值;

(2)如果 $f''(x_0)>0$,则 $f(x)$在 x_0 点处取得极小值.

证　(1)由假设

$$f''(x_0)=\lim_{x\to x_0}\frac{f'(x)-f'(x_0)}{x-x_0}=\lim_{x\to x_0}\frac{f'(x)}{x-x_0}<0.$$

根据函数与极限的同号性定理,必存在 x_0 的某个邻域,使当 x 在该邻域内且 $x\neq x_0$ 时,

$$\frac{f'(x)}{x-x_0}<0,$$

即　当 $x<x_0$ 时,$f'(x)>0$;当 $x>x_0$ 时,$f'(x)<0$.

由定理 4.5.2 知,$f(x)$在点 x_0 处取得极大值.

类似地可以证明情形(2).　　证毕.

定理 4.5.3 说明,当 $f(x)$在驻点 x_0 处的二阶导数 $f''(x_0)\neq 0$ 时,则驻点 x_0 是 $f(x)$的极值点,并且可以按 $f''(x_0)$的正负号来判定 $f(x_0)$是极小值还是极大值. 当 $f''(x_0)=0$ 时,点 x_0 不一定是 $f(x)$的极值点. 例如,$f(x)=x^4$ 和 $\varphi(x)=x^3$ 都有 $f'(0)=\varphi'(0)=0, f''(0)=\varphi''(0)=0$,但 0 是 $f(x)$的极值点却不是 $\varphi(x)$的极值点. 因此,如果函数在驻点处的二阶导数为零,那么还得用定理 4.5.2 来判定驻点是否为极值点.

例 3　求函数 $f(x)=\sin x+\cos x\quad(0\leqslant x\leqslant 2\pi)$的极值.

解　$f'(x)=\cos x-\sin x$,

$f''(x)=-\sin x-\cos x$,

令　$f'(x)=0$,有 $\cos x-\sin x=0$.

即　$\tan x=1$,得驻点

$$x_1=\frac{\pi}{4}, x_2=\frac{5\pi}{4}.$$

而　$$f''\left(\frac{\pi}{4}\right)=-\sin\frac{\pi}{4}-\cos\frac{\pi}{4}=-\sqrt{2}<0.$$

$$f''(\frac{5\pi}{4}) = -\sin\frac{5\pi}{4} - \cos\frac{5\pi}{4} = \sqrt{2} > 0.$$

由定理4.5.3知，$x_1 = \frac{\pi}{4}$是$f(x)$的极大点，极大值为

$$f(\frac{\pi}{4}) = \sin\frac{\pi}{4} + \cos\frac{\pi}{4} = \sqrt{2};$$

$x_2 = \frac{5}{4}\pi$是$f(x)$的极小点，极小值为

$$f(\frac{5}{4}\pi) = \sin\frac{5}{4}\pi + \cos\frac{5}{4}\pi = -\sqrt{2}.$$

习　　题　4-5

1. 求下列函数的极值.

(1) $y = x^2 + 2x - 1$；　　(2) $y = x - e^x$；

(3) $y = (x^2 - 1)^3 + 2$；　　(4) $y = x^4 - 2x^3$；

(5) $y = x^3(x-5)^2$；　　(6) $y = (x-1)x^{\frac{2}{3}}$.

2. 判定函数$f(x) = 8x^3 - 12x^2 + 6x + 1$有无极值.

3. a为何值时，函数$f(x) = a\sin x + \frac{1}{3}\sin 3x$在$x = \frac{\pi}{3}$处具有极值？它是极大值还是极小值，求此极值.

4.6　函数的最大值和最小值

在实际问题中，经常需要解决在一定条件下，如何“用料最省”、“产值最高”、“质量最好”、“耗时最少”等一类问题，这类问题在数学上就是最大值、最小值问题.

根据定理2.9.1，闭区间$[a,b]$上的连续函数$f(x)$一定存在最大值和最小值. 下面我们讨论求函数在一个闭区间上最大值和最小值的方法.

设函数$f(x)$在$[a,b]$上连续，在(a,b)内除去至多有限个使$f'(x)$不存在的点外，其余各点具有导数. 这时，$f(x)$在$[a,b]$上的最

大(小)值只能是它的极大(小)值或端点处的函数值.如图4-7,$f(x)$在$[a,b]$上最小值是极小值$f(x_3)$,最大值是端点b处的函数值$f(b)$.因此可用下面的方法求$f(x)$在$[a,b]$上的最大值和最小值.

(1)在开区间(a,b)内,求$f'(x)=0$及$f'(x)$不存在的点为x_1,$x_2,\cdots,x_n$,且计算$f(x_1),f(x_2),\cdots,f(x_n)$;

(2)计算区间$[a,b]$两端点的函数值$f(a),f(b)$;

(3)比较$f(x_1),f(x_2),\cdots,f(x_n),f(a),f(b)$的大小,其中最大的一个是最大值,最小的一个是最小值.

例1 求函数$f(x)=x^3-3x^2-9x+5$在$[-2,4]$上的最大值和最小值.

解 $f'(x)=3x^2-6x-9=3(x+1)(x-3)$.

令 $f'(x)=0$,得$x_1=-1,x_2=3$.

由于 $f(-1)=(-1)^3-3(-1)^2-9(-1)+5=10$,

$f(3)=3^3-3\cdot3^2-9\cdot3+5=-22$,

$f(-2)=(-2)^3-3(-2)^2-9(-2)+5=3$,

$f(4)=4^3-3\cdot4^2-9\cdot4+5=-15$.

所以,$f(x)$在$[-2,4]$上的最大值是$f(-1)=10$,而最小值是$f(3)=-22$.

例2 求函数$f(x)=\sqrt[3]{x^2}+1$在$[-1,2]$上的最小值.

解 当$x\neq0$时,$f'(x)=\dfrac{2}{3\sqrt[3]{x}}$.

当$x=0$时,$f'(x)$不存在.

由于 $f(0)=1,f(-1)=2,f(2)=\sqrt[3]{4}+1$,

所以 $f(x)$在$[-1,2]$上的最小值是$f(0)=1$.

由例2可以看出,如果连续函数$f(x)$在一个区间(有限或无限,开或闭)内只有一个极值点x_0,那么,当$f(x_0)$是极大值时,$f(x_0)$就是$f(x)$在这个区间上的最大值;当$f(x_0)$是极小值时,$f(x_0)$就是$f(x)$在这个区间上的最小值.

例3 有一块宽$2a$的长方形铁片,将它的两个边缘向上折起成一个开口水槽,其横截面为矩形,高为 x(图 4-11).问高 x 取何值时,水槽的流量最大?

解　设两边各折起 x,那么,横截面的面积为

$$S(x)=2x(a-x),$$

$$0<x<a.$$

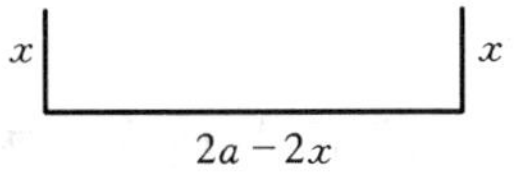

图 4-11

这样,问题就归结为当 x 为何值时$S(x)$取得最大值.由于

$$S'(x)=2a-4x,\quad S''(x)=-4.$$

令　$$S'(x)=0,\text{得 } x=\frac{a}{2},$$

$$S''\left(\frac{a}{2}\right)=-4<0,$$

所以,$x=\dfrac{a}{2}$是 $S(x)$在$(0,a)$内惟一的极大点.

因此,$S(x)$在点 $x=\dfrac{a}{2}$处取得最大值,即当两边各折起$\dfrac{a}{2}$时,水槽的流量最大.

对于实际问题,往往根据问题的性质就可断定可导函数$f(x)$在定义区间的内部有最大值或最小值.这时,如果 $f'(x)=0$ 在定义区间内只有一个根 x_0,那么,不必讨论 $f(x_0)$是否为极值,就可直接断定 $f(x_0)$是最大值或最小值.

例 4　设由电动势 E、内电阻 r 与外电阻 R 构成一个闭合电路(图 4-12),E 与 r 的值已知.问当 R 等于多少时才能使输出功率最大?

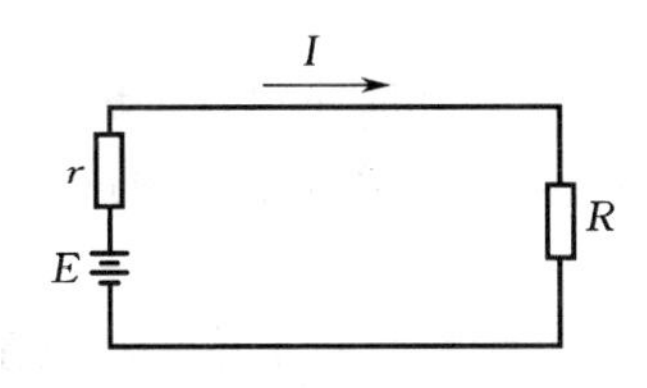

图 4-12

解　由假设,通过 R 的功率为

$$p=I^2R=\frac{E^2R}{(R+r)^2},\qquad 0\leqslant R<+\infty.$$

$$p'=\frac{E^2(r-R)}{(R+r)^3},$$

令　$$p'=0,\quad\text{得}\quad R=r.$$

由于这闭合电路的最大输出功率一定存在,且在$(0,+\infty)$内部取到,现$p'=0$在$(0,+\infty)$内只有一个根$R=r$,所以,当$R=r$时,输出功率最大.

习　题 4-6

1.求下列函数的最大值、最小值.

(1) $y=x^4-2x^3$,　　〔1,2〕;

(2) $y=x^3-3x^2-9x+5$,　　〔-4,4〕;

(3) $y=x+\sqrt{1-x}$,　　〔-5,1〕.

2.设$y=(x+3)\sqrt[3]{x^2}\,(-1\leqslant x\leqslant 2)$,问$x$等于何值时$y$的值最小?并求出它的最小值.

3.确定p、q的值,使$y=x^2+px+q$在点$x=1$处取得最小值3.

4.设$y=\dfrac{x}{x^2+1}\,(0\leqslant x<+\infty)$,问$x$等于何值时,$y$的值最大?并求出它的最大值.

5.某车间靠墙壁要盖一间长方形小屋,现有存砖只够砌20 m长的墙壁,问应围成怎样的长方形才能使这间小屋的面积最大?

6.今欲制造一个容积为50 m^3的圆柱形锅炉,问锅炉的高和底半径取多大值时,用料最省?

7.把一根直径为d的圆木锯成截面为矩形的梁,已知梁的抗弯强度与矩形宽成正比,与它的高的平方成正比,问矩形截面的高y和宽x应如何选择才能使梁的抗弯强度最大(图4-13)?

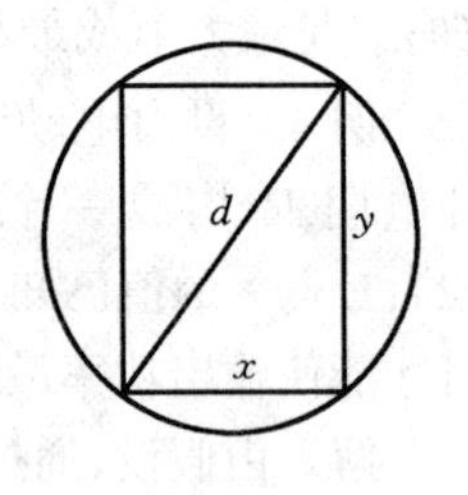

图4-13

8.轮船甲位于轮船乙以东75海里处,以每小时12海里的速度向西行驶,而轮船乙以每小时6海里的速度向北行驶,问经过多少时间,两船相距最近?

4.7 曲线的凹凸性与拐点

4.7.1 曲线的凹凸性

我们研究了函数的单调性与极值,从而能够知道函数变化的大概情形.但是,要准确地描绘函数的图形,还必须研究曲线的凹凸性与拐点.下面首先讨论曲线的凹凸性及其判别法.

1. 曲线凹凸性定义

图 4-14 给出了两条单调上升的曲线,它们的图形有着显著的不同.其中$\overset{\frown}{ACB}$是(向上)凸的曲线弧,$\overset{\frown}{ADB}$是(向上)凹的曲线弧,什么叫做曲线的凹凸性呢?

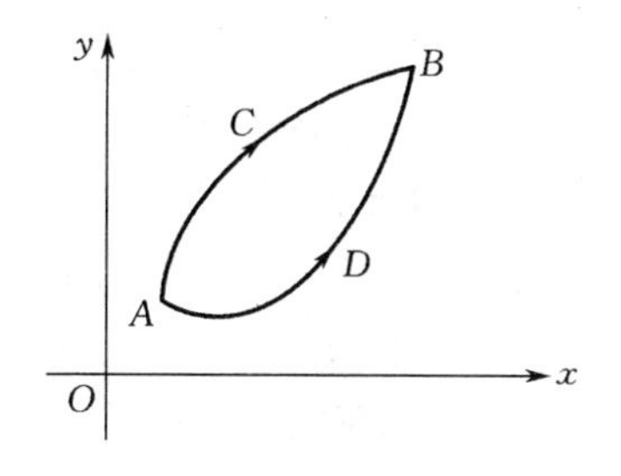

图 4-14

不难发现,在图 4-15 中的曲线弧上任取两点,连结两点的弦的中点总是在两点间弧段相应点的上方,而图 4-16 中的曲线弧却正好相反,下面给出曲线的凹凸性的定义.

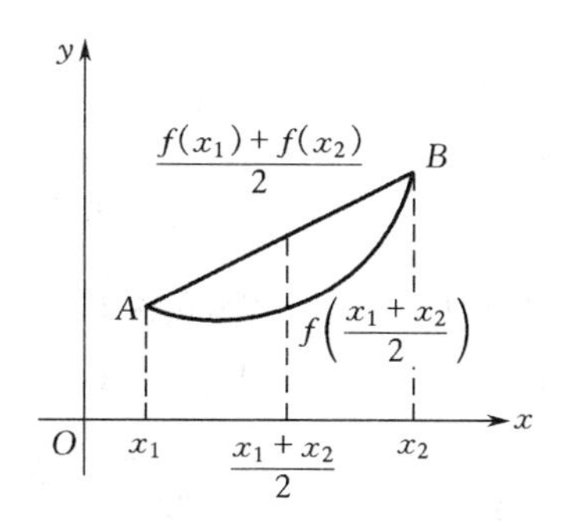

图 4-15

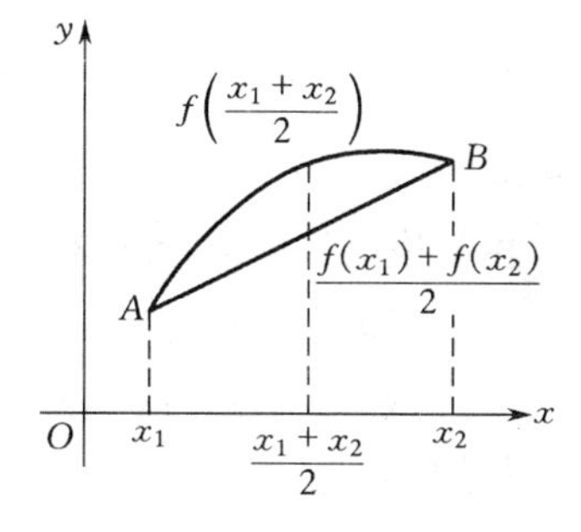

图 4-16

定义 设 $f(x)$在$[a,b]$上连续,如果对于$[a,b]$上的任意两点 x_1、x_2,恒有

$$f\left(\frac{x_1+x_2}{2}\right)<\frac{f(x_1)+f(x_2)}{2},$$

则称 $f(x)$在$[a,b]$上的**图形是(向上)凹的**,(向上)凹的曲线弧又称为**凹弧**;如果恒有

$$f\left(\frac{x_1+x_2}{2}\right)>\frac{f(x_1)+f(x_2)}{2},$$

则称 $f(x)$在$[a,b]$上的**图形是(向上)凸的**,(向上)凸的曲线弧又称为**凸弧**.

类似地,可以给出曲线 $f(x)$在任意区间上凹的或凸的定义.

2. 曲线凹凸性的判别法

利用定义判别曲线的凹凸性很麻烦.如果函数$f(x)$在区间(a,b)内具有二阶导数,那么函数 $f(x)$的图形在区间(a,b)内的凹凸性就可以利用 $f(x)$的二阶导数的正负号来判定.

定理　设函数 $f(x)$在$[a,b]$上连续,在(a,b)内具有二阶导数.

(1)如果在(a,b)内 $f''(x)>0$,那么 $f(x)$的图形在$[a,b]$上是凹的;

(2)如果在(a,b)内 $f''(x)<0$,那么 $f(x)$的图形在$[a,b]$上是凸的.

证　只证情形(1),情形(2)的证明完全类似.

在$[a,b]$上任取两点 x_1、x_2 且 $x_1<x_2$.记 $x_0=\frac{x_1+x_2}{2}$,$h=x_0-x_1=x_2-x_0$,那么 $x_1=x_0-h$,$x_2=x_0+h$.

由拉格朗日中值定理,得

$$f(x_0+h)-f(x_0)=f'(x_0+\theta_1 h)h,\qquad 0<\theta_1<1,$$

$$f(x_0-h)-f(x_0)=f'(x_0-\theta_2 h)(-h),\qquad 0<\theta_2<1,$$

两式相加,得到

$$\begin{aligned}&f(x_0+h)+f(x_0-h)-2f(x_0)\\&\qquad=[f'(x_0+\theta_1 h)-f'(x_0-\theta_2 h)]h.\end{aligned}$$

对 $f'(x)$在$[x_0-\theta_2 h,x_0+\theta_1 h]$上再应用拉格朗日中值定理得

$$f'(x_0+\theta_1 h)-f'(x_0-\theta_2 h)=f''(\xi)(\theta_1+\theta_2)h,$$

其中 $x_0-\theta_2 h<\xi<x_0+\theta_1 h$.

由假设,$f''(\xi)>0$, 又 $\theta_1+\theta_2>0$,

所以 $[f'(x_0+\theta_1 h)-f'(x_0-\theta_2 h)]h=f''(\xi)(\theta_1+\theta_2)h^2>0$,

即 $f(x_0+h)+f(x_0-h)-2f(x_0)>0$.

因此 $$\frac{f(x_0+h)+f(x_0-h)}{2}>f(x_0),$$

即 $$\frac{f(x_1)+f(x_2)}{2}>f\left(\frac{x_1+x_2}{2}\right).$$

由定义知,$f(x)$的图形在$[a,b]$上是凹的. 证毕.

类似地,可以写出曲线在任意区间上凹凸性的判定定理.

例 1 判定曲线 $f(x)=e^x$ 的凹凸性.

解 $f'(x)=e^x$, $f''(x)=e^x>0$,

所以曲线 $f(x)=e^x$ 在定义域$(-\infty,+\infty)$内是凹的.

例 2 判定曲线 $f(x)=x^4$ 的凹凸性

解 $f'(x)=4x^3$, $f''(x)=12x^2$.

由于在$(-\infty,0)$及$(0,+\infty)$内都有 $f''(x)>0$,所以曲线 $f(x)$在$(-\infty,+\infty)$内是凹的.

例 3 判定曲线 $f(x)=x^3+x$ 的凹凸性.

解 $f'(x)=3x^2+1$, $f''(x)=6x$.

由于在$(-\infty,0)$内,$f''(x)<0$,所以曲线 $y=f(x)$在$(-\infty,0]$上为凸弧;由于在$(0,+\infty)$内,$f''(x)>0$,所以 $y=f(x)$在$[0,+\infty)$上为凹弧.

若在连续曲线 $y=f(x)$的定义区间内,除有限个点处 $f''(x)=0$ 或 $f''(x)$不存在外,在其余各点处的二阶导数 $f''(x)$均为正(负)时,曲线 $y=f(x)$在这个区间上为凹(凸)弧,这个区间就是曲线 $y=f(x)$的凹(凸)区间;否则,就以这些点为分界点划分函数 $f(x)$的定义区间,然后在各个区间上讨论二阶导数 $f''(x)$的符号,判断曲线 $y=f(x)$的凹凸性.

4.7.2 拐点

由例 3 可知,点$(0,0)$是曲线 $y=x^3+x$ 的凸弧与凹弧的分界点.

连续曲线上凹弧与凸弧的分界点称为该曲线的拐点. 例如,点 $O(0,0)$就是曲线 $y=x^3+x$ 的拐点.

例4　求曲线 $y=2+(x-4)^{\frac{1}{3}}$的凹凸区间及拐点.

解　$y'=\frac{1}{3}(x-4)^{-\frac{2}{3}}, y''=-\frac{2}{9}(x-4)^{-\frac{5}{3}}$.

当　$x=4$时,y''不存在. 由于在$(-\infty,4)$内,$y''>0$,所以$(-\infty,4]$是这曲线的凹区间:在$(4,+\infty)$内,$y''<0$,所以$[4,+\infty)$是这曲线的凸区间.

点$(4,2)$是这条曲线的拐点.

由上述的讨论可以看出,如果曲线 $y=f(x)$在某区间上连续,且除有限个点外,$f''(x)$存在,我们就可以按下列步骤求曲线$y=f(x)$的拐点.

(1)求 $f''(x)$;

(2)求 $f''(x)=0$ 及 $f''(x)$不存在的点;

(3)对于(2)所求得的每一个实数 x_0,检查 $f''(x)$在 x_0 左右两侧的符号,如果 $f''(x)$在 x_0 左右两侧异号,则$(x_0,f(x_0))$是曲线 $y=f(x)$的一个拐点;如果 $f''(x)$在 x_0 左右两侧同号(同正或同负),则$(x_0,f(x_0))$不是曲线 $y=f(x)$的拐点.

例5　求曲线 $y=3x^4-4x^3+1$ 的凹凸区间及拐点.

解　$y'=12x^3-12x^2$,

$$y''=36x^2-24x=36x(x-\frac{2}{3}).$$

令　　$y''=0$　得　$x_1=0$,　$x_2=\frac{2}{3}$.

由于在$(-\infty,0)$,$(\frac{2}{3},+\infty)$内,$y''>0$,所以$(-\infty,0]$,$[\frac{2}{3},+\infty)$是曲线的凹区间;由于在$(0,\frac{2}{3})$内,$y''<0$,所以$[0,\frac{2}{3}]$是曲线的凸区间.

因此,点$(0,1)$和点$(\frac{2}{3},\frac{11}{27})$都是这条曲线的拐点.

例6　问 a 及 b 为何值时,点$(1,3)$为曲线 $y=ax^3+bx^2$ 的拐点?

解 $y'=3ax^2+2bx,$

$y''=6ax+2b=2(3ax+b).$

由假设 $\begin{cases} a\times1^3+b\times1^2=3, \\ 3a\times1+b=0, \end{cases}$

即 $\begin{cases} a+b=3, \\ 3a+b=0, \end{cases}$

解这个方程组,得到 $a=-\dfrac{3}{2},b=\dfrac{9}{2}$.

不难验证点(1,3)为曲线 $y=-\dfrac{3}{2}x^3+\dfrac{9}{2}x^2$ 的拐点.

注意 拐点一定在曲线上.

习 题 4-7

1.判定下列曲线的凹凸性.

(1) $y=\ln x$; (2) $y=4x+x^2$.

2.求下列曲线的凹凸区间及拐点.

(1) $y=x^3-x^2-x+1$; (2) $y=\dfrac{36x}{(x+3)^2}+1$;

(3) $y=e^{-\frac{1}{2}x^2}$; (4) $y=\ln(x^2-1)$.

3.试决定曲线 $y=ax^3+bx^2+cx+d$ 中的 a、b、c、d,使得 $x=-2$ 为驻点,$(1,-10)$为拐点,且通过点$(-2,44)$.

4.8 函数图形的描绘

4.8.1 水平与垂直渐近线

当曲线上的点沿曲线无限远离坐标原点时,如果该点与某条水平(垂直)直线的距离趋向于零,则称此直线为曲线的水平(垂直)渐近线(图 4-17).

现在来讨论水平(垂直)渐近线的求法.

1. 水平渐近线

如果函数 $f(x)$的定义域是无穷区间,且

$$\lim_{x\to+\infty} f(x)=b,\text{或}\lim_{x\to-\infty} f(x)=b,\text{或}\lim_{x\to\infty} f(x)=b,$$

则直线 $y=b$ 为曲线$y=f(x)$的一条水平渐近线.

例 1　求曲线 $y=f(x)=\dfrac{1}{x-1}$的水平渐近线.

解　因为

$$\lim_{x\to\infty}\frac{1}{x-1}=0,$$

所以,$y=0$ 是曲线的一条水平渐近线(图 4-17).

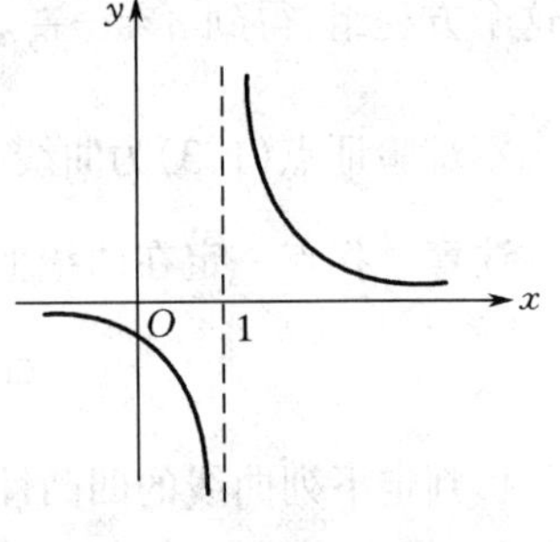

图 4-17

2. 垂直渐近线

如果曲线 $y=f(x)$在点 $x=c$ 处有

$$\lim_{x\to c+0} f(x)=\infty,$$

或 $\lim\limits_{x\to c-0} f(x)=\infty$,或$\lim\limits_{x\to c} f(x)=\infty$,

则直线 $x=c$ 为曲线$y=f(x)$的一条垂直渐近线.

例 2　求曲线 $y=f(x)=\dfrac{1}{x-1}$的垂直渐近线.

解　因为

$$\lim_{x\to1}\frac{1}{x-1}=\infty,$$

所以,$x=1$ 是曲线的一条垂直渐近线(图 4-17).

例 3　求曲线 $y=\dfrac{1-2x}{x^3}+1\ (x>0)$的水平与垂直渐近线.

解　因为

$$\lim_{x\to+\infty}\left(\frac{1-2x}{x^2}+1\right)=1,$$

$$\lim_{x\to0+0}\left(\frac{1-2x}{x^2}+1\right)=+\infty$$

所以,曲线 $y=\dfrac{1-2x}{x^2}+1\ (x>0)$有一条水平渐近线 $y=1$,有一条垂直

渐近线 $x=0$(y 轴).

4.8.2 函数图形的描绘

知道函数的图形,可以使我们对函数的性态有一个直观的了解.上面我们研究了利用导数确定函数的上升、下降、凹凸性、拐点和极值,讨论了函数图形的水平(垂直)渐近线的求法,现在就能够做到把函数的图形描绘得比较迅速准确.利用导数描绘函数图形的步骤大致如下:

(1)确定函数的定义域,讨论函数的一些基本性质(如奇偶性、周期性等);

(2)计算函数的一阶导数和二阶导数,并求出定义域内使一阶导数、二阶导数为零及不存在的点;

(3)确定函数的升降、凹凸性、极值点和拐点;

(4)确定函数图形的水平、垂直渐近线;

(5)把上述结果,按自变量大小顺序列入一个表格内.必要时,由函数再求一些曲线上的点,然后描绘函数的图形.

例 4 描绘函数 $y=x^3-3x^2+1$ 的图形.

解 (1)定义域为$(-\infty,+\infty)$.

(2) $y'=3x^2-6x=3x(x-2)$, $y''=6x-6=6(x-1)$.

令 $y'=0$,得 $x_1=0, x_2=2$;

$y''=0$,得 $x_3=1$.

(3)在$(-\infty,0)$内,$y'>0$、$y''<0$,所以曲线在$(-\infty,0)$内上升且为凸弧(以记号↗表示);在$(0,1)$内,$y'<0$, $y''<0$,所以曲线在$(0,1)$内下降且为凸弧(以记号↘表示).

类似地,可以确定曲线在$(1,2)$内下降且为凹弧(以记号↘表示);在$(2,+\infty)$内上升且为凹弧(以记号↗表示)

(4)没有渐近线.

(5)列表:

x	$(-\infty,0)$	0	$(0,1)$	1	$(1,2)$	2	$(2,+\infty)$
$f'(x)$	+	0	−	−	−	0	+
$f''(x)$	−	−	−	0	+	+	+
$f(x)$	↗	极大值 1	↘	−1	↘	极小值 −3	↗
$y=f(x)$的图形				拐点 $(1,-1)$			

再取两个点$(-1,-3)$，$(3,1)$.

绘图如图 4-18.

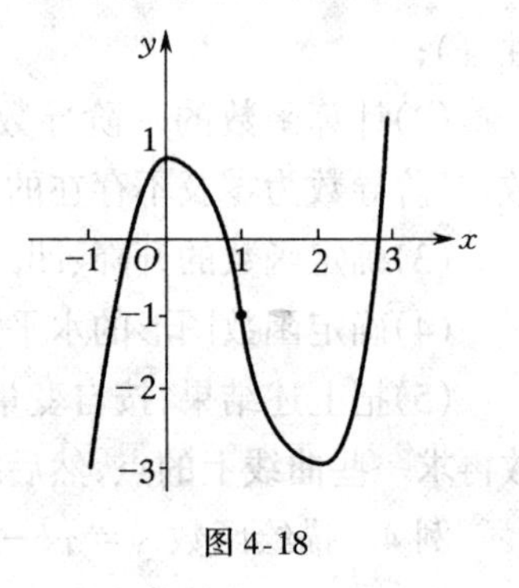

图 4-18

例 5　描绘函数 $y=\dfrac{1-2x}{x^2}+1$ $(x>0)$的图形.

解　(1)所给函数的定义域为$(0,+\infty)$.

(2)$y'(x)=\dfrac{2(x-1)}{x^3}$,

$y''=\dfrac{2(3-2x)}{x^4}$,

令$y'=0$　得 $x=1$,

$y''=0$,得 $x=\dfrac{3}{2}$.

(3)在$(0,1)$内,$y'<0$,$y''>0$,所以曲线在$(0,1)$内 ;在$\left(1,\dfrac{3}{2}\right)$内,$y'>0$、$y''>0$,所以曲线在$\left(1,\dfrac{3}{2}\right)$内 ;同样可得,曲线在$\left(\dfrac{3}{2},+\infty\right)$内 .

(4)因为$\lim\limits_{x\to+0}\left(\dfrac{1-2x}{x^2}+1\right)=+\infty$,所以图形有垂直渐近线$x=0$;又因为$\lim\limits_{x\to+\infty}\left(\dfrac{1-2x}{x^2}+1\right)=1$,所以图形有水平渐近线 $y=1$.

(5)列表:

x	$(0,1)$	1	$(1,\frac{3}{2})$	$\frac{3}{2}$	$(\frac{3}{2},+\infty)$
y'	$-$	0	$+$	$+$	$+$
y''	$+$	$+$	$+$	0	$-$
$f(x)$	↘	极小值 0	↗	$\frac{1}{9}$	↗
$y=f(x)$的图形				拐点$(\frac{3}{2},\frac{1}{9})$	

绘图(图 4-19).

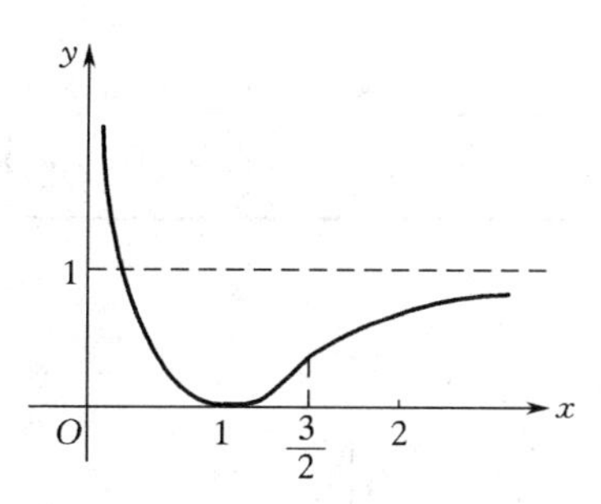

图 4-19

例 6 描绘函数 $f(x)=e^{-x^2}$ 的图形.

解 (1)定义域为$(-\infty,+\infty)$.

由于 $f(-x)=e^{-(-x)^2}=e^{-x^2}=f(x)$,所以 $f(x)=e^{-x^2}$ 是偶函数,它的图形关于 y 轴对称.因此只讨论这个函数在$[0,+\infty)$上的图形.

(2) $f'(x)=-2xe^{-x^2}$,$f''(x)=2(2x^2-1)e^{-x^2}$.

令 $f'(x)=0$,得 $x=0$;

$f''(x)=0$,得 $x=\frac{1}{\sqrt{2}}$.

(3)在$(0,\frac{1}{\sqrt{2}})$内,$y'<0$,$y''<0$,所以 $f(x)=e^{-x^2}$ 的图形在$(0,\frac{1}{\sqrt{2}})$内;在$(\frac{1}{\sqrt{2}},+\infty)$内,$y'<0$,$y''>0$,所以 $f(x)=e^{-x^2}$ 的图形在$(\frac{1}{\sqrt{2}},$

$+\infty)$内.

(4)因为 $\lim\limits_{x\to+\infty} e^{-x^2}=0$,所以 $f(x)=\mathrm{e}^{-x^2}$ 的图形有一条水平渐近线 $y=0$.

(5)列表

x	0	$(0,\frac{1}{\sqrt{2}})$	$\frac{1}{\sqrt{2}}$	$(\frac{1}{\sqrt{2}},+\infty)$
$f'(x)$	0	−	−	−
$f''(x)$	−	−	0	+
$f(x)$	极大值 1	$\searrow$	$\mathrm{e}^{-\frac{1}{2}}$	$\searrow$
$y=f(x)$的图形			拐点$(\frac{1}{\sqrt{2}},\mathrm{e}^{-\frac{1}{2}})$	

绘图(见图 4-20).

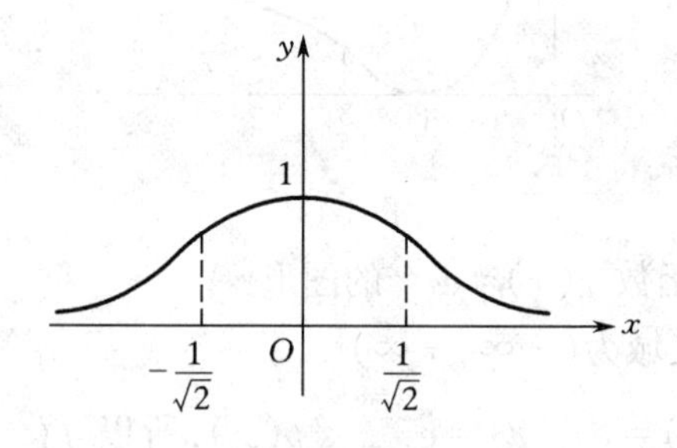

图 4-20

习　题　4-8

描绘下列函数的图形.

1. $y=x^3-x^2-x+1$.

2. $y=\dfrac{4(x+1)}{x^2}-2$.

3. $y=\dfrac{x^2}{x+1}$.

4. $y=1+\dfrac{36x}{(x+3)^2}$.

5. $y=\ln(x^2+1)$.

4.9 曲率

4.9.1 弧长的微分

为了推导曲率的计算公式,首先介绍弧长的微分(即弧微分).弧长的计算将在积分学中讨论.

设函数 $y=f(x)$在(a,b)内具有连续的一阶导数 $f'(x)$,即曲线 $y=f(x)$为一条光滑曲线.如图 4-21,在曲线 $y=f(x)$上取固定点 $M_0(x_0,y_0)$作为度量弧长的起点,并规定依 x 增大的方向作为弧的正向,即沿 x 轴正方向量出的弧长为正数;沿 x 轴负方向量出的弧长为负数.在曲线 $f(x)$上任取一点 $M(x,y)$,对应弧$\overset{\frown}{M_0M}$的长度s 是有向弧段,并且 s 的绝对值等于这弧段$\overset{\frown}{M_0M}$的实际长,显然弧长 s 是x 的函数$s=s(x)$.因为弧的正向与 x 增大的方向一致,所以 $s(x)$是 x 的单调增加函数.下面求 $s(x)$的导数和微分.

设 x、$x+\Delta x$ 是(a,b)内两个邻近的点,它在曲线 $f(x)$上的对应点是 M、N.弧长的增量是 $\Delta s-\overset{\frown}{MN}$,$\Delta x$ 和 Δy 是相对应的x 和 y 的增量(图 4-21),那么

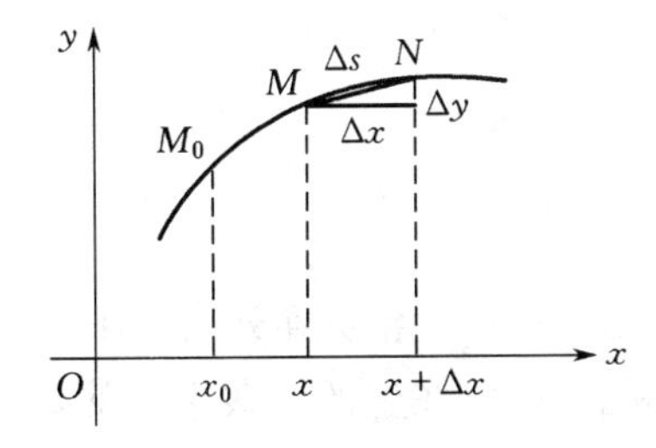

图 4-21

$$\left(\frac{\Delta s}{\Delta x}\right)^2=\left(\frac{\overset{\frown}{MN}}{\Delta x}\right)^2=\left(\frac{\overset{\frown}{MN}}{\overline{MN}}\right)^2\cdot\left(\frac{\overline{MN}}{\Delta x}\right)^2$$

$$=\left(\frac{\widehat{MN}}{MN}\right)^2\frac{(\Delta x)^2+(\Delta y)^2}{(\Delta x)^2}$$

$$=\left(\frac{\widehat{MN}}{MN}\right)^2\left[1+\left(\frac{\Delta y}{\Delta x}\right)\right]^2,$$

$$\frac{\Delta s}{\Delta x}=\pm\sqrt{\left(\frac{\widehat{MN}}{MN}\right)^2\left[1+\left(\frac{\Delta y}{\Delta x}\right)^2\right]}.$$

因为,当 $\Delta x\to 0$ 时,$N\to M$,这时

$$\lim_{\Delta x\to 0}\left|\frac{\widehat{MN}}{MN}\right|=1,\quad y'=\lim_{\Delta x\to 0}\frac{\Delta y}{\Delta x},$$

所以 $\dfrac{\mathrm{d}s}{\mathrm{d}x}=\lim\limits_{\Delta x\to 0}\dfrac{\Delta s}{\Delta x}=\pm\sqrt{1+y'^2}.$

又因为 $s(x)$ 是单调增加函数,故上式根号前取正号,即

$$\frac{\mathrm{d}s}{\mathrm{d}x}=\sqrt{1+y'^2},$$

于是得 $\mathrm{d}s=\sqrt{1+y'^2}\,\mathrm{d}x.$ (1)

式(1)就是直角坐标系下的弧微分公式.

通常写成比较对称的形式便是

$$\mathrm{d}s=\sqrt{\mathrm{d}x^2+\mathrm{d}y^2}.$$

如果曲线用参数方程 $x=\varphi(x),y=\psi(t)$ 给出,则

$$\mathrm{d}s=\sqrt{[\varphi'(t)]^2+[\psi'(t)]^2}\,\mathrm{d}t.$$

4.9.2* 曲率

1. 曲率的定义

车床上的轴,厂房结构中的钢梁在外力的作用下都会发生弯曲,弯曲到一定程度就要断裂,所以在生产实践中经常要考虑“弯曲程度”的问题.曲率就是表示曲线弯曲程度的一个量.

如图 4-22,在直线上各点作切线即直线本身,动点沿 L 从 A 移动到 B 时,切线的方向没有变化,但动点沿曲线 S 从 C 移动到 D 时,切线的倾角随切点的移动而改变,假设这弧段的长度为 $\Delta s=\widehat{CD}$,切线转

过的角(简称转角)为 Δa,弧段$\overset{\frown}{CD}$的弯曲程度用 Δs 和 Δa 这两个量来确定.

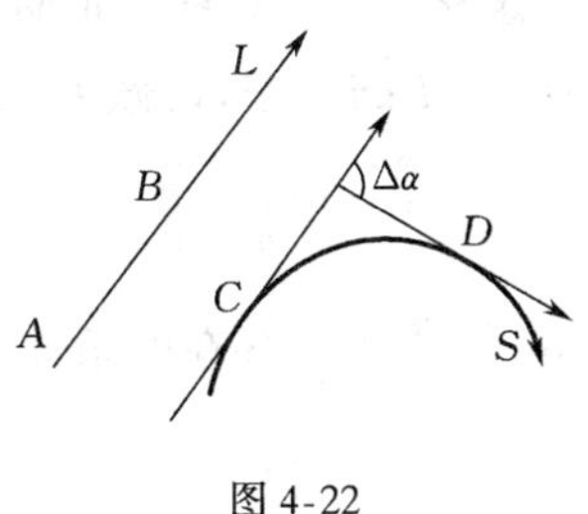

图 4-22

从图 4-23 可以看出,当两个弧段切线转角相同时,弧段长者弯曲程度较小,两者成反比;当两个弧段长相同时,切线转角大者弯曲程度较大.两者成正比.

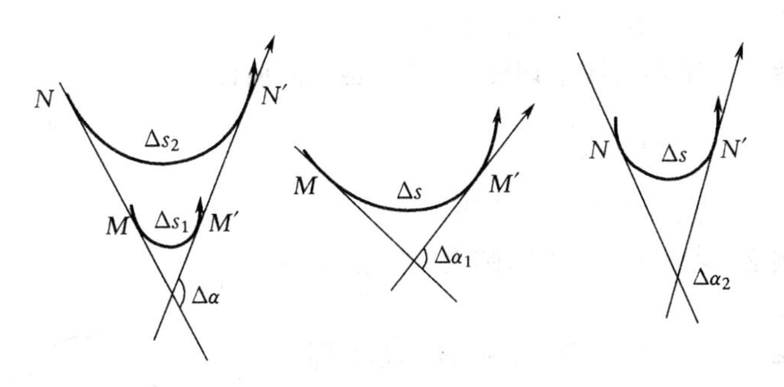

图 4-23

综合上面的分析,比值$\frac{\Delta\alpha}{\Delta s}$即单位弧段上转角的大小刻画了相应弧段的弯曲程度.下面给出曲线的曲率定义.

设曲线 C 具有连续转动的切线.在曲线 C 上选定一点 M_0 作为度量弧 s 的起点,点 M 对应于弧 s,切线的倾角为 α;另一点 M'对应于弧 $s+\Delta s$,切线的倾角为 $\alpha+\Delta\alpha$(图 4-24),那么,弧段 $\overset{\frown}{MM'}$ 的长度为$|\Delta s|$.动点从 M 移到M'的切线转角为$|\Delta\alpha|$.

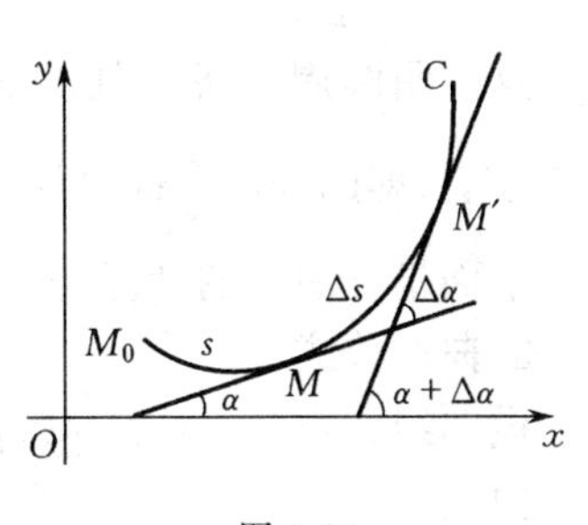

图 4-24

比值$\left|\frac{\Delta\alpha}{\Delta s}\right|$叫做弧段$\overset{\frown}{MM'}$的**平均曲率**,记做 $\overline{k}$,即

$$\overline{k}=\left|\frac{\Delta\alpha}{\Delta s}\right|.$$

定义　当 $\Delta s\to 0$(即 $M'\to M$)时,上述平均曲率的极限叫做曲线 C 在点 M 的曲率,记做 k,即

$$k=\lim_{\Delta s\to 0}\left|\frac{\Delta\alpha}{\Delta s}\right|.$$

在 $\lim\limits_{\Delta s\to 0}\dfrac{\Delta\alpha}{\Delta s}=\dfrac{\mathrm{d}\alpha}{\mathrm{d}s}$ 存在的条件下,也可以表示为

$$k=\left|\frac{\mathrm{d}\alpha}{\mathrm{d}s}\right|.$$

例 1　求直线上各点的曲率

解　由于在直线上切线的转角 $\Delta\alpha=0$,所以

$$k=\lim_{\Delta s\to 0}\left|\frac{\Delta\alpha}{\Delta s}\right|=0,$$

即直线上各点的曲率都等于零.

例 2　求半径为 R 的圆上任一点处的曲率

解　由图 4-25 可知,弧段 $\widehat{MM'}$ 即 $\Delta s=R\Delta\alpha$. 平均曲率

$$\overline{k}=\left|\frac{\Delta\alpha}{\Delta s}\right|=\left|\frac{\Delta\alpha}{R\Delta\alpha}\right|=\frac{1}{R},$$

所以　$$k=\lim_{\Delta s\to 0}\overline{k}=\frac{1}{R}.$$

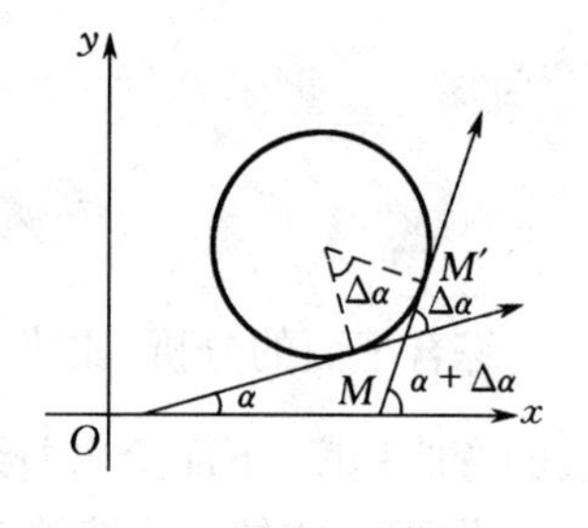

图 4-25

这说明圆周上各点处的曲率是同一个常数 $\dfrac{1}{R}$,即圆周的弯曲是均匀的,半径愈小,弯曲愈厉害.

下面推导曲率的计算公式.

2. 曲率公式

设曲线方程为 $y=f(x)$,$f(x)$ 具有二阶导数.

由定义

$$k=\left|\frac{\mathrm{d}\alpha}{\mathrm{d}s}\right|.$$

由于　$y'=\tan\alpha$,两边对 x 求导数,得

$$\sec^2\alpha\,\frac{\mathrm{d}\alpha}{\mathrm{d}x}=y'',$$

即 $$\frac{\mathrm{d}\alpha}{\mathrm{d}x}=\frac{y''}{\sec^2\alpha}=\frac{y''}{1+\tan^2\alpha}=\frac{y''}{1+y'^2}.$$

又由弧微分公式

$$\mathrm{d}s=\sqrt{1+y'^2}\,\mathrm{d}x,$$

得

$$\frac{\mathrm{d}\alpha}{\mathrm{d}s}=\frac{\frac{y''}{1+y'^2}\mathrm{d}x}{\sqrt{1+y'^2}\,\mathrm{d}x}=\frac{y''}{(1+y'^2)^{\frac{3}{2}}},$$

从而得到曲率公式

$$k=\frac{|y''|}{(1+y'^2)^{\frac{3}{2}}}. \tag{2}$$

例 3 求抛物线 $y=x^2$ 上任一点处的曲率.

解 由于 $y'=2x$, $y''=2$.

所以,$y=x^2$ 在任一点的曲率为

$$k=\frac{|y''|}{(1+y'^2)^{\frac{3}{2}}}=\frac{2}{(1+4x^2)^{\frac{3}{2}}}.$$

由此可以看出,$y=x^2$ 在原点处的曲率最大.

4.9.3 曲率圆和曲率半径

设曲线 $y=f(x)$在点 $A(x,y)$处的曲率为 $k(k\neq0)$,过 A 点作切线 AT 及法线 AB.在曲线凹的一侧,在法线上取一点 D,使 $|DA|=\frac{1}{k}=\rho$.以 D 为圆心,ρ 为半径作圆(图 4-26).我们把这个圆叫做曲线 $f(x)$在点 A 处的曲率圆,把 D 叫做曲率中心,ρ 叫做曲率半径.

显然,曲线在点 A 处的曲率半径 ρ 和曲率 k 之间有如下关系:

$$k=\frac{1}{\rho},\qquad \rho=\frac{1}{k}.$$

曲率圆与曲线在 A 点有相同的切线、相同的曲率和相同的凹凸向.在实际问题中,往往在局部范围内可以用曲率圆在一点附近的圆弧来代替曲线弧,以便使讨论的问题得以简化.

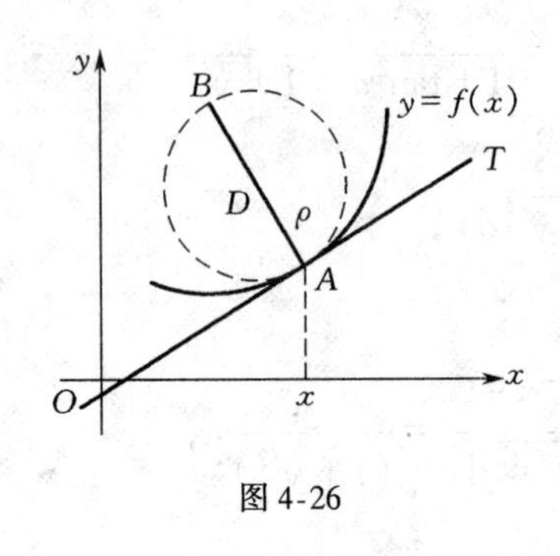

图 4-26

习　　题　4-9

1. 计算抛物线 $y = 4x + x^2$ 在它顶点处的曲率.

2. 计算正弦曲线 $y = \sin x$ 在点$\left(\frac{\pi}{2}, 1\right)$处的曲率和曲率半径.

本　章　总　结

一、学习本章的基本要求

(1)理解拉格朗日中值定理,了解罗尔定理和柯西中值定理,会用拉格朗日中值定理证明某些简单的不等式或恒等式.

(2)熟练掌握洛必达法则.

(3)知道泰勒中值定理,知道几个常见函数的麦克劳林公式.

(4)掌握函数单调性的判别法,会判别函数的单调性及证明不等式.

(5)理解函数的极值,掌握求函数极值的方法,掌握求解一些简单的最大值、最小值应用问题的方法.

(6)知道曲线凹凸性的定义,掌握判断曲线凹凸性的方法,会求曲线的拐点.

(7)能描绘简单函数的图形.

(8)了解弧微分的概念.

二、本章的重点、难点

重点 (1)拉格朗日中值定理.

(2)洛必达法则.

(3)函数的单调性判别法.

(4)求函数的极值.

难点 拉格朗日中值定理的应用.

三、学习中应注意的几个问题

1.中值定理

(1)罗尔定理、拉格朗日中值定理和柯西中值定理都叫做微分中值定理.它们是用导数研究函数的理论根据.

微分中值定理的条件是定理成立的充分条件,而不是必要条件.

例如,如果函数 $f(x)$在区间$[a,b]$上满足罗尔定理的三个条件,则保证在(a,b)内至少有一点 ξ,使 $f'(\xi)=0$.罗尔定理的三个条件缺一不可,否则结论不一定成立.

在拉格朗日中值定理中,如果 $f(a)=f(b)$,则这个定理就成为罗尔定理.在柯西中值定理中,如果取分母中的函数 $F(x)=x$,便得到拉格朗日中值定理.所以,罗尔定理是拉格朗日中值定理的特例,柯西中值定理又是拉格朗日中值定理的推广.而拉格朗日中值定理是三个中值定理的核心.

2.洛必达法则

(1)洛必达法则是求未定式的一种简便有效的方法,但是必须注意的是:洛必达法则仅适用于$\frac{0}{0}$型及$\frac{\infty}{\infty}$型未定式.当$\lim\frac{f'(x)}{\varphi'(x)}$不存在且不为$\infty$时,不能断定 $\lim\frac{f(x)}{\varphi(x)}$不存在,只能说明该题不能应用洛必达法则.

(2)洛必达法则可以连续使用,但每次使用时都要检查是否属于$\frac{0}{0}$

型及$\frac{\infty}{\infty}$型未定式，且计算式应尽量化为最简形式.

(3)其他类型的未定式($o\cdot\infty,\infty-\infty,0^0,\infty^0,1^\infty$)，需经过恒等变形，将其化为$\frac{0}{0}$型或$\frac{\infty}{\infty}$型未定式，然后再用洛必达法则.

如果$\lim f(x)\cdot\varphi(x)$属$0\cdot\infty$型，可变成

$$\lim f(x)\cdot\varphi(x)=\lim\frac{f(x)}{\frac{1}{\varphi(x)}},$$

或
$$\lim f(x)\cdot\varphi(x)=\lim\frac{\varphi(x)}{\frac{1}{f(x)}},$$

使其成为$\frac{0}{0}$型或$\frac{\infty}{\infty}$型未定式.

如果$\lim[f(x)-\varphi(x)]$属$\infty-\infty$型，可变成

$$\lim[f(x)-\varphi(x)]=\lim\frac{\frac{1}{\varphi(x)}-\frac{1}{f(x)}}{\frac{1}{f(x)\varphi(x)}},$$

使其成为$\frac{0}{0}$型.

如果$\lim[f(x)]^{\varphi(x)}$属1^∞型或0^0型或∞^0型，可先进行恒等变形

$$\lim[f(x)]^{\varphi(x)}=\lim e^{\ln[f(x)]^{\varphi(x)}}=\lim e^{\varphi(x)\ln f(x)}$$
$$=e^{\lim\varphi(x)\ln f(x)},$$

使$\lim\varphi(x)\ln f(x)$成为$0\cdot\infty$型，将其变换为$\frac{0}{0}$型或$\frac{\infty}{\infty}$型未定式后，应用洛必达法则计算出它的值.

(4)在应用洛必达法则求未定式的极限时，最好能与其他求极限的方法结合使用. 例如，能化简时应尽可能先化简，可以应用等价无穷小代换或重要极限，这样可以使运算简捷.

例如，求$\lim\limits_{x\to0}\frac{\sqrt{1+\sin x}-\sqrt{1+x}}{x^3}$.

我们可以先化简再计算它的极限. 由

$$\lim_{x\to0}\frac{\sqrt{1+\sin x}-\sqrt{1+x}}{x^3}$$

$$=\lim_{x\to0}\frac{\sin x-x}{x^3}\cdot\frac{1}{\sqrt{1+\sin x}+\sqrt{1+x}},$$

其中，$\lim\limits_{x\to0}\frac{\sin x-x}{x^3}$属$\frac{0}{0}$型未定式，应用洛必达法则，有

$$\lim_{x\to0}\frac{\sin x-x}{x^3}=\lim_{x\to0}\frac{\cos x-1}{3x^2}=\lim_{x\to0}\frac{-\sin x}{6x},$$

由重要极限 $\lim\limits_{x\to0}\frac{\sin x}{x}=1$，得到

$$\lim_{x\to0}\frac{\sin x-x}{x^3}=-\frac{1}{6}.$$

而

$$\lim_{x\to0}\frac{1}{\sqrt{1+\sin x}+\sqrt{1+x}}=\frac{1}{2},$$

所以 $$\lim_{x\to0}\frac{\sqrt{1+\sin x}-\sqrt{1+x}}{x^3}=-\frac{1}{6}\cdot\frac{1}{2}=-\frac{1}{12}.$$

3. 函数的单调性

(1)函数单调的必要条件和充分条件可以合并为下面的充分必要条件.

设函数 $f(x)$ 在 $[a,b]$ 上连续，在 (a,b) 内可导，则在 $[a,b]$ 上 $f(x)$ 单调增加(减少)的充分必要条件是在 (a,b) 内 $f'(x)\geqslant0(\leqslant0)$ (在 (a,b) 内的个别点处 $f'(x)$ 等于0).

本定理中的闭区间可以换成任意其他区间(包括无穷区间).

(2)当函数 $f'(x)$ 在 $[a,b]$ 上连续，在 (a,b) 内 $f'(x)>0(<0)$ 时，只能推出 $f(x)$ 在 $[a,b]$ 上单调增加(减少)，不能推出在 $[a,b]$ 上 $f(x)>0(<0)$.

例如，$$f(x)=-\frac{1}{x}\quad(x>0).$$

在 $(0,+\infty)$ 内，$f'(x)=\left(-\frac{1}{x}\right)'=\frac{1}{x^2}>0$,

所以，$f(x)=-\dfrac{1}{x}$ 在 $(0,+\infty)$ 内单调增加，但在 $(0,+\infty)$ 内，$f(x)=-\dfrac{1}{x}<0$.

(3)应用函数单调的充分条件证明不等式时，需先设函数，一般可由证明的不等式移项而得到.然后确定所设函数在某区间上的单调性.最后根据单调定义，将函数值与区间某个端点处的函数值比较，即可证明所需证明的不等式.

例如，证明不等式

$$\ln(1+x)<x\quad(x>0).$$

先设函数　$f(x)=\ln(1+x)-x$.

求导数　$f'(x)=\dfrac{1}{1+x}-1=\dfrac{1-x-1}{1+x}=-\dfrac{x}{1+x}$.

由 $f'(x)<0(x>0)$而证得了函数

$$f(x)=\ln(1+x)-x$$

在 $[0,+\infty)$ 上是单调减少的.

根据函数单调减少的定义把函数值 $(x>0)$ 与左端点 $x=0$ 处的函数值比较，得到当 $x>0$ 时，$f(x)<f(0)=0$，即

$$\ln(1+x)-x<0.$$

因此当 $x>0$ 时，$\ln(1+x)<x$.

4.函数的极值

(1)极值概念　函数的极值概念是局部性的.如果 $f(x_0)$ 是 $f(x)$ 的一个极大(小)值，那仅就 x_0 附近的一个局部范围来说的，最大(小)值是就函数的整个区间来说的，所以极大值不一定是最大值，极小值不一定是最小值.同一个函数可能有几个极大值和极小值，其中有的极大值可能比极小值还小.

函数的极值只有在区间的内部取得.

(2)极值存在的必要条件　可导函数 $f(x)$ 在取得极值的点 x_0 处有 $f'(x_0)=0$.

但是，使 $f'(x)=0$ 的点却不一定是 $f(x)$ 的极值点.例如，$f(x)=$

x^3，$f'(0)=0$．显然点 $x=0$ 不是 $f(x)=x^3$ 的极值点．由此可见，$f'(x_0)=0$ 是可导函数 $f(x)$在点 x_0 处取得极值的必要条件而不是充分条件．

称使 $f'(x)=0$ 的点是 $f(x)$的驻点．由极值存在的必要条件可知，可导函数的极值点一定是该函数的驻点，但驻点不一定是函数的极值点．

$f'(x)$不存在的点也可能是 $f(x)$的极值点．因此，函数 $f(x)$的极值仅在驻点和 $f'(x)$不存在的点中取得，但是驻点和 $f'(x)$不存在的点不一定全是 $f(x)$的极值点，这种点只是函数 $f(x)$的极值嫌疑点．

(3)极值的求法　通常按下列步骤求函数 $f(x)$的极值点和极值．

①求 $f'(x)$；

②求出 $f(x)$在所讨论区间内的全部极值嫌疑点，即求出$f(x)$的全部驻点($f'(x)=0$ 的点)和 $f'(x)$不存在的点；

③利用极值存在的第一充分条件，考察 $f'(x)$在每个极值嫌疑点左右两侧的符号．

如果 $f'(x)$在极值嫌疑点 x_0 左右两侧异号，则 x_0 是 $f(x)$的一个极值点，当 x 由小变大经过x_0 时，$f'(x)$由正变负，则$f(x_0)$是 $f(x)$的极大值；$f'(x)$由负变正，则 $f(x_0)$是 $f(x)$的极小值．如果 $f'(x)$在极值嫌疑点 x_0 左右不变号，则 x_0 不是 $f(x)$的极值点．

如果 $f'(x_0)=0$，$f''(x_0)\neq 0$，则 $f(x_0)$必为 $f(x)$的极值．这时可利用极值存在的第二充分条件确定 $f(x_0)$是 $f(x)$的极大值还是极小值，当 $f''(x_0)<0$ 时，$f(x_0)$是 $f(x)$的极大值；当$f''(x_0)>0$ 时，$f(x_0)$是 $f(x)$的极小值．

如果 $f'(x_0)=0$，$f''(x_0)=0$，则 $f(x_0)$就不一定是 $f(x)$的极值．

例如，$f(x)=x^4$，　　$\varphi(x)=x^3$，

都有　　$f'(0)=\varphi'(0)=0$，　　$f''(0)=\varphi''(0)=0$，

但是　　$f(0)=0$ 是 $f(x)=x^4$ 的极小值，而 $\varphi(0)=0$ 却不是$\varphi(x)=x^3$ 的极值．

测验作业题(三)

1. 应用拉格朗日中值定理证明:

$$当\ x\geqslant 0\ 时,\frac{x}{1+x}\leqslant \ln(1+x)\leqslant x.$$

2. 应用洛必达法则求下列函数的极限.

(1) $\lim\limits_{x\to+\infty}\dfrac{\ln(1+x)}{e^x}$;　　(2) $\lim\limits_{x\to 1}\dfrac{\cos^2\frac{\pi}{2}x}{(x-1)^2}$;

(3) $\lim\limits_{x\to 0}\dfrac{x-x\cos x}{x-\sin x}$;　　(4) $\lim\limits_{x\to+\infty}x\left[\arctan x-\dfrac{\pi}{2}\right]$;

(5) $\lim\limits_{x\to+0}\left(\dfrac{1}{x}\right)^{\sin x}$;　　(6) $\lim\limits_{x\to 0}\left[\dfrac{1}{x}-\dfrac{1}{\ln(1+x)}\right]$.

3. 确定函数 $f(x)=x^2(x-1)^3$ 的单调区间,并求极值.

4. 证明当 $x>0$ 时,$\ln(x+\sqrt{1+x^2})>\dfrac{x}{\sqrt{1+x^2}}$.

5. 证明当 $x>0$ 时,函数 $f(x)=\dfrac{\ln(1+x)}{x}$是单调减少的.

6. 将边长为 a 的一块正方形铁皮的四角各截去一个大小相同的小正方形,然后将四边形折起做成一个无盖的方盒.问截掉的小正方形边长为多大时,所得方盒的容积最大?

第5章　不定积分

已知一个函数 $F(x)$,求它的导数 $F'(x)=f(x)$,这是微分学所研究的基本问题.

与此相反,已知一个函数的导数 $f(x)$,求原来的函数 $F(x)$,它正好是微分学的逆问题,这就是本章讨论的中心问题.

5.1　不定积分的概念与性质

5.1.1　原函数

定义　如果在某一区间上,函数 $F(x)$与 $f(x)$满足关系式:

$$F'(x)=f(x) \quad 或 \quad dF(x)=f(x)dx,$$

则称在这个区间上,函数 $F(x)$是函数 $f(x)$的一个原函数.

凡说到原函数,都是指在某一个区间上而言的.对此,以后就不再一一指出了.

求原函数就是求导数的逆运算.一个函数 $F(x)$是不是 $f(x)$的原函数,只要看它的导数是不是 $f(x)$就行了.

例如,因为$(\sin x)'=\cos x$,所以 $\sin x$ 是 $\cos x$ 的原函数.

因为$\left(\frac{1}{3}x^3\right)'=x^2$,所以$\frac{1}{3}x^3$ 是 x^2 的原函数.显然,$\frac{1}{3}x^3+2$,$\frac{1}{3}x^3+\sqrt{2}$,$\frac{1}{3}x^3+C$ (C 为任意常数)也都是 x^2 的原函数.

可见,一个函数的原函数如果存在,则必有无穷多个.因此,对原函数的研究要讨论以下两个问题:

(1)一个函数 $f(x)$满足什么条件才存在原函数.

(2)如果函数 $f(x)$存在原函数,它的无穷多个原函数之间有怎样的关系.

关于第一个问题将在下一章讨论,在这里先给出结论:如果函数 $f(x)$在某区间上连续,则在这区间上 $f(x)$必有原函数.本章只研究连续函数的原函数.

关于第二个问题,有如下结论.

定理 如果函数 $F(x)$是 $f(x)$的原函数,则 $F(x)+C$(C 为任意常数)也是 $f(x)$的原函数,且 $f(x)$的任一个原函数与 $F(x)$相差为一个常数.

证 由原函数定义,定理的前一个结论是显然的,现证后一个结论.

设 $G(x)$是 $f(x)$的任一个原函数,设函数

$$\Phi(x)=G(x)-F(x).$$

得到 $\Phi'(x)=[G(x)-F(x)]'=G'(x)-F'(x)=f(x)-f(x)=0$,由第 4 章拉格朗日中值定理的推论可知

$$\Phi(x)=G(x)-F(x)=C,$$

所以 $$G(x)=F(x)+C,$$

即 $f(x)$的所有原函数都可以写成 $F(x)+C$ 的形式. 证毕.

因此,只要求得 $f(x)$的一个原函数 $F(x)$,则 $F(x)+C$ 就是 $f(x)$的全体原函数.

5.1.2 不定积分的定义

定义 函数 $f(x)$的全体原函数称为 $f(x)$的**不定积分**,记做

$$\int f(x)\mathrm{d}x.$$

其中"$\int$"称为积分号,$f(x)$称为被积函数,$f(x)\mathrm{d}x$ 称为被积表达式,x 称为积分变量.

如上所述,若函数 $F(x)$是 $f(x)$的一个原函数,则 $f(x)$的全体原函数可表示为 $F(x)+C$.即

$$\int f(x)\mathrm{d}x=F(x)+C,$$

其中 C 称为积分常数.

由不定积分定义可知，求 $f(x)$ 的不定积分 $\int f(x)\mathrm{d}x$ 时，只需求出它的一个原函数，然后再加上任意常数 C 就行了.

例 1　求 $\int 3x^2\mathrm{d}x$.

解　因为 $(x^3)'=3x^2$，所以 x^3 是 $3x^2$ 的一个原函数，因此

$$\int 3x^2\mathrm{d}x=x^3+C.$$

例 2　求 $\int\frac{\mathrm{d}x}{1+x^2}$.

解　因为 $(\arctan x)'=\frac{1}{1+x^2}$，所以 $\arctan x$ 是 $\frac{1}{1+x^2}$ 的一个原函数. 因此

$$\int\frac{\mathrm{d}x}{1+x^2}=\arctan x+C.$$

求已知函数 $f(x)$ 的一个原函数 $F(x)$，在几何上就是要找出一条曲线 $y=F(x)$，使曲线上横坐标为 x 的点的切线斜率恰好等于 $f(x)$，即满足 $F'(x)=f(x)$，这条曲线称为 $f(x)$ 的积分曲线. 由于 $f(x)$ 的不定积分是 $f(x)$ 的全体原函数 $F(x)+C$，所以在几何上，$F(x)+C$ 是一族曲线，称为 $f(x)$ 的积分曲线族. 这族积分曲线具有这样的特点，在横坐标 x 相同的点处，曲线的切线是平行的，切线的斜率都等于 $f(x)$，由于它们的纵坐标只相差一个常数，因此，它们都可以由曲线 $y=F(x)$ 沿 y 轴方向平行移动而得到，如图 5-1.

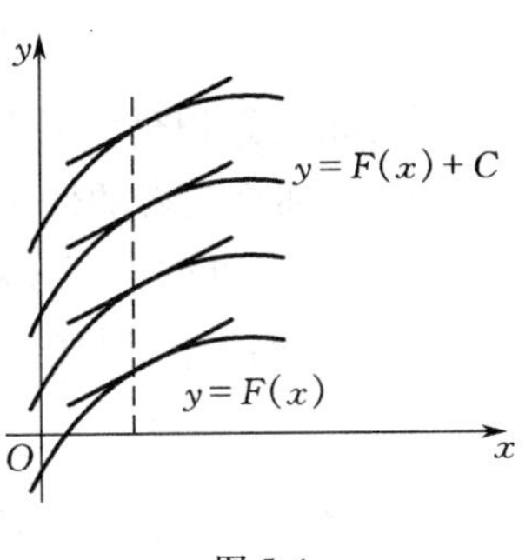

图 5-1

在一些具体问题中，需要求一个满足特定条件的原函数，这时可先求不定积分，然后由已知的特定条件确定出常数 C，从而得到所要求的那个原函数.

例 3　设曲线通过点 $(2,3)$，在这条曲线上任意点 (x,y) 处的切线

的斜率为 $2x$,求此曲线的方程.

解　设所求曲线方程 $y=F(x)$,由题设,

$$F'(x)=2x,$$

即 $F(x)$是 $2x$ 的一个原函数. $2x$ 的全体原函数为

$$\int 2x\mathrm{d}x=x^2+C.$$

而所求曲线是曲线族 $y=x^2+C$ 中的一条.由所求曲线过点(2,3)知,$3=2^2+C$,得　　$C=-1$,

因此所求曲线为　　$y=x^2-1$.

5.1.3　不定积分的性质

根据不定积分的定义直接推出性质1.

性质1　$(\int f(x)\mathrm{d}x)'=f(x)$　或 $\mathrm{d}(\int f(x)\mathrm{d}x)=f(x)\mathrm{d}x$,

及　　$\int f'(x)\mathrm{d}x=f(x)+C$　或 $\int \mathrm{d}f(x)=f(x)+C$.

这就是说,如果先积分后微分,那么二者的作用互相抵消,反之如果先微分后积分,那么二者的作用抵消后差一常数项.

由性质1可以推出下面的两个性质.

性质2　有限个函数的和的不定积分等于各个函数的不定积分的和,即

$$\int[f_1(x)+f_2(x)+\cdots+f_n(x)]\mathrm{d}x$$
$$=\int f_1(x)\mathrm{d}x+\int f_2(x)\mathrm{d}x+\cdots+\int f_n(x)\mathrm{d}x.$$

证　对上式右端求导,得

$$[\int f_1(x)\mathrm{d}x+\int f_2(x)\mathrm{d}x+\cdots+\int f_n(x)\mathrm{d}x]'$$
$$=[\int f_1(x)\mathrm{d}x]'+[\int f_2(x)\mathrm{d}x]'+\cdots+[\int f_n(x)\mathrm{d}x]'$$
$$=f_1(x)+f_2(x)+\cdots+f_n(x).$$

这说明上式右端是 $f_1(x)+f_2(x)+\cdots+f_n(x)$的原函数,又右端的积

分号表示含有任意常数,因此上式右端是 $f_1(x)+f_2(x)+\cdots+f_n(x)$ 的不定积分. 证毕.

类似地,可以证明下面的性质.

性质 3 被积函数中不为零的常数因子可以提到积分号外面来,即

$$\int kf(x)\mathrm{d}x = k\int f(x)\mathrm{d}x \quad (k\text{ 为常数,且 } k\neq 0).$$

注意 当 $k=0$ 时,$\int kf(x)\mathrm{d}x=\int 0\mathrm{d}x=C$,

而 $k\int f(x)dx=0$,两者是不相等的.

例 4 求$\int(3x^2+\cos x)\mathrm{d}x$.

解 $\int(3x^2+\cos x)\mathrm{d}x=\int 3x^2\mathrm{d}x+\int\cos x\mathrm{d}x$

$=x^3+\sin x+C$.

分项积分后的每个不定积分都应加上一个任意常数,但由于有限个任意常数的和仍是任意常数,因此在结果中加上一个任意常数就可以了.

5.1.4 基本积分表

由于积分法与微分法互为逆运算,所以由一个导数基本公式就可以得到一个相应的积分公式.

例如,由$(\tan x)'=\dfrac{1}{\cos^2 x}$,得到$\int\dfrac{\mathrm{d}x}{\cos^2 x}=\tan x+C$.

因此可以写出下面的基本积分公式,这些公式也叫做**基本积分表**,其中 C 是积分常数.

(1)$\int k\mathrm{d}x=kx+C$ (k 是常数),

(2)$\int x^\alpha\mathrm{d}x=\dfrac{x^{\alpha+1}}{\alpha+1}+C \quad (\alpha\neq-1)$,

(3)$\int\dfrac{1}{x}\mathrm{d}x=\ln|x|+C$,

(4) $\int e^x \mathrm{d}x = e^x + C$,

(5) $\int a^x \mathrm{d}x = \dfrac{a^x}{\ln a} + C \quad (a>0, a\neq 1)$,

(6) $\int \sin x \mathrm{d}x = -\cos x + C$,

(7) $\int \cos x \mathrm{d}x = \sin x + C$,

(8) $\int \dfrac{1}{\cos^2 x}\mathrm{d}x = \int \sec^2 x \mathrm{d}x = \tan x + C$,

(9) $\int \dfrac{1}{\sin^2 x}\mathrm{d}x = \int \csc^2 x \mathrm{d}x = -\cot x + C$,

(10) $\int \sec x \tan x \mathrm{d}x = \sec x + C$,

(11) $\int \csc x \cot x \mathrm{d}x = -\csc x + C$,

(12) $\int \dfrac{1}{\sqrt{1-x^2}}\mathrm{d}x = \arcsin x + C$,

(13) $\int \dfrac{1}{1+x^2}\mathrm{d}x = \arctan x + C$.

基本积分表是求不定积分的基础,必须熟记.下面举几个应用基本积分表和不定积分性质求函数不定积分的例子.

例5 求 $\int \dfrac{x^2+1}{x\sqrt{x}}\mathrm{d}x$.

解
$$\int \frac{x^2+1}{x\sqrt{x}}\mathrm{d}x = \int \left(x^{\frac{1}{2}} + x^{-\frac{3}{2}}\right)\mathrm{d}x = \int x^{\frac{1}{2}}\mathrm{d}x + \int x^{-\frac{3}{2}}\mathrm{d}x$$
$$= \frac{x^{\frac{1}{2}+1}}{\frac{1}{2}+1} + \frac{x^{-\frac{3}{2}+1}}{-\frac{3}{2}+1} + C = \frac{2}{3}x^{\frac{3}{2}} - 2x^{-\frac{1}{2}} + C.$$

例6 求 $\int \dfrac{(x-\sqrt{x})(1+\sqrt{x})}{\sqrt[3]{x}}\mathrm{d}x$.

解
$$\int \frac{(x-\sqrt{x})(1+\sqrt{x})}{\sqrt[3]{x}}\mathrm{d}x = \int \frac{x\sqrt{x}-\sqrt{x}}{\sqrt[3]{x}}\mathrm{d}x$$

$$=\int x^{\frac{7}{6}}\mathrm{d}x-\int x^{\frac{1}{6}}\mathrm{d}x=\frac{x^{\frac{7}{6}+1}}{\frac{7}{6}+1}-\frac{x^{\frac{1}{6}+1}}{\frac{1}{6}+1}+C=\frac{6}{13}x^{\frac{13}{6}}-\frac{6}{7}x^{\frac{7}{6}}+C.$$

从上面两例可以看出，当被积函数是根式的四则运算时，应将它化简成 x^{α} 的形式，然后再用幂函数的积分公式求出不定积分.

例 7 求 $\int(\sin x+\frac{2}{\sqrt{1-x^{2}}}+\pi)\mathrm{d}x$.

解 $\int(\sin x+\frac{2}{\sqrt{1-x^{2}}}+\pi)\mathrm{d}x$

$$=\int\sin x\mathrm{d}x+2\int\frac{\mathrm{d}x}{\sqrt{1-x^{2}}}+\pi\int\mathrm{d}x$$

$$=-\cos x+2\arcsin x+\pi x+C.$$

检验积分计算是否正确，只须对积分结果求导，看它是否等于被积函数. 如果相等，积分结果是正确的，否则就是错误的.

例 8 求 $\int 2^{x}\mathrm{e}^{x}\mathrm{d}x$.

解 $\int 2^{x}\mathrm{e}^{x}\mathrm{d}x=\int(2\mathrm{e})^{x}\mathrm{d}x=\int(2\mathrm{e})^{x}\mathrm{d}x$ （把 2e 看做 a）

$$=\frac{(2\mathrm{e})^{x}}{\ln(2\mathrm{e})}+C=\frac{2^{x}\mathrm{e}^{x}}{\ln 2+1}+C.$$

例 9 求 $\int(\frac{x-1}{x})^{3}\mathrm{d}x$.

解 $\int(\frac{x-1}{x})^{3}\mathrm{d}x=\int(1-\frac{1}{x})^{3}\mathrm{d}x=\int(1-\frac{3}{x}+\frac{3}{x^{2}}-\frac{1}{x^{3}})\mathrm{d}x$

$$=\int\mathrm{d}x-3\int\frac{1}{x}\mathrm{d}x+3\int x^{-2}\mathrm{d}x-\int x^{-3}\mathrm{d}x$$

$$=x-3\ln|x|-\frac{3}{x}+\frac{1}{2x^{2}}+C.$$

有些不定积分，需要将被积函数做简单的代数或三角恒等变形，化为基本积分表的形式，然后再求不定积分.

例 10　求$\int\frac{1-x^2}{1+x^2}\mathrm{d}x$.

解　先把被积函数进行恒等变形,化为基本积分表中的形式再积分.

$$\int\frac{1-x^2}{1+x^2}\mathrm{d}x=\int\frac{2-1-x^2}{1+x^2}\mathrm{d}x=\int\frac{2-(1+x^2)}{1+x^2}\mathrm{d}x$$

$$=2\int\frac{1}{1+x^2}\mathrm{d}x-\int\mathrm{d}x=2\arctan x-x+C.$$

例 11　求$\int\frac{1+x^2-x^4}{x^2(1+x^2)}\mathrm{d}x$.

解

$$\int\frac{1+x^2-x^4}{x^2(1+x^2)}\mathrm{d}x=\int\frac{1+x^2}{x^2(1+x^2)}\mathrm{d}x-\int\frac{x^4}{x^2(1+x^2)}\mathrm{d}x$$

$$=\int\frac{1}{x^2}dx-\int\frac{x^2}{1+x^2}\mathrm{d}x=\int x^{-2}\mathrm{d}x-\int\frac{1+x^2-1}{1+x^2}\mathrm{d}x$$

$$=-\frac{1}{x}-\int\mathrm{d}x+\int\frac{1}{1+x^2}\mathrm{d}x=-\frac{1}{x}-x+\arctan x+C.$$

例 12　$\int\tan^2x\mathrm{d}x$.

解　基本积分表中没有这种类型的积分,先利用三角恒等式,$\tan^2x=\sec^2x-1$,将被积函数变形后,再分项积分:

$$\int\tan^2x\mathrm{d}x=\int(\sec^2x-1)\mathrm{d}x=\int\sec^2x\mathrm{d}x-\int\mathrm{d}x$$

$$=\tan x-x+C.$$

例 13　求$\int\sin^2\frac{x}{2}\mathrm{d}x$.

解

$$\int\sin^2\frac{x}{2}\mathrm{d}x=\int\frac{1-\cos x}{2}\mathrm{d}x=\frac{1}{2}\int\mathrm{d}x-\frac{1}{2}\int\cos x\mathrm{d}x$$

$$=\frac{1}{2}x-\frac{1}{2}\sin x+C.$$

例 14　求$\int(2\sec x-\tan x)\tan x\mathrm{d}x$.

解

$$\int(2\sec x-\tan x)\tan x\mathrm{d}x$$

$$=2\int\sec x\tan x\mathrm{d}x-\int\tan^2 x\mathrm{d}x=2\sec x-\int(\sec^2 x-1)\mathrm{d}x$$

$$=2\sec x-\int\sec^2 x\mathrm{d}x+\int\mathrm{d}x=2\sec x-\tan x+x+C.$$

例 15 求$\int\frac{\mathrm{d}x}{1-\cos 2x}$.

解 $$\int\frac{\mathrm{d}x}{1-\cos 2x}=\int\frac{\mathrm{d}x}{2\sin^2 x}=-\frac{1}{2}\cot x+C.$$

例 16 求$\int\frac{\mathrm{d}x}{\sin^2\frac{x}{2}\cos^2\frac{x}{2}}$.

解 $$\int\frac{\mathrm{d}x}{\sin^2\frac{x}{2}\cos^2\frac{x}{2}}=\int\frac{4\mathrm{d}x}{(2\sin\frac{x}{2}\cos\frac{x}{2})^2}$$

$$=\int\frac{4\mathrm{d}x}{\sin^2 x}=-4\cot x+C.$$

习　　题　5-1

1.求下列不定积分.

(1)$\int x^3\sqrt[3]{x}\mathrm{d}x$;　　(2)$\int(x^4+3x+2)\mathrm{d}x$;

(3)$\int(1+\sqrt{x})^2\mathrm{d}x$;　　(4)$\int\frac{1-x}{x\sqrt{x}}dx$;

(5)$\int(2^x+\frac{3}{\sqrt{1-x^2}})\mathrm{d}x$;　　(6)$\int(\sqrt{x}+1)(x^2-1)\mathrm{d}x$;

(7)$\int\frac{3\cdot 4^x-3^x}{4^x}\mathrm{d}x$;　　(8)$\int\sec x(\sec x+\tan x)\mathrm{d}x$;

(9)$\int\frac{2+x^2+x^4}{1+x^2}\mathrm{d}x$;　　(10)$\int\frac{\mathrm{d}x}{1+\cos 2x}$;

(11)$\int\frac{2-\sin^2 x}{\cos^2 x}\mathrm{d}x$;　　(12)$\int\frac{\cos 2x}{\cos x-\sin x}\mathrm{d}x$.

2.一曲线过点(0,1),且在曲线的任意点处的切线斜率为$3x$,求该曲线的方程.

5.2 换元积分法

利用不定积分的性质与基本积分表,我们只能计算非常简单的不定积分,因此还需要进一步研究求不定积分的方法.最常用的基本积分法是换元积分法与分部积分法.这些积分法可以把一些较复杂的积分化为基本积分表中基本公式的形式.

本节先介绍换元积分法,简称换元法.换元法通常分为两类,即第一类换元法和第二类换元法,下面先介绍第一类换元法.

5.2.1 第一类换元法

在微分法中,复合函数微分法是一种重要的方法.积分法作为微分法的逆运算,也有相应的方法,这就是换元积分法.换元法的基本思想,就是把要计算的积分通过变量代换,化成基本积分表中已有的基本公式的形式.算出原函数后,再换回原来的变量.

定理 5.2.1 设函数 $f(u)$具有原函数 $F(u)$, $u=\varphi(x)$具有连续的导数,则 $F[\varphi(x)]$是 $f[\varphi(x)]\varphi'(x)$的原函数,即

$$\int f[\varphi(x)]\varphi'(x)\mathrm{d}x=F[\varphi(x)]+C.$$

证 设 $\Phi(x)=F[\varphi(x)]$.则根据复合函数的求导法则得到

$$\Phi'(x)=\frac{\mathrm{d}F}{\mathrm{d}u}\cdot\frac{\mathrm{d}u}{\mathrm{d}x}=f(u)\varphi'(x)=f[\varphi(x)]\varphi'(x),$$

即 $\Phi(x)$是 $f[\varphi(x)]\varphi'(x)$的原函数,所以有

$$\int f[\varphi(x)]\varphi'(x)\mathrm{d}x=\Phi(x)+C=F[\varphi(x)]+C. \qquad \text{证毕.}$$

这个定理告诉我们,在求不定积分时,如果被积表达式可以整理成 $f[\varphi(x)]\varphi'(x)\mathrm{d}x=f[\varphi(x)]\mathrm{d}\varphi(x)$,并且 $f(u)$具有原函数$F(u)$,那么可设 $u=\varphi(x)$,这时

$$\int f[\varphi(x)]\varphi'(x)\mathrm{d}x=\int f[\varphi(x)]\mathrm{d}\varphi(x)$$

$$\xlongequal{\text{换元 } u=\varphi(x)}\int f(u)\mathrm{d}u=F(u)+C$$

$$\xlongequal{\text{以 } u=\varphi(x)\text{代回}} F[\varphi(x)]+C.$$

通常把这种换元方式叫做**第一类换元法**. 由于中间出现将 $\varphi'(x)\mathrm{d}x$凑成微分 $\mathrm{d}\varphi(x)=\mathrm{d}u$,所以第一类换元法又称为**凑微分法**.

例 1 求$\int \sin 5x\mathrm{d}x$.

解 不定积分$\int \sin 5x\mathrm{d}x$,显然不等于$-\cos 5x+C$.这是因为

$$(-\cos 5x+C)'=5\sin 5x,$$

不等于原来的被积函数,但被积表达式可以整理成

$$\sin 5x\mathrm{d}x=\frac{1}{5}\sin 5x(5x)'\mathrm{d}x=\frac{1}{5}\sin 5x\mathrm{d}(5x),$$

且 $$\int \sin u\mathrm{d}u=-\cos u+C,$$

因此,设 $u=5x$,从而得

$$\begin{aligned}\int \sin 5x\mathrm{d}x &=\frac{1}{5}\int \sin u\mathrm{d}u=-\frac{1}{5}\cos u+C\\ &=-\frac{1}{5}\cos 5x+C.\end{aligned}$$

例 2 求$\int (2x+1)^8\mathrm{d}x$.

解 由于

$$\begin{aligned}\int (2x+1)^8\mathrm{d}x &=\int \frac{1}{2}(2x+1)^8(2x+1)'\mathrm{d}x\\ &=\frac{1}{2}\int (2x+1)^8\mathrm{d}(2x+1),\end{aligned}$$

因此,设 $u=2x+1$,从而得

$$\begin{aligned}\int (2x+1)^8\mathrm{d}x &=\frac{1}{2}\int u^8\mathrm{d}u=\frac{1}{2}\cdot\frac{1}{9}u^9+C\\ &=\frac{1}{18}(2x+1)^9+C.\end{aligned}$$

例 3 求 $\int \frac{\mathrm{d}x}{\sqrt{a^2-x^2}}\quad (a>0)$.

解 由于

$$\int\frac{\mathrm{d}x}{\sqrt{a^2-x^2}}=\int\frac{\mathrm{d}x}{a\sqrt{1-(\frac{x}{a})^2}}=\int\frac{\frac{1}{a}\mathrm{d}x}{\sqrt{1-(\frac{x}{a})^2}}$$

$$=\int\frac{(\frac{x}{a})'dx}{\sqrt{1-(\frac{x}{a})^2}}=\int\frac{\mathrm{d}(\frac{x}{a})}{\sqrt{1-(\frac{x}{a})^2}}.$$

因此,令　$u=\frac{x}{a}$,

从而得　$\int\frac{\mathrm{d}x}{\sqrt{a^2-x^2}}=\int\frac{\mathrm{d}u}{\sqrt{1-u^2}}=\arcsin u+C=\arcsin\frac{x}{a}+C.$

例 4　求$\int\tan x\mathrm{d}x$.

解　由于

$$\int\tan x\mathrm{d}x=\int\frac{\sin x}{\cos x}\mathrm{d}x=-\int\frac{(\cos x)'}{\cos x}\mathrm{d}x=-\int\frac{\mathrm{d}\cos x}{\cos x},$$

因此,设　$u=\cos x$,

从而得　$\int\tan xdx=-\int\frac{\mathrm{d}u}{u}=-\ln|u|+C=-\ln|\cos x|+C.$

类似地,可得

$$\int\cot x\mathrm{d}x=\ln|\sin x|+C.$$

例 5　求$\int x\sqrt{1-x^2}\mathrm{d}x$.

解　由于

$$\int x\sqrt{1-x^2}\mathrm{d}x=-\frac{1}{2}\int\sqrt{1-x^2}(1-x^2)'\mathrm{d}x$$

$$=-\frac{1}{2}\int\sqrt{1-x^2}\mathrm{d}(1-x^2),$$

因此,设　$u=1-x^2$,

从而得　$\int x\sqrt{1-x^2}\mathrm{d}x=-\frac{1}{2}\int\sqrt{u}\mathrm{d}u=-\frac{1}{2}\cdot\frac{2}{3}u^{\frac{3}{2}}+C$

$$= -\frac{1}{3}(1-x^2)^{\frac{3}{2}} + C.$$

在我们对变量代换比较熟练以后,就可以不把 u 写出来.

例 6　求$\int \frac{\ln^3 x}{x}\mathrm{d}x$.

解
$$\int \frac{\ln^3 x}{x}\mathrm{d}x = \int \ln^3 x(\ln x)'\mathrm{d}x$$
$$= \int \ln^3 x\mathrm{d}\ln x = \frac{1}{4}\ln^4 x + C.$$

在这一例中,实际上已经用了变量代换 $u=\ln x$,只是没有把 u 写出来.

例 7　求$\int \frac{1}{x^2}\sin\frac{1}{x}\mathrm{d}x$.

解
$$\int \frac{1}{x^2}\sin\frac{1}{x}\mathrm{d}x = -\int \sin\frac{1}{x}\cdot\left(\frac{1}{x}\right)'\mathrm{d}x$$
$$= -\int \sin\frac{1}{x}\mathrm{d}\left(\frac{1}{x}\right) = \cos\frac{1}{x} + C.$$

例 8　求$\int \frac{\mathrm{d}x}{a^2+x^2}$.

解
$$\int \frac{\mathrm{d}x}{a^2+x^2} = \frac{1}{a^2}\int \frac{\mathrm{d}x}{1+\left(\frac{x}{a}\right)^2} = \frac{1}{a}\int \frac{\mathrm{d}\left(\frac{x}{a}\right)}{1+\left(\frac{x}{a}\right)^2}$$
$$= \frac{1}{a}\arctan\frac{x}{a} + C.$$

例 9　求$\int \frac{1}{\sqrt{x}}\mathrm{e}^{\sqrt{x}}\mathrm{d}x$.

解　$\int \frac{1}{\sqrt{x}}\mathrm{e}^{\sqrt{x}}\mathrm{d}x = 2\int \mathrm{e}^{\sqrt{x}}\mathrm{d}\sqrt{x} = 2\mathrm{e}^{\sqrt{x}} + C.$

换元积分法常常要用到一些技巧,必须多做练习.在做题过程中应善于做归纳总结,以提高运算技巧.如在上述各例中,例 1、例 2、例 3、例 8 同属于如下形式的积分:

$$\int f(ax+b)\mathrm{d}x = \frac{1}{a}\int f(ax+b)\mathrm{d}(ax+b).$$

例5属于如下形式的积分

$$\int f(ax^2+b)x\mathrm{d}x=\frac{1}{2a}\int f(ax^2+b)\mathrm{d}(ax^2+b).$$

例6属于如下形式的积分

$$\int f(\ln x)\frac{1}{x}\mathrm{d}x=\int f(\ln x)\mathrm{d}\ln x.$$

例7属于$\int f(\frac{1}{x})\frac{1}{x^2}\mathrm{d}x=-\int f(\frac{1}{x})\mathrm{d}(\frac{1}{x})$形式的积分.

例9属于$\int f(\sqrt{x})\frac{1}{\sqrt{x}}\mathrm{d}x=2\int f(\sqrt{x})\mathrm{d}\sqrt{x}$形式的积分.

例10　求$\int\frac{\mathrm{d}x}{\sqrt{x}(1+x)}$

解　$\int\frac{\mathrm{d}x}{\sqrt{x}(1+x)}=\int\frac{1}{1+(\sqrt{x})^2}\cdot\frac{1}{\sqrt{x}}\mathrm{d}x=\int\frac{2\mathrm{d}\sqrt{x}}{1+(\sqrt{x})^2}$

$$=2\arctan\sqrt{x}+C.$$

有时需要对被积函数做必要的代数、三角恒等变形,再使用换元积分法.

例11　求$\int\frac{1}{a^2-x^2}\mathrm{d}x\quad(a>0)$.

解　因为

$$\frac{1}{a^2-x^2}=\frac{1}{(a+x)(a-x)}=\frac{1}{2a}\cdot\frac{(a+x)+(a-x)}{(a+x)(a-x)},$$

$$=\frac{1}{2a}(\frac{1}{a-x}+\frac{1}{a+x})$$

所以 $\int\frac{\mathrm{d}x}{a^2-x^2}=\frac{1}{2a}\int(\frac{1}{a-x}+\frac{1}{a+x})\mathrm{d}x=\frac{1}{2a}\int\frac{\mathrm{d}x}{a-x}+\frac{1}{2a}\int\frac{\mathrm{d}x}{a+x}$

$$=-\frac{1}{2a}\int\frac{\mathrm{d}(a-x)}{a-x}+\frac{1}{2a}\int\frac{\mathrm{d}(a+x)}{a+x}$$

$$=-\frac{1}{2a}\ln|a-x|+\frac{1}{2a}\ln|a+x|+C$$

$$=\frac{1}{2a}\ln\left|\frac{a+x}{a-x}\right|+C.$$

类似地可得

$$\int \frac{\mathrm{d}x}{x^2-a^2}=\frac{1}{2a}\ln\left|\frac{x-a}{x+a}\right|+C\ (a>0).$$

例 12 求$\int \frac{\mathrm{d}x}{x(1-x^2)}$.

解 由于

$$\frac{1}{x(1-x^2)}=\frac{(1-x^2)+x^2}{x(1-x^2)}=\frac{1}{x}+\frac{x}{1-x^2}.$$

所以
$$\begin{aligned}\int \frac{\mathrm{d}x}{x(1-x^2)}&=\int\left(\frac{1}{x}+\frac{x}{1-x^2}\right)\mathrm{d}x=\int\frac{\mathrm{d}x}{x}+\int\frac{x}{1-x^2}\mathrm{d}x\\&=\ln|x|-\frac{1}{2}\int\frac{\mathrm{d}(1-x^2)}{1-x^2}\\&=\ln|x|-\frac{1}{2}\ln|1-x^2|+C.\end{aligned}$$

例 13 求$\int \csc x\mathrm{d}x$.

解
$$\begin{aligned}\int\csc x\mathrm{d}x&=\int\frac{\mathrm{d}x}{\sin x}=\int\frac{\mathrm{d}x}{2\sin\frac{x}{2}\cos\frac{x}{2}}=\int\frac{\mathrm{d}x}{2\tan\frac{x}{2}\cos^2\frac{x}{2}}\\&=\int\frac{\mathrm{d}\frac{x}{2}}{\tan\frac{x}{2}\cos^2\frac{x}{2}}=\int\frac{\mathrm{d}\tan\frac{x}{2}}{\tan\frac{x}{2}}=\ln\left|\tan\frac{x}{2}\right|+C.\end{aligned}$$

又因为
$$\tan\frac{x}{2}=\frac{\sin\frac{x}{2}}{\cos\frac{x}{2}}=\frac{2\sin^2\frac{x}{2}}{2\sin\frac{x}{2}\cos\frac{x}{2}}=\frac{1-\cos x}{\sin x}=\csc x-\cot x,$$

所以,本题结果常写成

$$\int\frac{\mathrm{d}x}{\sin x}=\ln|\csc x-\cot x|+C.$$

例 14 求$\int \sec x\mathrm{d}x$.

解
$$\int\sec x\mathrm{d}x=\int\frac{\mathrm{d}x}{\cos x}=\int\frac{\mathrm{d}\left(x+\frac{\pi}{2}\right)}{\sin\left(x+\frac{\pi}{2}\right)}$$

$$=\ln\left|\csc\left(x+\frac{\pi}{2}\right)-\cot\left(x+\frac{\pi}{2}\right)\right|+C$$

$$=\ln|\sec x+\tan x|+C.$$

例 15　求$\int\sin^3 x\mathrm{d}x$.

解　$\int\sin^3 x\mathrm{d}x=\int\sin^2 x\sin x\mathrm{d}x=-\int(1-\cos^2 x)\mathrm{d}(\cos x)$

$$=-\int\mathrm{d}(\cos x)+\int\cos^2 x\mathrm{d}(\cos x)=-\cos x+\frac{1}{3}\cos^3 x+C.$$

例 16　求$\int\sin^4 x\cos^3 x\mathrm{d}x$.

解　$\int\sin^4 x\cos^3 x\mathrm{d}x=\int\sin^4 x\cos^2 x\cos x dx$

$$=\int\sin^4 x(1-\sin^2 x)\mathrm{d}(\sin x)=\int(\sin^4 x-\sin^6 x)\mathrm{d}(\sin x)$$

$$=\frac{1}{5}\sin^5 x-\frac{1}{7}\sin^7 x+C.$$

例 17　求$\int\cos^2 x\mathrm{d}x$.

解　$\int\cos^2 x\mathrm{d}x=\frac{1}{2}\int(1+\cos 2x)\mathrm{d}x=\frac{1}{2}\int\mathrm{d}x+\frac{1}{4}\int\cos 2x\mathrm{d}(2x)$

$$=\frac{1}{2}x+\frac{1}{4}\sin 2x+C.$$

类似地,可得

$$\int\sin^2 x\mathrm{d}x=\frac{1}{2}x-\frac{1}{4}\sin 2x+C.$$

例 18　求$\int\sin^2 x\cos^2 x\mathrm{d}x$.

解　因为 $\sin^2 x\cos^2 x=\left(\frac{1}{2}\sin 2x\right)^2=\frac{1}{4}\sin^2 2x$

$$=\frac{1}{8}(1-\cos 4x),$$

所以　$\int\sin^2 x\cos^2 x\mathrm{d}x=\frac{1}{8}\int(1-\cos 4x)\mathrm{d}x$

$$=\frac{1}{8}\int dx-\frac{1}{32}\int\cos 4x d4x$$

$$=\frac{1}{8}x-\frac{1}{32}\sin 4x+C.$$

从以上几例可以看出,在计算形如

$$\int\sin^n x\cos^m x dx \qquad (m、n\text{ 为非负整数})$$

的积分时,若 n、m 中至少有一个奇数,如 n 为奇数,可将 $\sin x dx$ 凑成微分 $-d\cos x$,从而转化为幂函数的积分.若 n、m 均为偶数,一般可用倍角公式降低被积函数的方次,然后再进行积分.

由于同一个不定积分可以用不同的方法计算,有时结果的表达形式可能不一样,但这些结果相互之间只相差一个常数.

例如 求 $\int\sin x\cos x dx$.

解法一 $\int\sin x\cos x dx=\int\sin x d\sin x=\frac{1}{2}\sin^2 x+C.$

解法二 $\int\sin x\cos x dx=-\int\cos x d\cos x=-\frac{1}{2}\cos^2 x+C.$

解法三 $\int\sin x\cos x dx=\frac{1}{2}\int\sin 2x dx=\frac{1}{4}\int\sin 2x d2x$

$$=-\frac{1}{4}\cos 2x+C.$$

第一类换元法方法灵活,有时需要一定的技巧,只有反复练习方可有效地掌握这种方法.

5.2.2 第二类换元法

第一类换元法是通过变量代换: $u=\varphi(x)$,将积分 $\int f[\varphi(x)]\varphi'(x)dx$ 化为 $\int f(u)du$.我们也常常遇到与第一类换元法相反的情形,即对于 $\int f(x)dx$ 不易求出,但适当选择变量代换 $x=\psi(t)$,得

$$\int f(x)\mathrm{d}x=\int f[\psi(t)]\psi'(t)\mathrm{d}t.$$

而新的被积函数 $f[\psi(t)]\psi'(t)$ 的原函数容易求出,设

$$\int f[\psi(t)]\psi'(t)\mathrm{d}t=F(t)+C,$$

如果 $x=\psi(t)$ 有反函数 $t=\overline{\psi}(x)$ 存在,则有

$$\int f(x)\mathrm{d}x=F[\overline{\psi}(x)]+C.$$

这就是**第二类换元法**.下面我们给出定理 5.2.2.

定理 5.2.2 设 $x=\psi(t)$ 具有连续导数 $\psi'(t)$,且 $\psi'(t)\neq 0$,又设 $f[\psi(t)]\psi'(t)$ 具有原函数 $F(t)$,$t=\overline{\psi}(x)$ 是 $x=\psi(t)$ 的反函数,则 $F[\overline{\psi}(x)]$ 是 $f(x)$ 的原函数,即第二类换元法为

$$\int f(x)\mathrm{d}x=\int f[\psi(t)]\psi'(t)\mathrm{d}t=F[\overline{\psi}(x)]+C.$$

证 设 $\Phi(x)=F[\overline{\psi}(x)]$.利用复合函数及反函数的求导法则,得到

$$\Phi'(x)=\frac{\mathrm{d}F}{\mathrm{d}t}\cdot\frac{\mathrm{d}t}{\mathrm{d}x}=f[\psi(t)]\psi'(t)\cdot\frac{1}{\psi'(t)}$$
$$=f[\psi(t)]=f(x).$$

因此,$\Phi(x)$ 是 $f(x)$ 的原函数,即

$$\int f(x)\mathrm{d}x=\Phi(x)+C=F[\overline{\psi}(x)]+C$$
$$=\int f[\psi(t)]\psi'(t)\mathrm{d}t.$$

证毕.

这个定理告诉我们,对于 $\int f(x)\mathrm{d}x$ 不易积分时,先进行变量代换 $x=\psi(t)$,将 $\int f(x)\mathrm{d}x$ 化成 $\int f[\psi(t)]\psi'(t)\mathrm{d}t$.如果后一积分可求,则积分后用 $x=\psi(t)$ 的反函数 $t=\overline{\psi}(x)$ 代换 t,就可得到所要求的不定积分.

例 19 求 $\int\sqrt{a^2-x^2}\mathrm{d}x\quad(a>0)$.

解 求这个积分必须先消去根式 $\sqrt{a^2-x^2}$.

设 $x=a\sin t$,则

$$\sqrt{a^2-x^2}=\sqrt{a^2-a^2\sin^2 t}=\sqrt{a^2(1-\sin^2 t)}$$
$$=a\sqrt{\cos^2 t}=a\cos t,$$
$$dx=a\cos t dt.$$

所以 $\int\sqrt{a^2-x^2}dx=\int a^2\cos^2 t dt=\frac{a^2}{2}\int(1+\cos 2t)dt$

$$=\frac{a^2}{2}\int dt+\frac{a^2}{4}\int\cos 2t d(2t)=\frac{a^2}{2}t+\frac{a^2}{4}\sin 2t+C,$$

由于 $x=a\sin t$, 所以 $t=\arcsin\frac{x}{a}$,

$$\cos t=\sqrt{1-\sin^2 t}=\sqrt{1-(\frac{x}{a})^2}=\frac{\sqrt{a^2-x^2}}{a},$$

因此,所求积分为

$$\int\sqrt{a^2-x^2}dx=\frac{a^2}{2}\arcsin\frac{x}{a}+\frac{x}{2}\sqrt{a^2-x^2}+C.$$

由 $x=a\sin t$ 求 $\cos t$,常采用下面的办法,即根据 $x=a\sin t$ 画一直角三角形,如图5-2,使它的一个锐角为 t,斜边为 a,角 t 的对边为 x,由勾股定理知,另一直角边为 $\sqrt{a^2-x^2}$,所以

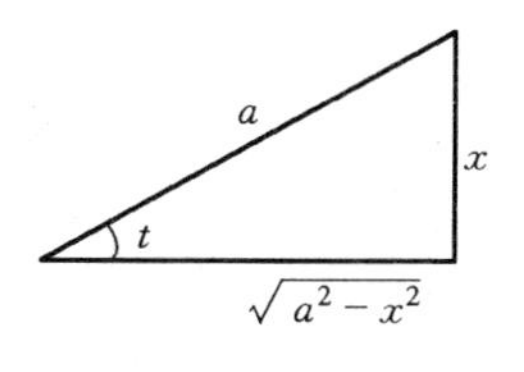

图 5-2

$$\cos t=\frac{\sqrt{a^2-x^2}}{a}.$$

例 20 求$\int\frac{dx}{\sqrt{x^2+a^2}}$ $(a>0)$.

解 与上题类似,设 $x=a\tan t$,

则 $\sqrt{x^2+a^2}=\sqrt{a^2\tan^2 t+a^2}=a\sqrt{\tan^2 t+1}=a\sec t$,

$$dx=d(a\tan t)=a\sec^2 t dt,$$

所以 $\int\frac{dx}{\sqrt{x^2+a^2}}=\int\frac{a\sec^2 t}{a\sec t}dt=\int\sec t dt=\ln|\sec t+\tan t|+C.$

根据 $x=a\tan t$ 画直角三角形(图 5-3),得到

$$\sec t=\frac{\sqrt{x^2+a^2}}{a},$$

因此 $\displaystyle\int\frac{\mathrm{d}x}{\sqrt{x^2+a^2}}=\ln\left|\frac{\sqrt{x^2+a^2}}{a}+\frac{x}{a}\right|+C_1$

$$=\ln(x+\sqrt{x^2+a^2})+C,$$

其中　$C=C_1-\ln a$,

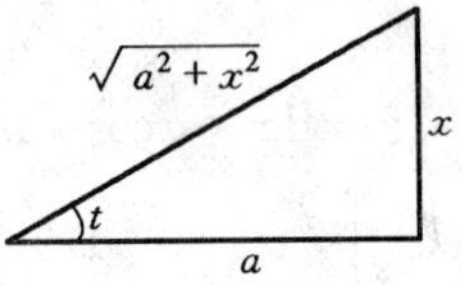

图 5-3

因为 $x+\sqrt{x^2+a^2}$ 恒大于零,所以绝对值记号可以去掉.

例 21　求 $\displaystyle\int\frac{\mathrm{d}x}{\sqrt{x^2-a^2}}$　$(a>0)$.

解　设 $x=a\sec t$,那么

$$\sqrt{x^2-a^2}=\sqrt{a^2\sec^2 t-a^2}=a\tan t,\quad \mathrm{d}x=a\tan t\sec t\mathrm{d}t,$$

于是 $\displaystyle\int\frac{\mathrm{d}x}{\sqrt{x^2-a^2}}=\int\frac{a\tan t\sec t}{a\tan t}\mathrm{d}t=\int\sec t\mathrm{d}t$

$$=\ln|\sec t+\tan t|+C_1.$$

根据 $x=a\sec t$ 画直角三角形(图 5-4),得到

$$\tan t=\frac{\sqrt{x^2-a^2}}{a},$$

因此

$$\int\frac{\mathrm{d}x}{\sqrt{x^2-a^2}}=\ln\left|\frac{x}{a}+\frac{\sqrt{x^2-a^2}}{a}\right|+C_1$$

$$=\ln|x+\sqrt{x^2-a^2}|+C,$$

其中　$C=C_1-\ln a$.

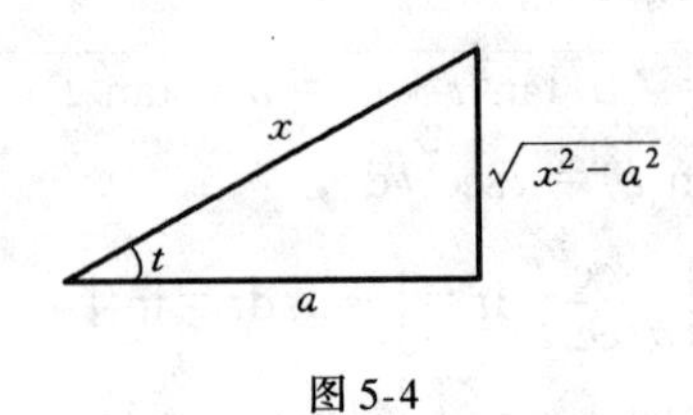

图 5-4

从上面三个例子可以看出：

如果被积函数含有$\sqrt{a^2-x^2}$,可进行变量代换 $x=a\sin t$ 化去根式；

如果被积函数含有$\sqrt{x^2+a^2}$,可进行变量代换 $x=a\tan t$ 化去根式；

如果被积函数含有$\sqrt{x^2-a^2}$,可进行变量代换 $x=a\sec t$ 化去根式.

但具体解题时要分析被积函数的情况,有时可以选取更为简捷的代换(如本节例 3、例 5).

在本节的例题中,有几个积分是以后经常遇到的,为了减少重复计算,我们把这些积分结果当做公式,继前面的基本积分表之后,再添加下面几个公式：

(14) $\int \tan x\mathrm{d}x=-\ln|\cos x|+C$,

(15) $\int \cot x\mathrm{d}x=\ln|\sin x|+C$,

(16) $\int \sec x\mathrm{d}x=\ln|\sec x+\tan x|+C$,

(17) $\int \csc x\mathrm{d}x=\ln|\csc x-\cot x|+C$,

(18) $\int \frac{\mathrm{d}x}{x^2+a^2}=\frac{1}{a}\arctan\frac{x}{a}+C$,

(19) $\int \frac{\mathrm{d}x}{x^2-a^2}=\frac{1}{2a}\ln\left|\frac{x-a}{x+a}\right|+C$,

(20) $\int \frac{\mathrm{d}x}{a^2-x^2}=\frac{1}{2a}\ln\left|\frac{a+x}{a-x}\right|+C$,

(21) $\int \frac{\mathrm{d}x}{\sqrt{a^2-x^2}}=\arcsin\frac{x}{a}+C$,

(22) $\int \frac{\mathrm{d}x}{\sqrt{x^2+a^2}}=\ln(x+\sqrt{x^2+a^2})+C$,

(23) $\int \frac{\mathrm{d}x}{\sqrt{x^2-a^2}}=\ln\left|x+\sqrt{x^2-a^2}\right|+C$.

当被积函数的分母含有 ax^2+bx+c 因式时,一般可用配方法把积分化成积分表中已有的积分形式.

例 22 求$\int\frac{dx}{x^2-4x+8}$.

解 $\int\frac{dx}{x^2-4x+8}=\int\frac{d(x-2)}{(x-2)^2+2^2}$,

利用积分公式(18),得

$$\int\frac{dx}{x^2-4x+8}=\frac{1}{2}\arctan\frac{x-2}{2}+C.$$

例 23 求$\int\frac{dx}{\sqrt{3-2x-x^2}}$.

解 $\int\frac{dx}{\sqrt{3-2x-x^2}}=\int\frac{d(x+1)}{\sqrt{2^2-(x+1)^2}}$,

利用公式(21)得

$$\int\frac{dx}{\sqrt{3-2x-x^2}}=\arcsin\frac{x+1}{2}+C.$$

例 24 求$\int\frac{dx}{\sqrt{9x^2+25}}$.

解 $\int\frac{dx}{\sqrt{9x^2+25}}=\int\frac{dx}{\sqrt{(3x)^2+5^2}}=\frac{1}{3}\int\frac{d(3x)}{\sqrt{(3x)^2+5^2}}$,

利用公式(22),得

$$\int\frac{dx}{\sqrt{9x^2+25}}=\frac{1}{3}\ln(3x+\sqrt{9x^2+25})+C.$$

习 题 5-2

1. 在下列各式等号右端的空白处填入适当的系数,使等式成立(例如:$dx=\frac{1}{3}d(3x-1)$).

(1) $x\,dx=$____ $d(x^2+1)$;　　(2) $dx=$____ $d(\frac{x}{4}+3)$;

(3) $x^2dx=$____ $d(1-x^3)$;　　(4) $e^{-\frac{1}{2}x}dx=$____ $d(e^{-\frac{1}{2}x})$;

(5) $xe^{x^2}dx=$____ $d(e^{x^2}+2)$; (6) $\frac{1}{x}dx=$____ $d(-\ln x)$;

(7) $\cos 2x dx=$____ $d(-\sin 2x)$;

(8) $\sin x dx=$____ $d(2+\cos x)$;

(9) $3^{-x}dx=$____ $d(1+3^{-x})$;

(10) $\sec^2 2x dx=$____ $d(\tan 2x)$;

(11) $\frac{1}{1-2x}dx=$____ $d[\ln(1-2x)]$;

(12) $\frac{1}{(x-1)^2}dx=$____ $d(\frac{1}{x-1})$;

(13) $\frac{1}{\sqrt{1-4x^2}}dx=$____ $d(\arcsin 2x)$;

(14) $\frac{x}{9+x^2}dx=$____ $d\ln(9+x^2)$

2.求下列不定积分.

(1) $\int e^{2x}dx$;

(2) $\int\sqrt{1-2x}\,dx$;

(3) $\int\sin(3x+2)dx$;

(4) $\int x(1+x^2)^5dx$;

(5) $\int\frac{2-x}{\sqrt{1-x^2}}dx$;

(6) $\int\frac{2x+3}{1+x^2}dx$;

(7) $\int x\cos(2x^2-1)dx$;

(8) $\int\frac{\sin\sqrt{x}}{\sqrt{x}}dx$;

(9) $\int\sin^3x\cos x dx$;

(10) $\int\cos^2 2x dx$;

(11) $\int\sec^3x\tan x dx$;

(12) $\int(1-\sec x)\tan x dx$;

(13) $\int\frac{1+\ln x}{x}dx$;

(14) $\int\sec^4x\tan^2x dx$;

(15) $\int(3^{-x}-\pi)dx$;

(16) $\int\frac{x^3-x}{1+x^4}dx$;

(17) $\int\frac{\sin x\cos x}{\sqrt{1-\sin^4x}}dx$;

(18) $\int\frac{x^4}{1+x^2}dx$;

(19) $\int \frac{dx}{x(x+1)}$;　　(20) $\int \frac{dx}{\sqrt{x(1-x)}}$.

3. 求下列不定积分.

(1) $\int \sqrt{1-x^2}\,dx$;　　(2) $\int \frac{dx}{x^2+2x+3}$;

(3) $\int \frac{\sqrt{x^2-9}}{x}dx$;　　(4) $\int x\sqrt{x^2+1}\,dx$.

5.3　分部积分法

对应于两个函数乘积的微分法,可以推出另一种基本积分法——分部积分法.

设 $u=u(x)$ 及 $v=v(x)$ 具有连续导数,则由两个函数乘积的微分公式

$$d(uv)=vdu+udv,$$

移项　$udv=d(uv)-vdu$.

两端求不定积分,得到

$$\int udv=uv-\int vdu. \tag{1}$$

公式(1)叫做**分部积分公式**. 当积分 $\int udv$ 不易计算,而积分 $\int vdu$ 比较容易计算时,就可以使用这个公式.

例 1　求 $\int x\cos x\,dx$.

解　使用公式(1),首先遇到的问题是:如何选择 u 和 dv.

如果设　$u=\cos x$,　　$dv=xdx$,

则　　$du=-\sin x\,dx$,　$v=\frac{x^2}{2}$.

代入公式(1),得

$$\int x\cos x\,dx=\frac{x^2}{2}\cos x+\frac{1}{2}\int x^2\sin x\,dx.$$

这时右端的积分比原积分更不易求出,这说明了上述 u 和 dv 的选择

是不恰当的.

如果设 $u=x, \qquad dv=\cos x dx,$

则 $\qquad du=dx, \qquad v=\sin x,$

代入公式(1),得

$$\int x\cos x dx=x\sin x-\int \sin x dx=x\sin x+\cos x+C.$$

由此可见,正确地选取 u 和 dv 是应用分部积分法的关键.选取 u 和 dv 必须考虑到 v 容易求得及 $\int v du$ 容易求出.

例 2 求 $\int xe^x dx$.

解 设 $u=x, \qquad dv=e^x dx,$

则 $\qquad du=dx, \qquad v=e^x.$

代入公式(1),得

$$\int xe^x dx=xe^x-\int e^x dx=xe^x-e^x+C.$$

例 3 求 $\int x\ln x dx$.

解 设 $u=\ln x, \qquad dv=x dx,$

则 $\qquad du=\frac{1}{x}dx, \qquad v=\frac{1}{2}x^2.$

于是

$$\int x\ln x dx=\frac{1}{2}x^2\ln x-\frac{1}{2}\int x dx=\frac{1}{2}x^2\ln x-\frac{1}{4}x^2+C.$$

例 4 求 $\int x\arctan x dx$.

解 设 $u=\arctan x, \qquad dv=x dx,$

则 $\qquad du=\frac{1}{1+x^2}dx, \qquad v=\frac{1}{2}x^2.$

于是

$$\begin{aligned}\int x\arctan x dx &=\frac{1}{2}x^2\arctan x-\frac{1}{2}\int\frac{x^2}{1+x^2}dx\\ &=\frac{1}{2}x^2\arctan x-\frac{1}{2}\int\frac{(1+x^2)-1}{1+x^2}dx\end{aligned}$$

$$= \frac{1}{2}x^2 \arctan x - \frac{1}{2}\int dx + \frac{1}{2}\int \frac{1}{1+x^2}dx$$

$$= \frac{1}{2}x^2 \arctan x - \frac{1}{2}x + \frac{1}{2}\arctan x + C.$$

由以上几例可以看出，如果被积函数是幂函数和三角函数或指数函数乘积时，应设 u 为幂函数，如果被积函数是幂函数和对数函数或反三角函数的乘积时，应设 u 为对数函数或反三角函数.

有些不定积分，需要几次分部积分，才能得出结果，如下例.

例 5　求 $\int x^2 \sin x dx$.

解　设　$u = x^2$，　　$dv = \sin x dx$，

则　　$du = 2x dx$，　$v = -\cos x$.

于是

$$\int x^2 \sin x dx = -x^2 \cos x + 2\int x \cos x dx.$$

对 $\int x\cos x dx$ 再应用公式(1)，设

$u = x$，　　$dv = \cos x dx$，

则　　$du = dx$，　$v = \sin x$.

$$\int x^2 \sin x dx = -x^2 \cos x + 2\left(x\sin x - \int \sin x dx\right)$$

$$= -x^2 \cos x + 2x\sin x + 2\cos x + C.$$

当运算比较熟练以后，可以不写出 u 和 dv，而直接应用分部积分公式.

例 6　求 $\int \left(\frac{\ln x}{x}\right)^2 dx$

解　$\int \left(\frac{\ln x}{x}\right)^2 dx = \int \ln^2 x d\left(-\frac{1}{x}\right) = -\frac{1}{x}\ln^2 x + \int \frac{1}{x} d(\ln^2 x)$

$$= -\frac{1}{x}\ln^2 x + 2\int \frac{\ln x}{x^2}dx$$

$$= -\frac{1}{x}\ln^2 x + 2\int \ln x d\left(-\frac{1}{x}\right)$$

$$= -\frac{1}{x}\ln^2 x - \frac{2}{x}\ln x + 2\int \frac{1}{x}\mathrm{d}(\ln x)$$

$$= -\frac{1}{x}\ln^2 x - \frac{2}{x}\ln x + 2\int \frac{1}{x^2}\mathrm{d}x$$

$$= -\frac{1}{x}\ln^2 x - \frac{2}{x}\ln x - \frac{2}{x} + C.$$

例 7 求$\int x\sec^4 x\tan x\mathrm{d}x$.

解 $\int x\sec^4 x\tan x\mathrm{d}x = \int x\mathrm{d}(\frac{\sec^4 x}{4}) = \frac{x}{4}\sec^4 x - \int \frac{1}{4}\sec^4 x\mathrm{d}x$

$$= \frac{x}{4}\sec^4 x - \frac{1}{4}\int \sec^2 x\mathrm{d}(\tan x)$$

$$= \frac{x}{4}\sec^4 x - \frac{1}{4}\int (\tan^2 x + 1)\mathrm{d}(\tan x)$$

$$= \frac{x}{4}\sec^4 x - \frac{1}{4}\int \tan^2 x\mathrm{d}\tan x - \frac{1}{4}\int \mathrm{d}(\tan x)$$

$$= \frac{x}{4}\sec^4 x - \frac{1}{12}\tan^3 x - \frac{1}{4}\tan x + C.$$

有些不定积分,经过分部积分后,虽未直接求出,但是可以从等式中像解方程那样,解出所求的积分,如下例.

例 8 求$\int \mathrm{e}^x\sin x\mathrm{d}x$.

解 $\int \mathrm{e}^x\sin x\mathrm{d}x = \int \sin x\mathrm{d}\mathrm{e}^x = \mathrm{e}^x\sin x - \int \mathrm{e}^x\cos x\mathrm{d}x$

$$= \mathrm{e}^x\sin x - \int \cos x\mathrm{d}(\mathrm{e}^x)$$

$$= \mathrm{e}^x\sin x - [\mathrm{e}^x\cos x - \int \mathrm{e}^x\mathrm{d}(\cos x)]$$

$$= \mathrm{e}^x\sin x - \mathrm{e}^x\cos x - \int \mathrm{e}^x\sin x\mathrm{d}x,$$

移项解得

$$\int \mathrm{e}^x\sin x\mathrm{d}x = \frac{1}{2}\mathrm{e}^x(\sin x - \cos x) + C.$$

由于移项后,上式右端不再含有未求出的不定积分,因此结果必须

加上任意常数 C.

用同样的方法可求得

$$\int e^x \cos x \mathrm{d}x = \frac{1}{2} e^x (\sin x + \cos x) + C.$$

例 9　求 $\int \sec^3 x \mathrm{d}x$.

解

$$\begin{aligned}\int \sec^3 x \mathrm{d}x &= \int \sec x \sec^2 x \mathrm{d}x = \int \sec x \mathrm{d}\tan x \\ &= \sec x \tan x - \int \tan x \mathrm{d}(\sec x) \\ &= \sec x \tan x - \int \tan^2 x \sec x \mathrm{d}x \\ &= \sec x \tan x - \int (\sec^2 x - 1) \sec x \mathrm{d}x \\ &= \sec x \tan x - \int \sec^3 x \mathrm{d}x + \int \sec x \mathrm{d}x \\ &= \sec x \tan x - \int \sec^3 x \mathrm{d}x + \ln|\sec x + \tan x|,\end{aligned}$$

移项解得

$$\int \sec^3 x \mathrm{d}x = \frac{1}{2}(\sec x \tan x + \ln|\sec x + \tan x|) + C.$$

类似地,设　$u = \tan x, \mathrm{d}v = \tan x \sec x \mathrm{d}x$,则可求得

$$\int \tan^2 x \sec x \mathrm{d}x = \frac{1}{2}(\tan x \sec x - \ln|\sec x + \tan x|) + C.$$

例 10　求 $\int \sin\sqrt{x} \mathrm{d}x$.

解　设 $\sqrt{x} = t$,则 $x = t^2, \mathrm{d}x = 2t\mathrm{d}t$,于是

$$\begin{aligned}\int \sin\sqrt{x} \mathrm{d}x &= \int 2t \sin t \mathrm{d}t = 2\int t \mathrm{d}(-\cos t) \\ &= 2\left(-t\cos t + \int \cos t \mathrm{d}t\right) \\ &= 2(-t\cos t + \sin t + C_1) \\ &= -2t\cos t + 2\sin t + 2C_1 \\ &= -2\sqrt{x}\cos\sqrt{x} + 2\sin\sqrt{x} + C.\end{aligned}$$

有些不定积分可以用换元法也可以用分部积分法，有时还需兼用这两种方法.

例 11　求$\int\frac{x^2}{\sqrt{(1-x^2)^3}}dx$.

解法一　分部积分法：

$$\int\frac{x^2dx}{\sqrt{(1-x^2)^3}}=\int xd(\frac{1}{\sqrt{1-x^2}})=\frac{x}{\sqrt{1-x^2}}-\int\frac{dx}{\sqrt{1-x^2}}$$

$$=\frac{x}{\sqrt{1-x^2}}-\arcsin x+C.$$

解法二　换元法：

设　$x=\sin t$,

则　$\sqrt{1-x^2}=\sqrt{1-\sin^2 t}=\cos t$，　$dx=\cos t dt$.

于是　$\int\frac{x^2dx}{\sqrt{(1-x^2)^3}}=\int\frac{\sin^2 t}{\cos^3 t}\cdot\cos tdt=\int\tan^2 tdt=\int(\sec^2 t-1)dt$

$$=\int\sec^2 tdt-\int dt=\tan t-t+C.$$

根据 $x=\sin t$ 画直角三角形(图 5-5)，得到

$$\tan t=\frac{x}{\sqrt{1-x^2}}.$$

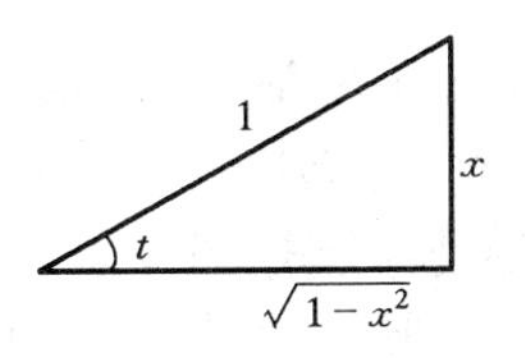

图 5-5

因此

$$\int\frac{x^2dx}{\sqrt{(1-x^2)^3}}=\frac{x}{\sqrt{1-x^2}}-\arcsin x+C.$$

习　题　5-3

求下列不定积分.

1. $\int xe^{-x}dx$.　　2. $\int x\sin xdx$.

3. $\int(x-1)\ln xdx$.　　4. $\int\log_3(x+1)dx$.

5. $\int \arctan x\mathrm{d}x$.

6. $\int x\sec^2 x\mathrm{d}x$.

7. $\int x\cdot 3^x\mathrm{d}x$.

8. $\int x\cos 2x\mathrm{d}x$.

9. $\int \ln^2 x\mathrm{d}x$.

10. $\int \ln(x^2+1)\mathrm{d}x$.

11. $\int (x^2+1)\mathrm{e}^x\mathrm{d}x$.

12. $\int \frac{\arctan x}{x^2}\mathrm{d}x$.

5.4* 几种特殊类型函数的积分举例

前面介绍了求不定积分的基本方法——换元积分法和分部积分法.下面举出几种特殊类型函数的积分例子.

5.4.1* 有理函数的积分

有理函数 有理函数是指由两个多项式的商所表示的函数,即

$$\frac{P(x)}{Q(x)}=\frac{a_0x^m+a_1x^{m-1}+\cdots+a_{m-1}x+a_m}{b_0x^n+b_1x^{n-1}+\cdots+b_{n-1}x+b_n},\tag{2}$$

其中 m、n 都是正整数,且 $a_0\neq 0$、$b_0\neq 0$.

假定多项式 $P(x)$与 $Q(x)$之间没有公因式.当 $m<n$ 时,称式(2)是真分式;当 $m\geqslant n$ 时,称式(2)是假分式.

利用多项式的除法可以把一个假分式化为一个多项式与一个真分式的和,多项式的积分已经会求,因此,只需要讨论真分式的积分.

1.化有理真分式为部分分式

设式(2)是真分式.由代数学可知,下述结论成立.

定理 设有理真分式$\frac{P(x)}{Q(x)}$的分母可以分解为

$$Q(x)=b_0(x-a)^{\alpha}\cdots(x-b)^{\beta}(x^2+px+q)^{\mu}\cdots(x^2+rx+s)^{\lambda},$$

其中 $a,\cdots b,p,q,\cdots r,s$ 为实数,$p^2-4q<0,\cdots,r^2-4s<0,\alpha,\cdots,\beta,\mu,\cdots,\lambda$ 为正整数,则

$$\frac{P(x)}{Q(x)}=\frac{A_1}{x-a}+\frac{A_2}{(x-a)^2}+\cdots+\frac{A_{\alpha}}{(x-a)^{\alpha}}+\cdots\cdots$$

$$+\frac{B_1}{x-b}+\frac{B_2}{(x-b)^2}+\cdots+\frac{B_\beta}{(x-b)^\beta}+$$

$$+\frac{M_1x+N_1}{x^2+px+q}+\frac{M_2x+N_2}{(x^2+px+q)^2}+\cdots+\frac{M_\mu x+N_\mu}{(x^2+px+q)^\mu}+$$

……

$$+\frac{K_1x+L_1}{x^2+rx+s}+\frac{K_2x+L_2}{(x^2+rx+s)^2}+\cdots+\frac{K_\lambda x+L_\lambda}{(x^2+rx+s)^\lambda}, \tag{3}$$

其中诸 $A_i,\cdots,B_i,M_i,N_i,\cdots,K_i,L_i$ 都是常数.

式(3)右端那些简单分式叫做$\frac{P(x)}{Q(x)}$的**部分分式**.

注意 这个定理告诉我们:

(1)分母 $Q(x)$中如果有因式$(x-a)^\alpha$,则分解后有下列 α 个部分分式之和:

$$\frac{A_1}{x-a}+\frac{A_2}{(x-a)^2}+\cdots+\frac{A_\alpha}{(x-a)^\alpha},$$

其中 $A_1,A_2,\cdots,A_\alpha$ 为待定常数.

(2)分母 $Q(x)$中如果有因式$(x^2+px+q)^\mu$,其中 $p^2-4q<0$,则分解后有下列 μ 个部分分式之和:

$$\frac{M_1x+N_1}{x^2+px+q}+\frac{M_2x+N_2}{(x^2+px+q)^2}+\cdots+\frac{M_\mu x+N_\mu}{(x^2+px+q)^\mu},$$

其中 M_i、$N_i(i=1,2,\cdots,\mu)$为待定常数.

将真分式分解为部分分式,在分母的多项式分解为因式乘积后,主要是做两件事:一是正确写出全部的部分分式的形式;二是确定每个部分分式中的常数.确定这些常数可用比较系数法或赋值法.下面通过例子给以说明.

例 1 将真分式$\frac{x+5}{x^2-2x-3}$分解成部分分式.

解 由于

$$x^2-2x-3=(x-3)(x+1),$$

所以
$$\frac{x+5}{x^2-2x-3}=\frac{A}{x-3}+\frac{B}{x+1}.$$

下面确定常数 A、B 的值.

方法Ⅰ 右端通分,得

$$x+5=A(x+1)+B(x-3), \tag{4}$$

或

$$x+5=(A+B)x+(A-3B). \tag{5}$$

根据恒等式两端同类项的系数相等,得

$$\begin{cases} A+B=1, \\ A-3B=5, \end{cases}$$

从而解出 $A=2, B=-1$.

方法Ⅱ 在恒等式(4)中代入特殊的 x 值,从而求出待定的常数 A、B.

在式(4)中,令 $x=3$, 得 $A=2$;

令 $x=-1$,得 $B=-1$.

与方法Ⅰ结果一样.因此

$$\frac{x+5}{x^2-2x-3}=\frac{2}{x-3}-\frac{1}{x+1}.$$

例2 将真分式 $\frac{4}{x^3+4x}$ 分解成部分分式.

解 由于

$$x^3+4x=x(x^2+4),$$

所以

$$\frac{4}{x^3+4x}=\frac{A}{x}+\frac{Bx+C}{x^2+4}.$$

右端通分,得

$$4=A(x^2+4)+(Bx+C)x=(A+B)x^2+Cx+4A. \tag{6}$$

比较式(6)两端同类项的系数,得

$$\begin{cases} A+B=0, \\ C=0, \\ A=1. \end{cases}$$

可求出 $A=1, B=-1, C=0$,

因此

$$\frac{4}{x^3+4x}=\frac{1}{x}-\frac{x}{x^2+4}.$$

例 3 将真分式$\dfrac{2}{x(x^2-1)}$分解成部分分式.

解 该分式可以分解成

$$\frac{2}{x(x^2-1)}=\frac{2}{x(x+1)(x-1)}=\frac{A}{x}+\frac{B}{x+1}+\frac{C}{x-1}.$$

右端通分,得

$$2=A(x+1)(x-1)+Bx(x-1)+Cx(x+1).$$

令 $x=0$, 得 $A=-2$;

$x=-1$, 得 $B=1$;

$x=1$ 得 $C=1$.

因此 $$\frac{2}{x(x^2-1)}=-\frac{2}{x}+\frac{1}{x+1}+\frac{1}{x-1}.$$

2. 有理真分式的积分

由上面的讨论可知,求有理真分式的积分就是求分解成的部分分式的积分,而简单的部分分式的不定积分我们已经会求.

例 4 求$\displaystyle\int\frac{x+5}{x^2-2x-3}dx$.

解 由例 1 知

$$\frac{x+5}{x^2-2x-3}=\frac{2}{x-3}-\frac{1}{x+1},$$

所以 $$\int\frac{x+5}{x^2-2x-3}dx=2\int\frac{dx}{x-3}-\int\frac{dx}{x+1}$$

$$=2\ln|x-3|-\ln|x+1|+C$$

$$=\ln\frac{(x-3)^2}{|x+1|}+C.$$

例 5 求$\displaystyle\int\frac{4dx}{x^3+4x}$.

解 由例 2 知

$$\frac{4}{x^3+4x}=\frac{1}{x}-\frac{x}{x^2+4},$$

所以 $$\int\frac{4dx}{x^3+4x}=\int\frac{dx}{x}-\int\frac{xdx}{x^2+4}$$

$$= \ln|x| - \frac{1}{2}\int \frac{d(x^2+4)}{x^2+4}$$

$$= \ln|x| - \frac{1}{2}\ln(x^2+4) + C = \ln\frac{|x|}{\sqrt{x^2+4}} + C.$$

前面所讨论的方法适用于任何一个有理函数,但有些特殊的真分式的积分可能采用其他方法更简便些.

例 6　求$\int \frac{x^2+3x+2}{x^3+2x^2+2x}dx$.

解　$\int \frac{x^2+3x+2}{x^3+2x^2+2x}dx = \int \frac{(x^2+2x+2)+x}{x(x^2+2x+2)}dx$

$$= \int \frac{dx}{x} + \int \frac{dx}{x^2+2x+2} = \ln|x| + \int \frac{d(x+1)}{1+(x+1)^2}$$

$$= \ln|x| + \arctan(x+1) + C.$$

5.4.2* 三角函数有理式的积分

三角函数有理式是指由三角函数和常数经过有限次的四则运算所得到的式子.三角函数有理式的积分可用代换 $u=\tan\frac{x}{2}$化为 u 的有理函数的积分.

例 7　求$\int \frac{dx}{5+4\cos x}$.

解　设　$u = \tan\frac{x}{2}$,

则　　$x = 2\arctan u$,　　$dx = \frac{2}{1+u^2}du$,

$$\cos x = \cos^2\frac{x}{2} - \sin^2\frac{x}{2} = \frac{1-\tan^2\frac{x}{2}}{\sec^2\frac{x}{2}} = \frac{1-\tan^2\frac{x}{2}}{1+\tan^2\frac{x}{2}} = \frac{1-u^2}{1+u^2}.$$

因此　$\int \frac{dx}{5+4\cos x} = \int \frac{\frac{2}{1+u^2}du}{5+4\cdot\frac{1-u^2}{1+u^2}} = \int \frac{2du}{9+u^2}$

$$=\frac{2}{3}\arctan\frac{u}{3}+C=\frac{2}{3}\arctan\left(\frac{1}{3}\tan\frac{x}{2}\right)+C.$$

代换 $u=\tan\frac{x}{2}$ 适用于三角函数有理式的积分.但对某些特殊的三角函数有理式,这种代换不一定是最简捷的代换.

例 8 求 $\int\frac{\tan x}{1+\cos x}\mathrm{d}x$.

解
$$\begin{aligned}\int\frac{\tan x}{1+\cos x}\mathrm{d}x&=\int\frac{\sin x\mathrm{d}x}{\cos x(1+\cos x)}=\int\frac{-\mathrm{d}\cos x}{\cos x(1+\cos x)}\\&=\int\frac{\cos x-(1+\cos x)}{\cos x(1+\cos x)}\mathrm{d}\cos x\\&=\int\frac{\mathrm{d}(1+\cos x)}{1+\cos x}-\int\frac{\mathrm{d}\cos x}{\cos x}\\&=\ln|1+\cos x|-\ln|\cos x|+C\\&=\ln|1+\sec x|+C.\end{aligned}$$

5.4.3* 简单无理函数的积分

我们只举两个被积函数含有根式 $\sqrt[n]{ax+b}$ 的积分例子.

例 9 求 $\int\frac{\mathrm{d}x}{1+\sqrt{x+1}}$.

解 为了去掉根号,设 $t=1+\sqrt{x+1}$,

则 $x=(t-1)^2-1,\qquad \mathrm{d}x=2(t-1)\mathrm{d}t$.

于是
$$\begin{aligned}\int\frac{\mathrm{d}x}{1+\sqrt{x+1}}&=\int\frac{2(t-1)}{t}\mathrm{d}t=\int2\left(1-\frac{1}{t}\right)\mathrm{d}t\\&=2t-2\ln|t|+C\\&=2(1+\sqrt{x+1})-2\ln(1+\sqrt{x+1})+C.\end{aligned}$$

另解 设 $t=\sqrt{x+1}$,

则 $x=t^2-1,\qquad \mathrm{d}x=2t\mathrm{d}t$.

于是
$$\begin{aligned}\int\frac{\mathrm{d}x}{1+\sqrt{x+1}}&=\int\frac{2t}{1+t}\mathrm{d}t=\int\frac{2(1+t)-2}{1+t}\mathrm{d}t\\&=2\int\mathrm{d}t-2\int\frac{\mathrm{d}t}{1+t}=2t-2\ln|1+t|+C\end{aligned}$$

$$=2\sqrt{x+1}-2\ln(1+\sqrt{x+1})+C.$$

例 10　求$\int\frac{\mathrm{d}x}{\sqrt{x}(1+\sqrt[3]{x})}$.

解　为了同时消去根式$\sqrt{x}$、$\sqrt[3]{x}$，设

$$t=\sqrt[6]{x},$$

则

$$x=t^6,\qquad \mathrm{d}x=6t^5\mathrm{d}t.$$

于是

$$\int\frac{\mathrm{d}x}{\sqrt{x}(1+\sqrt[3]{x})}=\int\frac{6t^5\mathrm{d}t}{t^3(1+t^2)}=\int\frac{6t^2}{1+t^2}\mathrm{d}t$$

$$=\int\frac{6(1+t^2)-6}{1+t^2}\mathrm{d}t=\int6\mathrm{d}t-6\int\frac{\mathrm{d}t}{1+t^2}$$

$$=6t-6\arctan t+C=6\sqrt[6]{x}-6\arctan\sqrt[6]{x}+C.$$

习　　题　5-4

1. 求下列不定积分.

(1) $\int\frac{2x-1}{x^2-5x+6}\mathrm{d}x$;　　(2) $\int\frac{x-2}{x^2+2x+3}\mathrm{d}x$;

(3) $\int\frac{x^2+1}{x(x-1)^2}\mathrm{d}x$;　　(4) $\int\frac{4\mathrm{d}x}{x^3-x^2+x-1}$.

2. 利用已学过的方法求下列不定积分.

(1) $\int\frac{\sin^2x}{\cos^4x}\mathrm{d}x$;　　(2) $\int\frac{\ln x}{x^2}\mathrm{d}x$;

(3) $\int\ln(x+\sqrt{1+x^2})\mathrm{d}x$;　　(4) $\int\frac{\mathrm{d}x}{1+\sqrt{x}}$;

(5) $\int\frac{\sqrt{x-1}}{x}\mathrm{d}x$;　　(6) $\int\frac{\mathrm{d}x}{\mathrm{e}^x+\mathrm{e}^{-x}}$;

(7) $\int\frac{\arctan\sqrt{x}}{\sqrt{x}}\mathrm{d}x$;　　(8) $\int\frac{\mathrm{d}x}{\sin x\cos^3x}$;

(9) $\int\frac{2x^3-x}{\sqrt{1-x^4}}\mathrm{d}x$;　　(10) $\int x\ln(1+x^2)\mathrm{d}x$;

(11) $\int\sin\sqrt{x}\mathrm{d}x$;　　(12) $\int\frac{x^3+1}{x^3+x}\mathrm{d}x$;

(13) $\int \frac{x^2}{\sqrt{4-x^2}}\mathrm{d}x$;　　(14) $\int \frac{2x+5}{x^2-4x+5}\mathrm{d}x$;

(15) $\int x\cdot\frac{\sin x}{\cos^2 x}\mathrm{d}x$;　　(16) $\int \frac{x^3\mathrm{d}x}{(1+x^2)^5}$.

本 章 总 结

一、学习本章的基本要求

(1)理解原函数与不定积分的概念,知道不定积分的性质.

(2)熟悉不定积分的基本公式,掌握不定积分的换元积分法和分部积分法.

二、本章的重点、难点

重点　(1)原函数与不定积分概念,基本积分公式.

(2)换元积分法与分部积分法.

难点　换元积分法.

三、学习中应注意的几个问题

1.原函数与不定积分概念

原函数与不定积分是两个既有联系又有区别的概念.

两者区别:$f(x)$的原函数 $F(x)$是一个确定的函数,它的导数 $F'(x)=f(x)$;$f(x)$的不定积分是一个函数族,即 $f(x)$的全体原函数.

两者联系:若 $F(x)$是 $f(x)$的一个原函数,则

$$\int f(x)\mathrm{d}x=F(x)+C \quad (C\text{ 为任意常数}).$$

这就是说,$f(x)$的全体原函数所构成的函数族与 $f(x)$的某一个原函数 $F(x)$,加上任意常数 C 所构成的函数族是完全相同的.为什么会是这样的呢?其理由如下:

(1)若 $F'(x)=f(x)$,则$(F(x)+C)'=F'(x)=f(x)$,故函数族 $F(x)+C$ 是属于$f(x)$的全体原函数所构成的函数族;

(2)函数族 $F(x)+C$ 是否就是$f(x)$的全体原函数所构成的函数族?也就是说,是否存在 $f(x)$的一个原函数 $G(x)$,不属于$F(x)+C$ 呢?这是不可能的,因为若 $F(x)$和 $G(x)$都是 $f(x)$的原函数,则它们之间只能差一个常数,即 $G(x)=F(x)+C$,所以$G(x)$属于 $F(x)+C$.

以上两点就揭示了不定积分与原函数之间的内在联系,即

$$\int f(x)\mathrm{d}x=F(x)+C,$$

其中 $F(x)$是 $f(x)$的某一个原函数,C 为任意常数.计算不定积分时,在最后结果中积分常数一定不能丢掉,否则是错误的.

2.基本积分法

求不定积分的运算和求导数的运算是一种互逆运算,但计算不定积分要比求导数困难得多,原因在于导数的定义是一个构造性的定义,其本身就给出了求导数的方法,而不定积分的定义不是构造性的,定义的本身没有告诉我们如何计算不定积分.对于简单的不定积分可以直接利用积分基本公式和不定积分的性质求得.对于较复杂的不定积分这是不够的,这就需要我们掌握一些比较基本的积分技巧.

(1)换元积分法　在微分法中,复合函数的微分法是一种重要方法,积分法作为微分法的逆运算,也有一种相应的重要方法,这就是换元积分法.换元积分法的关键在于,做适当的变量代换,把被积表达式化为基本积分表中的形式,从而求出不定积分.

①第一类换元法　第一类换元法的基本思想是当$\int f(x)\mathrm{d}x$ 不容易直接求出时,若能找到一个中间变量 $u=\varphi(x)$,使

$$f(x)\mathrm{d}x=g[\varphi(x)]\varphi'(x)\mathrm{d}x=g(u)\mathrm{d}u,$$

而 $g(u)$的原函数容易求出,那么原不定积分就可以求出,即

$$\int f(x)\mathrm{d}x=\int g[\varphi(x)]\varphi'(x)\mathrm{d}x\xlongequal{u=\varphi(x)}\int g(u)\mathrm{d}u$$

$$= G(u) + C = G[\varphi(x)] + C.$$

第一类换元法关键是“凑微分”,因此又称为凑微分法.为了便于掌握这一方法,通常要熟悉一些常用的微分式.如

$$\mathrm{d}x = \frac{1}{k}\mathrm{d}(kx+b) \quad (k \neq 0), \qquad x\mathrm{d}x = \frac{1}{2}\mathrm{d}(x^2+b),$$

$$x^2\mathrm{d}x = \frac{1}{3}\mathrm{d}(x^3+b), \qquad \frac{1}{\sqrt{x}}\mathrm{d}x = 2\mathrm{d}(\sqrt{x}),$$

$$\frac{1}{x}\mathrm{d}x = \mathrm{d}(\ln|x|), \qquad \frac{1}{x^2}\mathrm{d}x = -\mathrm{d}(\frac{1}{x}),$$

$$\mathrm{e}^x\mathrm{d}x = \mathrm{d}(\mathrm{e}^x) \qquad a^x\mathrm{d}x = \frac{1}{\ln a}\mathrm{d}(a^x),$$

$$\cos x\mathrm{d}x = \mathrm{d}(\sin x), \qquad \sin x\mathrm{d}x = -\mathrm{d}(\cos x),$$

$$\frac{1}{1+x^2}\mathrm{d}x = \mathrm{d}(\arctan x), \qquad \frac{1}{\sqrt{1-x^2}}\mathrm{d}x = \mathrm{d}(\arcsin x),$$

$$\sec^2 x\mathrm{d}x = \mathrm{d}(\tan x), \qquad \sec x\tan x\mathrm{d}x = \mathrm{d}(\sec x)\text{等等}.$$

熟悉这些常用的微分式,就能帮助我们把被积函数中的某些部分凑成微分,使被积表达式化为 $g[\varphi(x)]\mathrm{d}\varphi(x)$ 的形式,从而找到 $u = \varphi(x)$.

②第二类换元法　第二类换元积分法的基本思想是当$\int f(x)\mathrm{d}x$不容易直接求出时,如果能找到一个变量代换 $x=\psi(t)$,使

$$f(x)\mathrm{d}x = f[\psi(t)]\psi'(t)\mathrm{d}t = g(t)\mathrm{d}t,$$

而 $g(t)$的原函数 $G(t)$容易求出,则原来的不定积分就可求出,即

$$\int f(x)\mathrm{d}x \xlongequal{x=\psi(t)} \int f[\psi(t)]\psi'(t)\mathrm{d}t = \int g(t)\mathrm{d}t$$

$$= G(t) + C \xlongequal{t=\overline{\psi}(x)} G[\overline{\psi}(x)] + C,$$

其中 $t=\overline{\psi}(x)$是 $x=\psi(t)$的反函数.

第二类换元积分法的关键在于,根据被积函数的特点寻找一个适当的代换,显然它没有一般的规律可循.不过有一点可以指出,当被积函数中含有根式,而通过代换可以把根式消去时,一般可以采用第二类

换元法.例如,当被积函数含有$\sqrt{a^2-x^2}$时,可取变量代换 $x=a\sin t$;当被积函数中含有$\sqrt{x^2-a^2}$时,可取变量代换 $x=a\sec t$.利用上述的三角代换,可以把根式消去.

(2)分部积分法　利用两个函数乘积的求导法则,可以得到另一个重要的基本积分法——分部积分法.分部积分法的基本思想是当$\int f(x)\mathrm{d}x$不易直接求出时,若能把被积表达式恰当地分成 $u(x)$与$\mathrm{d}v(x)$的乘积,即

$$f(x)\mathrm{d}x=u(x)\mathrm{d}v(x),$$

则有

$$\int f(x)\mathrm{d}x=\int u\mathrm{d}v=uv-\int v\mathrm{d}u.$$

应用分部积分法的关键是恰当选取 u 和 $\mathrm{d}v$.选取 u 和 $\mathrm{d}v$ 的一般原则是由 $\mathrm{d}v$ 容易求出 v;$\int v\mathrm{d}u$ 容易积分.

对能用分部积分法求不定积分的几种被积函数类型要熟悉,并且深入体会教材中例题的做法,知道如何选取 u 和 $\mathrm{d}v$.

3.对同一个积分采用不同的解法,会得出不同形式的答案

因为一个函数的不定积分是它的某一个原函数再加上任意常数 C.由于不同解法所得到的原函数不一样,就会有不同形式的答案.但由于任意两个原函数之间只差一个常数,因此,对于形式上不同的答案,经过恒等变形后仍能得到同一原函数族,除了相差一个常数外,实质上并无差别.

测验作业题(四)

求下列不定积分.

1.$\int\frac{\cos x}{\sin^4 x}\mathrm{d}x$;　　　2.$\int\frac{2-\sin\sqrt{x}}{\sqrt{x}}\mathrm{d}x$;

3. $\int \tan^4 x \mathrm{d}x$;

4. $\int \frac{x\mathrm{d}x}{(1+x^2)^3}$;

5. $\int \frac{2x-3}{x^2-2x+2}\mathrm{d}x$;

6. $\int (\frac{\ln x}{x})^2 \mathrm{d}x$;

7. $\int \frac{\mathrm{d}x}{x\sqrt{1+x^2}}$;

8. $\int (1+x)\arctan\sqrt{x}\,\mathrm{d}x$;

9. $\int \frac{\arctan\sqrt{x}}{\sqrt{1-x}}\mathrm{d}x$;

10. $\int x\frac{\sin x}{(1+\cos x)^2}\mathrm{d}x$.

第6章　定　积　分

本章将讨论积分学的另一个基本问题——定积分.我们先从几何与物理问题的实例引出定积分概念,然后讨论定积分的性质与计算方法.

6.1　定积分的概念

像导数概念一样,定积分概念也是从许多实际问题的研究中抽象出来的.作为引进定积分概念的实例,我们先讨论下面两个问题——曲边梯形的面积和变速直线运动的路程.

6.1.1　定积分问题举例

1.曲边梯形的面积

在许多几何问题中,我们常会遇到计算曲边梯形面积的问题.所谓曲边梯形是这样的图形,它有三条边是直线段,其中两条互相平行,第三条与前两条垂直叫做底边,第四条边是一条曲线弧叫做曲边,这条曲边与任意一条垂直于底边的直线至多只交于一点.在直角坐标系 xOy 中,由连续曲线 $y=f(x)$　$(f(x)\geqslant 0)$、x 轴与二直线 $x=a$、$x=b$　$(a<b)$所围成的图形(图 6-1)就是一个曲边梯形.现在我们来讨论如何求曲边梯形的面积.

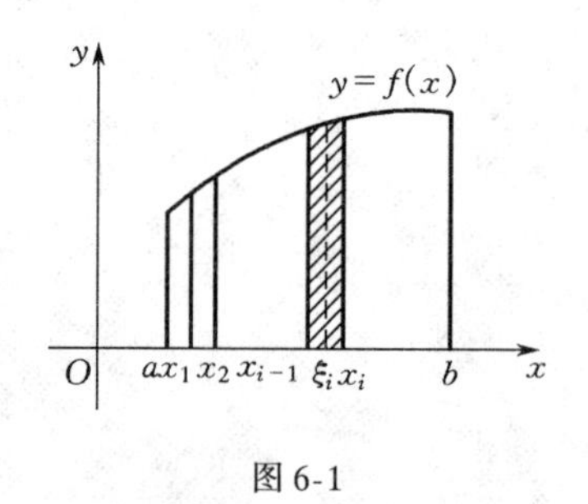

图 6-1

已知矩形面积=底×高,由于曲边梯形有一条边是曲边,也就是底边上各点的高 $f(x)$在$[a,b]$上是变化的,因此不能按矩形面积公式计算它的面积.这个问题用极限的方法能够得到解决.

将区间$[a,b]$分成许多小区间,从而把曲边梯形相应地分成许多个窄曲边梯形.由于 $f(x)$ 连续变化,它在每个小区间上变化很小,因此可以用其中某一点处的高近似代替窄曲边梯形的高,按矩形面积公式计算出的每个窄矩形的面积就是相应窄曲边梯形面积的近似值,所有窄矩形面积的和就是所求曲边梯形面积 S 的近似值.

显然,区间 $[a,b]$ 分得越细,窄曲边梯形的个数越多,所有窄矩形面积的和就越接近于所求曲边梯形的面积,把区间 $[a,b]$ 无限细分,使每个小区间的长度趋于零,这时所有窄矩形面积之和的极限就是所求曲边梯形的面积 S.

上述过程可归纳叙述如下:

(1)分割　在区间 $[a,b]$ 内任意插入 $n-1$ 个分点

$$a=x_0<x_1<x_2<\cdots<x_{n-1}<x_n=b,$$

把 $[a,b]$ 分成 n 个小区间

$$[x_0,x_1],[x_1,x_2],[x_2,x_3],\cdots,[x_{n-1},x_n],$$

小区间的长度依次为

$$\Delta x_1=x_1-x_0,\Delta x_2=x_2-x_1,\cdots,\Delta x_n=x_n-x_{n-1}.$$

过各分点做垂直于 x 轴的直线,把曲边梯形分成 n 个窄曲边梯形,窄曲边梯形的面积记为 $\Delta S_i\ (i=1,2,\cdots,n)$.

(2)算近似值　在底 $[x_{i-1},x_i]$ 上任取一点 ξ_i,以 $f(\xi_i)\Delta x_i$ 近似代替第 i 个窄曲边梯形(图 6-1 中的阴影部分)的面积 ΔS_i,即

$$\Delta S_i\approx f(\xi_i)\Delta x_i \qquad (i=1,2,\cdots,n).$$

(3)求和　把 n 个窄矩形的面积加起来,得到所求曲边梯形面积 S 的近似值,即

$$\begin{aligned}S&=\Delta S_1+\Delta S_2+\cdots+\Delta S_n\\&\approx f(\xi_1)\Delta x_1+f(\xi_2)\Delta x_2+\cdots+f(\xi_n)\Delta x_n\\&=\sum_{i=1}^{n}f(\xi_i)\Delta x_i,\end{aligned}$$

这里符号"Σ"是求和的意思,$\sum\limits_{i=1}^{n}f(\xi_i)\Delta x_i$ 表示 $f(\xi_i)\Delta x_i$ 中的 i 依次取 $1,2,\cdots,n$ 所得到的 n 项和.

(4)取极限　把 $\Delta x_1,\Delta x_2,\cdots,\Delta x_n$ 中的最大者 $\max\{\Delta x_1,\Delta x_2,\cdots,\Delta x_n\}$ 记为 λ. 当 $\lambda\to 0$ 时(这时 $[a,b]$ 无限细分,即 $n\to\infty$),取上式右端的极限,就得到了所求曲边梯形的面积

$$S=\lim_{\lambda\to 0}\sum_{i=1}^{n}f(\xi_i)\Delta x_i .$$

2.变速直线运动的路程

当质点做匀速直线运动时

路程=速度×时间.

现质点做变速直线运动,速度 $v=v(t)$ ($v(t)\geqslant 0$)是一个连续函数. 求该质点从时刻 $t=a$ 到时刻 $t=b$ 所经过的路程 s.

由于速度 $v(t)$ 连续变化,它在很短的一段时间里变化很小,因此可以把时间间隔 $[a,b]$ 分成若干小段时间间隔. 在每一小段时间内,以等速运动代替变速运动,求出每小段时间内所经过路程的近似值. 所有部分路程近似值相加得到整个路程的近似值. 最后通过时间间隔无限细分的极限过程得到变速直线运动的路程 s.

具体归纳叙述如下:

(1)分割　在时间间隔 $[a,b]$ 内任意插入 $n-1$ 个分点

$$a=t_0<t_1<t_2<\cdots<t_{n-1}<t_n=b,$$

把 $[a,b]$ 分成 n 个小段

$$[t_0,t_1],[t_1,t_2],\cdots,[t_{n-1},t_n].$$

各小段时间间隔长依次为

$$\Delta t_1=t_1-t_0,\Delta t_2=t_2-t_1,\cdots,\Delta t_n=t_n-t_{n-1}.$$

(2)算近似值　在每小段时间 $[t_{i-1},t_i]$ 上任取一个时刻 τ_i,以 $v(\tau_i)$ 作为 $[t_{i-1},t_i]$ 上各点的速度,得到部分路程 Δs_i 的近似值,即

$$\Delta s_i\approx v(\tau_i)\Delta t_i \qquad (i=1,2,3,\cdots,n).$$

(3)求和　把 n 段部分路程近似值相加,得到变速直线运动路程 s 的近似值,即

$$\begin{aligned}s&=\Delta s_1+\Delta s_2+\cdots+\Delta s_n\\&\approx v(\tau_1)\Delta t_1+v(\tau_2)\Delta t_2+\cdots+v(\tau_n)\Delta t_n\end{aligned}$$

$$=\sum_{i=1}^{n} v(\tau_i)\Delta t_i.$$

(4)取极限　记 $\lambda=\max\{\Delta t_1,\Delta t_2,\cdots,\Delta t_n\}$. 当 $\lambda\to 0$ 时,取上式右端的极限,即得到变速直线运动的路程

$$s=\lim_{\lambda\to 0}\sum_{i=1}^{n} v(\tau_i)\Delta t_i.$$

6.1.2 定积分的定义

前面所讨论的两个例子,虽然实际意义不相同,但是解决问题的方法与计算的步骤却完全一样,所求量最后都归结为求一种特定和式的极限.

抓住这两个具体问题数量关系上共同的特性进行数学抽象,就得出下述定积分定义.

定义　设函数 $f(x)$ 在区间 $[a,b]$ 上有定义,任取 $n-1$ 个分点

$$a=x_0<x_1<x_2<\cdots<x_{n-1}<x_n=b,$$

把区间 $[a,b]$ 分成 n 个小区间

$$[x_0,x_1],[x_1,x_2],\cdots,[x_{n-1},x_n],$$

小区间的长度依次为

$$\Delta x_1=x_1-x_0,\Delta x_2=x_2-x_1,\cdots,\Delta x_n=x_n-x_{n-1}.$$

在每个小区间 $[x_{i-1},x_i]$ 上任取一点 ξ_i,做乘积 $f(\xi_i)\Delta x_i$ $(i=1,2,\cdots,n)$,并做和

$$\sum_{i=1}^{n} f(\xi_i)\Delta x_i.$$

记 $\lambda=\max\{\Delta x_1,\Delta x_2,\cdots,\Delta x_n\}$. 如果不论对 $[a,b]$ 采取何种分法,也不论在小区间 $[x_{i-1},x_i]$ 上点 ξ_i 怎样取法,当 $\lambda\to 0$ 时,和式 $\sum\limits_{i=1}^{n} f(\xi_i)\Delta x_i$ 总有确定的极限,则称此极限值为函数 $f(x)$ 在区间 $[a,b]$ 上的**定积分**,记做 $\int_a^b f(x)\mathrm{d}x$,即

$$\int_a^b f(x)\mathrm{d}x=\lim_{\lambda\to 0}\sum_{i=1}^{n} f(\xi_i)\Delta x_i,$$

其中，x 称做积分变量，$f(x)$称做被积函数，$f(x)\mathrm{d}x$ 称做被积表达式，$[a,b]$称做积分区间，a 称做积分下限，b 称做积分上限.

根据这个定义就有：曲边梯形的面积

$$S=\int_a^b f(x)\mathrm{d}x.$$

变速直线运动的路程

$$s=\int_a^b v(t)\mathrm{d}t.$$

如果函数 $f(x)$在区间$[a,b]$的和式$\sum_{i=1}^{n} f(\xi_i)\Delta x_i$ 有极限，就说函数 $f(x)$在区间$[a,b]$是可积的，或者说定积分$\int_a^b f(x)\mathrm{d}x$存在. 否则，就说函数 $f(x)$在区间$[a,b]$是不可积的，或者说定积分$\int_a^b f(x)\mathrm{d}x$不存在.

关于定积分概念再做两点说明.

(1)如果定积分$\int_a^b f(x)\mathrm{d}x$ 存在，即和式的极限存在，则该定积分的值是一个确定的常数，因此，定积分$\int_a^b f(x)\mathrm{d}x$ 只与被积函数$f(x)$及积分区间$[a,b]$有关，而与积分变量用什么字母表示无关，即有

$$\int_a^b f(x)\mathrm{d}x=\int_a^b f(t)\mathrm{d}t=\int_a^b f(u)\mathrm{d}u.$$

(2)在定积分的定义中假定了 $a<b$，在实际应用及理论分析中，有时会遇到下限大于上限或上下限相等的情形. 为此，我们对定积分做以下两点补充规定：

①当 $a>b$ 时，定义$\int_a^b f(x)\mathrm{d}x=-\int_b^a f(x)\mathrm{d}x$；

②当 $a=b$ 时，定义$\int_a^a f(x)\mathrm{d}x=0$.

关于定积分我们要研究两方面的问题：第一，$f(x)$在区间$[a,b]$上具备什么条件才是可积的；第二，在可积的情形如何求定积分的值.

对于第一个问题,我们只给出可积的两个充分条件(证明从略).

定理 6.1.1 如果函数 $f(x)$在$[a,b]$上连续,则 $f(x)$在$[a,b]$上可积.

定理 6.1.2 如果函数在$[a,b]$上只有有限个第一类间断点,则 $f(x)$在$[a,b]$上可积.

对于第二个问题,我们将在 6.3 中讨论.

6.1.3 定积分的几何意义

1. 在$[a,b]$上,$f(x)\geqslant 0$

这时,$\int_a^b f(x)\mathrm{d}x$ 的值在几何上表示由曲线 $y=f(x)$、x 轴及二直线 $x=a$、$x=b$ 所围成的曲边梯形的面积(图 6-2).

2. 在$[a,b]$上,$f(x)\leqslant 0$

由和式 $\sum_{i=1}^{n} f(\xi_i)\Delta x_i$ 的每一项 $f(\xi_i)\Delta x_i\leqslant 0$ 得知$\int_a^b f(x)\mathrm{d}x\leqslant 0$. 这时$\int_a^b f(x)\mathrm{d}x$ 的值在几何上表示由曲线 $y=f(x)$、x 轴及二直线 $x=a$、$x=b$ 所围成的曲边梯形面积的负值(图 6-3).

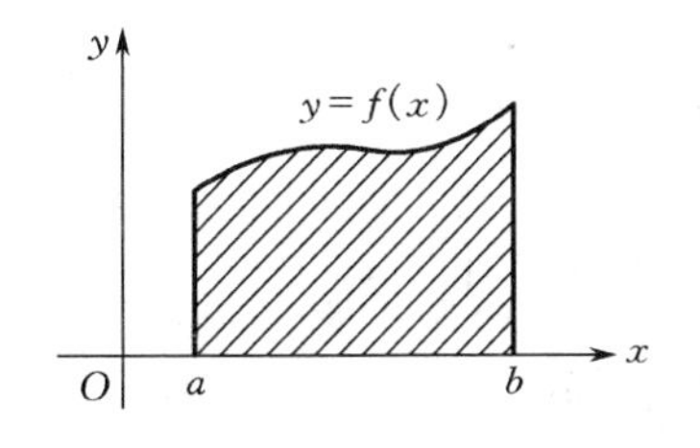

图 6-2

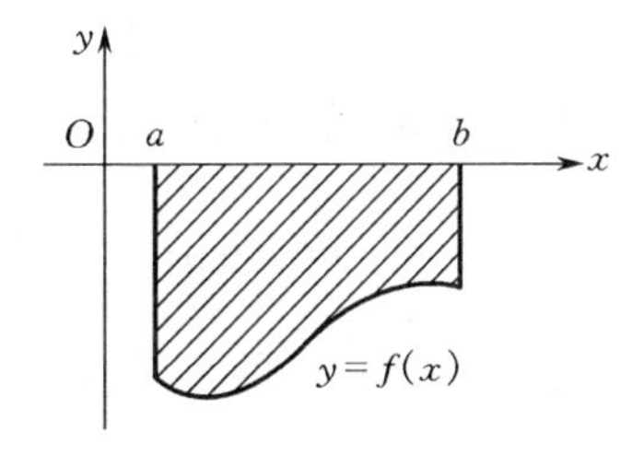

图 6-2

3. 在$[a,b]$上 $f(x)$既取得正值又取得负值

这时,$f(x)$的图形某些部分在 x 轴上方,其余部分在 x 轴下方. 定积分$\int_a^b f(x)\mathrm{d}x$ 的值在几何上表示由曲线 $y=f(x)$、x 轴及二直线 $x=a$、$x=b$ 所围平面图形位于 x 轴上方部分的面积减去 x 轴下方部分的面积(图 6-4).

例 1. 利用定积分的几何意义,求

$$\int_0^1 \sqrt{1-x^2}\,\mathrm{d}x$$

的值.

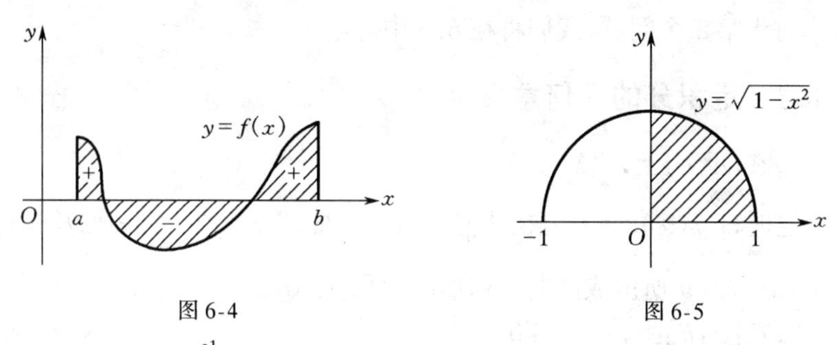

图 6-4　　图 6-5

解　定积分$\int_0^1 \sqrt{1-x^2}\,\mathrm{d}x$ 在几何上表示以 $O(0,0)$为圆心,半径为 1 的 1/4 圆的面积(图 6-5 中的阴影部分),所以

$$\int_0^1 \sqrt{1-x^2}\,\mathrm{d}x = \frac{\pi}{4}.$$

习　题　6-1

1. 利用定积分的几何意义,说明下式.

(1)$\int_{-\pi}^{\pi} \sin x\,\mathrm{d}x = 0$;　　(2)$\int_{-\frac{\pi}{2}}^{\frac{\pi}{2}} \cos x\,\mathrm{d}x = 2\int_0^{\frac{\pi}{2}} \cos x\,\mathrm{d}x$.

2. 利用定积分的几何意义,求下列定积分.

(1)$\int_{-2}^{2} \sqrt{4-x^2}\,\mathrm{d}x$;　　(2)$\int_0^4 \sqrt{4x-x^2}\,\mathrm{d}x$.

6.2　定积分的性质

下列各性质中积分上下限的大小,如不特殊声明,均不加限制,并且假定各性质中所列出的定积分都是存在的.

性质 1 函数的和(差)的定积分等于它们的定积分的和(差),即

$$\int_a^b [f(x) \pm g(x)]\mathrm{d}x = \int_a^b f(x)\mathrm{d}x \pm \int_a^b g(x)\mathrm{d}x.$$

证 $\int_a^b [f(x) \pm g(x)]\mathrm{d}x = \lim\limits_{\lambda \to 0} \sum\limits_{i=1}^{n} [f(\xi_i) \pm g(\xi_i)]\Delta x_i$

$$= \lim_{\lambda \to 0} \sum_{i=1}^{n} f(\xi_i)\Delta x_i \pm \lim_{\lambda \to 0} \sum_{i=1}^{n} g(\xi_i)\Delta x_i$$

$$= \int_a^b f(x)\mathrm{d}x \pm \int_a^b g(x)\mathrm{d}x.$$

证毕.

性质 1 对于任意有限个函数的和(差)是成立的.

类似地,可以证明性质 2.

性质 2 被积函数中的常数因子可以提到积分号外面,即

$$\int_a^b kf(x)\mathrm{d}x = k\int_a^b f(x)\mathrm{d}x \qquad (k \text{ 是常数}).$$

性质 3 如果将区间$[a,b]$分成两部分$[a,c]$和$[c,b]$,那么

$$\int_a^b f(x)\mathrm{d}x = \int_a^c f(x)\mathrm{d}x + \int_c^b f(x)\mathrm{d}x.$$

证 由于函数 $f(x)$在区间$[a,b]$上可积,所以不论把区间怎样分法,和式的极限应是不变的.因此在分区间$[a,b]$时,可以使 c 点总是一个分点.这时

$$\sum_{[a,b]} f(\xi_i)\Delta x_i = \sum_{[a,c]} f(\xi_i)\Delta x_i + \sum_{[c,b]} f(\xi_i)\Delta x_i,$$

其中,$\sum\limits_{[a,b]}$、$\sum\limits_{[a,c]}$、$\sum\limits_{[c,b]}$分别表示在相应的区间上分割求和.

令 $\lambda \to 0$,上式两端同时取极限,即

$$\lim_{\lambda \to 0} \sum_{[a,b]} f(\xi_i)\Delta x_i = \lim_{\lambda \to 0} \sum_{[a,c]} f(\xi_i)\Delta x_i + \lim_{\lambda \to 0} \sum_{[c,b]} f(\xi_i)\Delta x_i,$$

得到

$$\int_a^b f(x)\mathrm{d}x = \int_a^c f(x)\mathrm{d}x + \int_c^b f(x)\mathrm{d}x.$$

证毕.

实际上,不论 a、b、c 的相对位置如何,等式

$$\int_a^b f(x)\mathrm{d}x = \int_a^c f(x)\mathrm{d}x + \int_c^b f(x)\mathrm{d}x$$

总成立.

例如 $a<b<c$,由上述讨论知

$$\int_a^c f(x)\mathrm{d}x = \int_a^b f(x)\mathrm{d}x + \int_b^c f(x)\mathrm{d}x,$$

于是

$$\begin{aligned}\int_a^b f(x)\mathrm{d}x &= \int_a^c f(x)\mathrm{d}x - \int_b^c f(x)\mathrm{d}x \\ &= \int_a^c f(x)\mathrm{d}x + \int_c^b f(x)\mathrm{d}x.\end{aligned}$$

性质 4　如果在 $[a,b]$ 上,$f(x)\equiv 1$,那么

$$\int_a^b f(x)\mathrm{d}x = \int_a^b \mathrm{d}x = b-a.$$

性质 5　如果在 $[a,b]$ 上,$f(x)\geqslant 0$,那么

$$\int_a^b f(x)\mathrm{d}x \geqslant 0.$$

证　由于 $a<b$,插入分点后得到 $\Delta x_i>0$,又由于 $f(\xi_i)\geqslant 0$,所以

$$\sum_{i=1}^{n} f(\xi_i)\Delta x_i \geqslant 0,$$

因此　$$\lim_{\lambda\to 0}\sum_{i=1}^{n} f(\xi_i)\Delta x_i \geqslant 0,$$

即　$$\int_a^b f(x)\mathrm{d}x \geqslant 0.$$　证毕.

性质 6　如果在 $[a,b]$ 上,$f(x)\leqslant g(x)$,那么

$$\int_a^b f(x)\mathrm{d}x \leqslant \int_a^b g(x)\mathrm{d}x.$$

证　因为在 $[a,b]$ 上,$g(x)-f(x)\geqslant 0$,所以,由性质 5,得到

$$\int_a^b [g(x)-f(x)]\mathrm{d}x \geqslant 0,$$

因此　$$\int_a^b g(x)\mathrm{d}x - \int_a^b f(x)\mathrm{d}x \geqslant 0,$$

移项,得 $\int_a^b f(x)\mathrm{d}x \leqslant \int_a^b g(x)\mathrm{d}x$. 证毕.

性质 7 设 M 及 m 分别是函数 $f(x)$ 在区间 $[a,b]$ 上的最大值及最小值,则

$$m(b-a) \leqslant \int_a^b f(x)\mathrm{d}x \leqslant M(b-a) \qquad (a<b).$$

证 因为在 $[a,b]$ 上,$m \leqslant f(x) \leqslant M$,所以由性质 6 得

$$\int_a^b m\mathrm{d}x \leqslant \int_a^b f(x)\mathrm{d}x \leqslant \int_a^b M\mathrm{d}x,$$

再由性质 2 及性质 4,便得到所要证明的不等式

$$m(b-a) \leqslant \int_a^b f(x)\mathrm{d}x \leqslant M(b-a) \qquad (a<b).$$ 证毕.

用被积函数在积分区间上的最大值和最小值,可以估计积分的值.例如,定积分 $\int_1^2 \ln x\mathrm{d}x$,它的被积函数 $f(x)=\ln x$,在 $[1,2]$ 上是单调增加的,于是最小值 $m=f(1)=0$,最大值 $M=f(2)=\ln 2$,由性质 7 得

$$0\times(2-1) < \int_1^2 \ln x\mathrm{d}x < (2-1)\times\ln 2,$$

即 $$0 < \int_1^2 \ln x\mathrm{d}x < \ln 2.$$

性质 8(积分中值定理) 如果函数 $f(x)$ 在闭区间 $[a,b]$ 上连续,那么在积分区间 $[a,b]$ 上至少有一点 ξ,使得

$$\int_a^b f(x)\mathrm{d}x = f(\xi)(b-a).$$

证 由性质 7,得

$$m(b-a) \leqslant \int_a^b f(x)\mathrm{d}x \leqslant M(b-a),$$

其中 m、M 是连续函数 $f(x)$ 在闭区间 $[a,b]$ 上的最小值和最大值.于是

$$m \leqslant \frac{1}{b-a}\int_a^b f(x)\mathrm{d}x \leqslant M.$$

这表明，$\frac{1}{b-a}\int_a^b f(x)\mathrm{d}x$ 是介于函数 $f(x)$ 的最小值 m 和最大值 M 之间的一个数.

根据闭区间上连续函数的介值定理知，在 $[a,b]$ 上至少有一点 ξ，使得

$$f(\xi)=\frac{1}{b-a}\int_a^b f(x)\mathrm{d}x,$$

即

$$\int_a^b f(x)\mathrm{d}x = f(\xi)(b-a).$$

证毕.

定积分中值定理的几何意义是：对于以 $[a,b]$ 为底边、曲线 $y=f(x)$ $(f(x)\geqslant 0)$ 为曲边的曲边梯形，至少有一个以 $f(\xi)$ $(a\leqslant\xi\leqslant b)$ 为高，$[a,b]$ 为底的矩形，使得它们的面积相等(图 6-6).

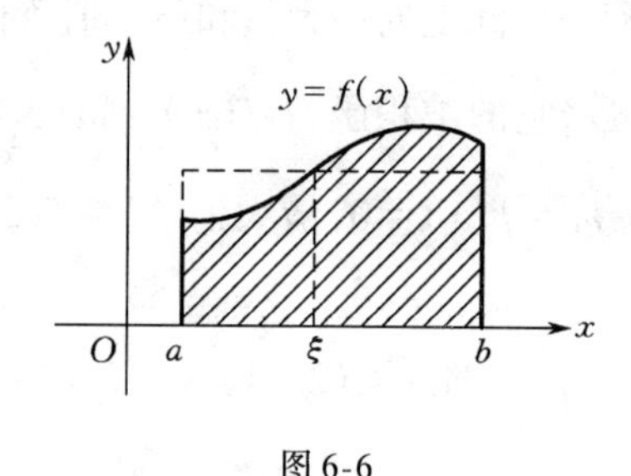

图 6-6

习　题　6-2

1. 不计算积分，比较下列各组积分值的大小.

(1) $\int_1^2 x\mathrm{d}x$ 与 $\int_1^2 x^3\mathrm{d}x$；　　(2) $\int_0^1 \mathrm{e}^x\mathrm{d}x$ 与 $\int_0^1 \mathrm{e}^{\frac{x}{2}}\mathrm{d}x$；

(3) $\int_3^4 (\ln x)^2\mathrm{d}x$ 与 $\int_3^4 \ln x\mathrm{d}x$；　　(4) $\int_0^{\frac{\pi}{2}} x\mathrm{d}x$ 与 $\int_0^{\frac{\pi}{2}} \sin x\mathrm{d}x$.

2. 下列各种说法是否正确，为什么？

(1) 如果积分 $\int_a^b f(x)\mathrm{d}x\geqslant 0$，则当 $a<b$ 时 $f(x)\geqslant 0$；

(2) 如果积分 $\int_a^b f(x)\mathrm{d}x$、$\int_a^b g(x)\mathrm{d}x$ 都存在，且积分

$\int_a^b [f(x)-g(x)]\mathrm{d}x \leqslant 0$，则$\int_a^b f(x)\mathrm{d}x \leqslant \int_a^b g(x)\mathrm{d}x$.

3. 利用定积分的性质估计下列各定积分的数值，即指出它介于哪两个数之间.

(1)$\int_1^3 (x^3+1)\mathrm{d}x$；　　(2)$\int_{-1}^2 (4-x^2)\mathrm{d}x$.

6.3 微积分基本公式

利用定积分的定义计算积分值是十分困难的，为此，必须寻求计算定积分的新方法. 本节，我们将讨论定积分与原函数的联系，推导出用原函数计算定积分的公式.

6.3.1 积分上限的函数

设函数 $f(x)$在闭区间$[a,b]$上连续，则定积分

$$\int_a^b f(x)\mathrm{d}x$$

存在，且为一定数. 设 x 是$[a,b]$上的一点，因为 $f(x)$在$[a,x]$上连续，所以定积分

$$\int_a^x f(x)\mathrm{d}x$$

存在. 这里积分上限和积分变量都用 x 表示，为便于区分起见，可以把积分变量 x 换写为变量 t，于是上面的定积分可以写成

$$\int_a^x f(t)\mathrm{d}t. \tag{1}$$

令上限 x 在区间$[a,b]$上变动，这时对于每一个取定的 x 值，定积分(1)都有一个确定的数值与之对应，所以定积分(1)在区间$[a,b]$上定义了一个函数，若将其记做 $\Phi(x)$，则

$$\Phi(x)=\int_a^x f(t)\mathrm{d}t \qquad (a\leqslant x\leqslant b).$$

我们把这个函数 $\Phi(x)$称为积分上限的函数.

函数 $\Phi(x)$具有下面的重要性质.

定理 6.3.1　如果函数 $f(x)$在区间$[a,b]$上连续,那么积分上限的函数

$$\Phi(x)=\int_a^x f(t)\mathrm{d}t$$

在$[a,b]$上具有导数,且

$$\Phi'(x)=\frac{\mathrm{d}}{\mathrm{d}x}\int_a^x f(t)\mathrm{d}t=f(x). \tag{2}$$

证　给上限 x 以增量 Δx,则函数 $\Phi(x)$在 $x+\Delta x$ ($a\leqslant x+\Delta x\leqslant b$)处的函数值

$$\Phi(x+\Delta x)=\int_a^{x+\Delta x} f(t)\mathrm{d}t,$$

因此,函数的增量

$$\begin{aligned}\Delta\Phi &=\Phi(x+\Delta x)-\Phi(x)=\int_a^{x+\Delta x} f(t)\mathrm{d}t-\int_a^x f(t)\mathrm{d}t\\ &=\int_x^a f(t)\mathrm{d}t+\int_a^{x+\Delta x} f(t)\mathrm{d}t=\int_x^{x+\Delta x} f(t)\mathrm{d}t.\end{aligned}$$

应用积分中值定理,得到

$$\Delta\Phi=f(\xi)(x+\Delta x-x)=f(\xi)\Delta x,$$

其中 ξ 在 x 与 $x+\Delta x$ 之间,两端同除以 Δx,得

$$\frac{\Delta\Phi}{\Delta x}=f(\xi).$$

因为当 $\Delta x\to 0$ 时,$\xi\to x$,又 $f(x)$在$[a,b]$上连续,所以

$$\lim_{\Delta x\to 0} f(\xi)=\lim_{\xi\to x} f(\xi)=f(x).$$

因此 $\Phi(x)$在$[a,b]$上具有导数,且

$$\Phi'(x)=\lim_{\Delta x\to 0}\frac{\Delta\Phi}{\Delta x}=f(x).$$

证毕.

由这个定理可知 $\Phi(x)$是连续函数 $f(x)$的一个原函数,因此也证明了下面的定理.

定理 6.3.2(原函数存在定理)　在区间$[a,b]$上的连续函数$f(x)$的原函数一定存在.

这正是第5章一开始所提出的但未加证明的那个结论.

例1 求$\frac{d}{dx}\int_0^x \ln(1+t^3)dt$.

解 $\frac{d}{dx}\int_0^x \ln(1+t^3)dt=\ln(1+x^3)$.

例2 求$\frac{d}{dx}\int_0^{x^2} e^{t^2}dt$.

解 设$u=x^2$,则

$$\frac{d}{dx}\int_0^{x^2} e^{t^2}dt=\left(\frac{d}{du}\int_0^u e^{t^2}dt\right)\cdot\frac{du}{dx}=e^{u^2}\cdot(x^2)'$$

$$=e^{x^4}\cdot 2x=2xe^{x^4}.$$

例3 求$\lim\limits_{x\to 0}\frac{\int_0^x \sin t^2dt}{x^3}$

解 $$\lim_{x\to 0}\frac{\int_0^x \sin t^2dt}{x^3}=\lim_{x\to 0}\frac{(\int_0^x \sin t^2dt)'}{(x^3)'}=\lim_{x\to 0}\frac{\sin x^2}{3x^2}$$

$$=\frac{1}{3}.$$

6.3.2 牛顿—莱布尼茨公式

定理6.3.3 如果函数$f(x)$在区间$[a,b]$上连续,且$F(x)$是$f(x)$的任意一个原函数,那么,

$$\int_a^b f(x)dx=F(b)-F(a). \tag{3}$$

证 已给$F(x)$是$f(x)$的一个原函数,根据定理6.3.1

$$\Phi(x)=\int_a^x f(t)dt$$

也是$f(x)$的一个原函数,因此在区间$[a,b]$上,

$$\Phi(x)=F(x)+C,$$

其中C为某个常数.于是

$$\Phi(b)=F(b)+C,$$

$$\Phi(a)=F(a)+C.$$

两式相减,得到

$$\Phi(b)-\Phi(a)=F(b)-F(a).$$

由于 $\Phi(b)=\int_a^b f(t)\mathrm{d}t=\int_a^b f(x)\mathrm{d}x,$

$$\Phi(a)=\int_a^a f(t)\mathrm{d}t=0$$

所以 $\int_a^b f(x)\mathrm{d}x=F(b)-F(a).$　　证毕.

为了方便起见,$F(b)-F(a)$常记做 $F(x)\Big|_a^b$ 或$[F(x)]_a^b$.

公式(3)叫做牛顿—莱布尼茨公式,也称为微积分基本公式.这个公式揭示了定积分与原函数之间的密切关系:连续函数在积分区间$[a,b]$上的定积分等于它的任一个原函数在$[a,b]$上的增量.从而为定积分的计算提供了简便有效的方法.

例 4　求$\int_{-1}^1\frac{\mathrm{d}x}{1+x^2}$.

解　由于 $\arctan x$ 是$\frac{1}{1+x^2}$的一个原函数,所以由公式(3)得

$$\int_{-1}^1\frac{\mathrm{d}x}{1+x^2}=\arctan x\Big|_{-1}^1=\arctan 1-\arctan(-1)$$

$$=\frac{\pi}{4}-\left(-\frac{\pi}{4}\right)=\frac{\pi}{2}.$$

例 5　求$\int_1^2\frac{1-3x}{2+3x}\mathrm{d}x$.

解　$$\int_1^2\frac{1-3x}{2+3x}\mathrm{d}x=\int_1^2\frac{3-(2+3x)}{2+3x}\mathrm{d}x=\int_1^2\frac{3\mathrm{d}x}{2+3x}-\int_1^2\mathrm{d}x$$

$$=\ln|2+3x|\Big|_1^2-x\Big|_1^2=\ln 8-\ln 5-(2-1)$$

$$=\ln\frac{8}{5}-1.$$

如果在积分区间上,被积函数不能用一个式子来表示,那么可利用

定积分的性质 3 将定积分分段计算.

例 6 求$\int_{-\frac{\pi}{2}}^{\frac{\pi}{2}}\sqrt{1-\cos 2x}\,dx$.

解 $\sqrt{1-\cos 2x}=\sqrt{2\sin^2 x}=\sqrt{2}|\sin x|$

在区间$[-\frac{\pi}{2},0]$上,$|\sin x|=-\sin x$;在区间$[0,\frac{\pi}{2}]$上,$|\sin x|=\sin x$,所以

$$\begin{aligned}\int_{-\frac{\pi}{2}}^{\frac{\pi}{2}}\sqrt{1-\cos 2x}\,dx&=-\int_{-\frac{\pi}{2}}^{0}\sqrt{2}\sin x\,dx+\int_{0}^{\frac{\pi}{2}}\sqrt{2}\sin x\,dx\\&=\sqrt{2}\cos x\Big|_{-\frac{\pi}{2}}^{0}-\sqrt{2}\cos x\Big|_{0}^{\frac{\pi}{2}}\\&=\sqrt{2}(1-0)-\sqrt{2}(0-1)\\&=2\sqrt{2}.\end{aligned}$$

注意

如果忽视在$[-\frac{\pi}{2},0]$上,$\sqrt{1-\cos 2x}=-\sqrt{2}\sin x$而按$\sqrt{1-\cos 2x}=\sqrt{2}\sin x$计算,就会得出现

$$\int_{-\frac{\pi}{2}}^{\frac{\pi}{2}}\sqrt{1-\cos 2x}\,dx=\sqrt{2}\int_{-\frac{\pi}{2}}^{\frac{\pi}{2}}\sin x\,dx=-\sqrt{2}\cos x\Big|_{-\frac{\pi}{2}}^{\frac{\pi}{2}}=0$$

的错误结果.

习　　题 6-3

1. 计算.

(1)$\frac{d}{dx}\int_{1}^{x}\ln(1+t^2)\,dt$;　　(2)$\lim_{x\to 0}\frac{\int_{0}^{x}t\tan t\,dt}{x^3}$.

2. 计算下列各定积分.

(1)$\int_{-1}^{4}\sqrt[3]{x}\,dx$;　　(2)$\int_{0}^{2}(\sqrt{2x}-\frac{x^2}{2})\,dx$;

(3) $\int_{0}^{\pi}(\sin x+\cos x)\mathrm{d}x$； (4) $\int_{-\frac{1}{2}}^{\frac{1}{2}}\frac{1-2\sqrt{1-x^{2}}}{\sqrt{1-x^{2}}}\mathrm{d}x$；

(5) $\int_{-1}^{0}\frac{3x^{4}+3x^{2}+1}{1+x^{2}}\mathrm{d}x$； (6) $\int_{0}^{\frac{\pi}{4}}\tan^{2}x\mathrm{d}x$；

(7) $\int_{0}^{1}(\sqrt{x+1}-3^{x})\mathrm{d}x$； (8) $\int_{0}^{2\pi}|\sin x|\mathrm{d}x$.

3. 下列做法是否正确，为什么？

(1) $\int_{-1}^{1}\frac{1}{x^{2}}\mathrm{d}x=-\frac{1}{x}\Big|_{-1}^{1}=-[1-(-1)]=-2$；

(2)
$$\begin{aligned}\int_{0}^{\frac{\pi}{2}}\sqrt{1-\sin 2x}\mathrm{d}x&=\int_{0}^{\frac{\pi}{2}}\sqrt{\sin^{2}x-2\sin x\cos x+\cos^{2}x}\mathrm{d}x\\&=\int_{0}^{\frac{\pi}{2}}\sqrt{(\sin x-\cos x)^{2}}\mathrm{d}x\\&=\int_{0}^{\frac{\pi}{2}}(\sin x-\cos x)\mathrm{d}x\\&=(-\cos x-\sin x)\Big|_{0}^{\frac{\pi}{2}}\\&=\left(-\cos\frac{\pi}{2}-\sin\frac{\pi}{2}\right)-(-\cos 0)\\&=-1+1=0.\end{aligned}$$

6.4 定积分的换元法

本节讨论如何把不定积分的换元积分法用于定积分的计算.

定理 6.4.1 假设

(1) 函数 $f(x)$ 在区间 $[a,b]$ 上连续；

(2) 函数 $x=\varphi(t)$ 在区间 $[\alpha,\beta]$ 上单值且具有连续导数；

(3) 当 t 在区间 $[\alpha,\beta]$ 上变化时，$x=\varphi(t)$ 的值在 $[a,b]$ 上变化，且 $\varphi(\alpha)=a,\varphi(\beta)=b$.

则有定积分的**换元公式**

$$\int_a^b f(x)\mathrm{d}x = \int_\alpha^\beta f[\varphi(t)]\varphi'(t)\mathrm{d}t. \tag{1}$$

证 设 $F(x)$ 是 $f(x)$ 在 $[a,b]$ 上的一个原函数，于是根据牛顿—莱布尼茨公式，有

$$\int_a^b f(x)\mathrm{d}x = F(b) - F(a).$$

另一方面，在区间 $[\alpha,\beta]$ 上求复合函数 $F[\varphi(t)]$ 的导数，得

$$\frac{\mathrm{d}}{\mathrm{d}t}F[\varphi(t)] = F'[\varphi(t)]\cdot\varphi'(t) = f[\varphi(t)]\cdot\varphi'(t),$$

即 $F[\varphi(t)]$ 是 $f[\varphi(t)]\varphi'(t)$ 的原函数，因此

$$\begin{aligned}\int_\alpha^\beta f[\varphi(t)]\varphi'(t)\mathrm{d}t &= F[\varphi(\beta)] - F[\varphi(\alpha)] \\ &= F(b) - F(a),\end{aligned}$$

所以 $$\int_a^b f(x)\mathrm{d}x = \int_\alpha^\beta f[\varphi(t)]\varphi'(t)\mathrm{d}t.$$ 证毕.

公式(1)就是定积分的换元公式.

计算定积分时，当然也可以用不定积分的换元法求出原函数，然后利用牛顿—莱布尼茨公式求出定积分的值，但是在用换元法求原函数时，最后还要代回原来的变量，这一步有时很复杂.应用公式(1)计算定积分，在做变量替换的同时，相应地替换积分上、下限，而不必代回原来的变量，因此计算起来比较简单.

例 1 求 $\int_0^a x^2\sqrt{a^2-x^2}\,\mathrm{d}x$.

解 设 $x = a\sin t$，则 $\mathrm{d}x = a\cos t\,\mathrm{d}t$.

且当 $x=0$ 时，$t=0$； 当 $x=a$ 时，$t=\frac{\pi}{2}$.

于是

$$\int_0^a x^2\sqrt{a^2-x^2}\,\mathrm{d}x = \int_0^{\frac{\pi}{2}} a^2\sin^2 t\cdot a^2\cos^2 t\,\mathrm{d}t$$

$$= \frac{a^4}{4}\int_0^{\frac{\pi}{2}}\sin^2 2t\,\mathrm{d}t = \frac{a^4}{8}\int_0^{\frac{\pi}{2}}(1-\cos 4t)\mathrm{d}t$$

$$=\frac{a^4}{8}\left[t-\frac{1}{4}\sin 4t\right]_0^{\frac{\pi}{2}}=\frac{\pi a^4}{16}.$$

例 2　求$\int_1^4\frac{\mathrm{d}x}{x+\sqrt{x}}$.

解　设 $t=\sqrt{x}$ (或 $x=t^2$),那么　$\mathrm{d}x=2t\mathrm{d}t$,
且当 $x=1$ 时,$t=1$;当 $x=4$ 时,$t=2$.

于是

$$\int_1^4\frac{\mathrm{d}x}{x+\sqrt{x}}=\int_1^2\frac{2t\mathrm{d}t}{t^2+t}=\int_1^2\frac{2\mathrm{d}t}{t+1}=2\int_1^2\frac{\mathrm{d}(t+1)}{t+1}$$

$$=2\ln(t+1)\Big|_1^2=2(\ln 3-\ln 2)=2\ln\frac{3}{2}.$$

例 3　求$\int_0^{\frac{\pi}{2}}3\cos^2 x\sin x\mathrm{d}x$.

解　设　$u=\cos x$,那么　$\mathrm{d}u=-\sin x\mathrm{d}x$,

当　　$x=0$ 时,$u=1$;当 $x=\frac{\pi}{2}$时,$u=0$.

于是　　$\int_0^{\frac{\pi}{2}}3\cos^2 x\sin x\mathrm{d}x=-\int_1^0 3u^2\mathrm{d}u=-u^3\Big|_1^0=1.$

利用定积分的换元法,可以得到奇、偶函数积分的一个重要性质.

例 4　设 $f(x)$在区间$[-a,a]$上连续.证明:

(1)如果 $f(x)$为奇函数,则$\int_{-a}^{a}f(x)\mathrm{d}x=0$;

(2)如果 $f(x)$为偶函数,则$\int_{-a}^{a}f(x)\mathrm{d}x=2\int_0^a f(x)\mathrm{d}x$.

证　利用定积分的性质 3,有

$$\int_{-a}^{a}f(x)\mathrm{d}x=\int_{-a}^{0}f(x)\mathrm{d}x+\int_0^a f(x)\mathrm{d}x,$$

对于积分$\int_{-a}^{0}f(x)\mathrm{d}x$,做代换 $x=-t$,那么 $\mathrm{d}x=-\mathrm{d}t$;当 $x=-a$ 时,
$t=a$;当 $x=0$ 时,$t=0$.于是

$$\int_{-a}^{0} f(x)\mathrm{d}x = -\int_{a}^{0} f(-t)\mathrm{d}t = \int_{0}^{a} f(-x)\mathrm{d}x,$$

所以

$$\int_{-a}^{a} f(x)\mathrm{d}x = \int_{0}^{a} [f(x) + f(-x)]\mathrm{d}x.$$

(1)如果 $f(x)$ 为奇函数,则 $f(-x) = -f(x)$,于是

$$\int_{-a}^{a} f(x)\mathrm{d}x = 0;$$

(2)如果 $f(x)$ 为偶函数,则 $f(-x) = f(x)$,于是

$$\int_{-a}^{a} f(x)\mathrm{d}x = 2\int_{0}^{a} f(x)\mathrm{d}x.$$

证毕.

以上证明的两个公式表示出奇、偶函数在对称于原点的区间上的定积分的重要性质,利用它们可以化简奇、偶函数的积分.

例 5 求 $\int_{-5}^{5} \frac{x^2\sin^3 x}{1 + x^4}\mathrm{d}x$.

解 因为被积函数 $f(x) = \frac{x^2\sin^3 x}{1 + x^4}$ 是奇函数,积分区间 $[-5,5]$ 关于原点对称,所以

$$\int_{-5}^{5} \frac{x^2\sin^3 x}{1 + x^4}\mathrm{d}x = 0.$$

例 6 求 $\int_{-2}^{2} (1 + 3x^2 + 5x^4)\mathrm{d}x$.

解

$$\begin{aligned}\int_{-2}^{2} (1 + 3x^2 + 5x^4)\mathrm{d}x &= 2\int_{0}^{2} (1 + 3x^2 + 5x^4)\mathrm{d}x \\ &= 2(x + x^3 + x^5)\Big|_{0}^{2} \\ &= 2(2 + 2^3 + 2^5) = 84.\end{aligned}$$

例 7 证明 $\int_{0}^{\frac{\pi}{2}} \sin^n x\mathrm{d}x = \int_{0}^{\frac{\pi}{2}} \cos^n x\mathrm{d}x$.

解 设 $x = \frac{\pi}{2} - t$,那么 $\mathrm{d}x = -\mathrm{d}t$,

且当 $x = 0$ 时,$t = \frac{\pi}{2}$;当 $x = \frac{\pi}{2}$ 时,$t = 0$.

于是 $\int_0^{\frac{\pi}{2}} \sin^n x\,\mathrm{d}x = \int_{\frac{\pi}{2}}^0 \sin^n\left(\frac{\pi}{2}-t\right)\mathrm{d}\left(\frac{\pi}{2}-t\right) = -\int_{\frac{\pi}{2}}^0 \cos^n t\,\mathrm{d}t$

$$= \int_0^{\frac{\pi}{2}} \cos^n t\,\mathrm{d}t = \int_0^{\frac{\pi}{2}} \cos^n x\,\mathrm{d}x.$$

习 题 6-4

1. 计算下列定积分.

(1) $\int_{-2}^{1} \frac{\mathrm{d}x}{(11+5x)^2}$; (2) $\int_0^1 \frac{\arctan x}{1+x^2}\mathrm{d}x$;

(3) $\int_0^4 \frac{\mathrm{d}x}{1+\sqrt{x}}$; (4) $\int_1^{\mathrm{e}} \frac{\mathrm{d}x}{x\sqrt{1+\ln x}}$;

(5) $\int_0^2 \frac{\mathrm{d}x}{\sqrt{x+1}+\sqrt{(x+1)^3}}$; (6) $\int_2^{-\sqrt{2}} \frac{\mathrm{d}x}{\sqrt{x^2-1}}$.

2. 利用函数的奇偶性计算下列积分.

(1) $\int_{-\pi}^{\pi} x^2\sin^3 x\,\mathrm{d}x$; (2) $\int_{-\frac{1}{2}}^{\frac{1}{2}} \frac{(\arcsin x)^2}{\sqrt{1-x^2}}\mathrm{d}x$.

3. 证明 $\int_0^a x^3 f(x^2)\mathrm{d}x = \frac{1}{2}\int_0^{a^2} xf(x)\mathrm{d}x \quad (a>0)$.

6.5 定积分的分部积分法

设函数 $u(x)$、$v(x)$ 在 $[a,b]$ 上具有连续导数 $u'(x)$、$v'(x)$,那么,
$$(uv)' = uv' + vu'.$$

在等式的两边分别求由 a 到 b 的定积分,得

$$(uv)\Big|_a^b = \int_a^b uv'\mathrm{d}x + \int_a^b vu'\mathrm{d}x,$$

即 $$\int_a^b uv'\mathrm{d}x = (uv)\Big|_a^b - \int_a^b vu'\mathrm{d}x, \tag{1}$$

或 $$\int_a^b u\,\mathrm{d}v = (uv)\Big|_a^b - \int_a^b v\,\mathrm{d}u. \tag{2}$$

这就是定积分的**分部积分公式**.

例 1 求$\int_1^e \ln x\mathrm{d}x$.

解 由公式(2)有

$$\int_1^e \ln x\mathrm{d}x = (x\ln x)\Big|_1^e - \int_1^e x\cdot\frac{\mathrm{d}x}{x}$$

$$= e - \int_1^e \mathrm{d}x = e - (e-1) = 1.$$

例 2 求$\int_0^{\frac{\pi}{2}} x\cos x\mathrm{d}x$.

解 $$\int_0^{\frac{\pi}{2}} x\cos x\mathrm{d}x = \int_0^{\frac{\pi}{2}} x\mathrm{d}\sin x = (x\sin x)\Big|_0^{\frac{\pi}{2}} - \int_0^{\frac{\pi}{2}} \sin x\mathrm{d}x$$

$$= \frac{\pi}{2} - (-\cos x)\Big|_0^{\frac{\pi}{2}} = \frac{\pi}{2} - 1.$$

例 3 求 $I_n = \int_0^{\frac{\pi}{2}} \sin^n x\mathrm{d}x$.

解 $$I_n = \int_0^{\frac{\pi}{2}} \sin^n x\mathrm{d}x = \int_0^{\frac{\pi}{2}} \sin^{n-1} x\mathrm{d}(-\cos x)$$

$$= (-\sin^{n-1} x\cos x)\Big|_0^{\frac{\pi}{2}} + \int_0^{\frac{\pi}{2}} \cos x\mathrm{d}(\sin^{n-1} x)$$

$$= \int_0^{\frac{\pi}{2}} (n-1)\cos^2 x\sin^{n-2} x\mathrm{d}x$$

$$= (n-1)\int_0^{\frac{\pi}{2}} (1-\sin^2 x)\sin^{n-2} x\mathrm{d}x$$

$$= (n-1)\int_0^{\frac{\pi}{2}} \sin^{n-2} x\mathrm{d}x - (n-1)\int_0^{\frac{\pi}{2}} \sin^n x\mathrm{d}x,$$

即 $$I_n = (n-1)I_{n-2} - (n-1)I_n,$$

整理得 $$I_n = \frac{n-1}{n}I_{n-2}.$$

由此得 $I_{n-2}=\frac{n-3}{n-2}I_{n-4}$,

于是 $I_n=\frac{n-1}{n}\cdot\frac{n-3}{n-2}I_{n-4}$.

这样依次进行下去.

当 n 为奇数时,

$$\begin{aligned}I_n&=\frac{n-1}{n}\cdot\frac{n-3}{n-2}\cdot\cdots\cdot\frac{4}{5}\cdot\frac{2}{3}I_1\\&=\frac{n-1}{n}\cdot\frac{n-3}{n-2}\cdot\cdots\cdot\frac{2}{3}\int_0^{\frac{\pi}{2}}\sin x\mathrm{d}x\\&=\frac{n-1}{n}\cdot\frac{n-3}{n-2}\cdot\cdots\cdot\frac{4}{5}\cdot\frac{2}{3}.\end{aligned}$$

当 n 为偶数时,

$$\begin{aligned}I_n&=\frac{n-1}{n}\cdot\frac{n-3}{n-2}\cdot\cdots\cdot\frac{1}{2}I_0\\&=\frac{n-1}{n}\cdot\frac{n-3}{n-2}\cdot\cdots\cdot\frac{1}{2}\int_0^{\frac{\pi}{2}}\mathrm{d}x\\&=\frac{n-1}{n}\cdot\frac{n-3}{n-2}\cdot\cdots\cdot\frac{1}{2}\cdot\frac{\pi}{2}.\end{aligned}$$

记住这个公式,用它做某些计算时比较方便.

由上节例7又知道

$$\int_0^{\frac{\pi}{2}}\cos^n x\mathrm{d}x=\int_0^{\frac{\pi}{2}}\sin^n x\mathrm{d}x,$$

因此,计算 $\cos^n x$ 在$[0,\frac{\pi}{2}]$上的定积分时也可使用上述公式.

例4 求$\int_{-\frac{\pi}{2}}^{\frac{\pi}{2}}\cos^5 x\mathrm{d}x$.

解 $\int_{-\frac{\pi}{2}}^{\frac{\pi}{2}}\cos^5 x\mathrm{d}x=2\int_0^{\frac{\pi}{2}}\cos^5 x\mathrm{d}x=2\cdot\frac{4}{5}\cdot\frac{2}{3}=\frac{16}{15}$.

习　题6-5

计算下列定积分.

1. $\int_0^1 x\mathrm{e}^{-x}\mathrm{d}x$.　　2. $\int_0^{\mathrm{e}-1}\ln(x+1)\mathrm{d}x$.

3. $\int_{\frac{\pi}{4}}^{\frac{\pi}{3}}\frac{x}{\sin^2 x}\mathrm{d}x$.　　4. $\int_1^4\frac{\ln x}{\sqrt{x}}\mathrm{d}x$.

5. $\int_0^{\pi}x\cos x\mathrm{d}x$.　　6. $\int_{\frac{1}{\sqrt{3}}}^{\sqrt{3}}x\arctan x\mathrm{d}x$.

6.6 定积分的近似计算法

虽然牛顿—莱布尼茨公式提供了用原函数计算定积分的方法,但是在实用上也有一些定积分不能或者不宜用上述方法来计算.例如,有些被积函数的原函数不能用初等函数表示,或生产实际、工程技术中出现的函数,常用表格或图形给出等.因此,我们需要研究定积分的近似计算法.

下面介绍三种常用的定积分近似计算法:矩形法、梯形法和抛物线法.

6.6.1 矩形法

由定积分的几何意义,当 $f(x)\geqslant 0$ 时,$\int_a^b f(x)\mathrm{d}x$ 在数值上等于曲边梯形的面积(如图 6-7).矩形法就是把曲边梯形分成若干个窄曲边梯形,每个窄曲边梯形都用一个窄矩形代替,把所有窄矩形面积的和作为曲边梯形面积的近似值.

具体作法如下:

用分点 $a=x_0,x_1,x_2,\cdots,x_n=b$ 将区间$[a,b]$分成 n 个长度相等的小区间,每个小区间的长为

$$\Delta x=\frac{b-a}{n},$$

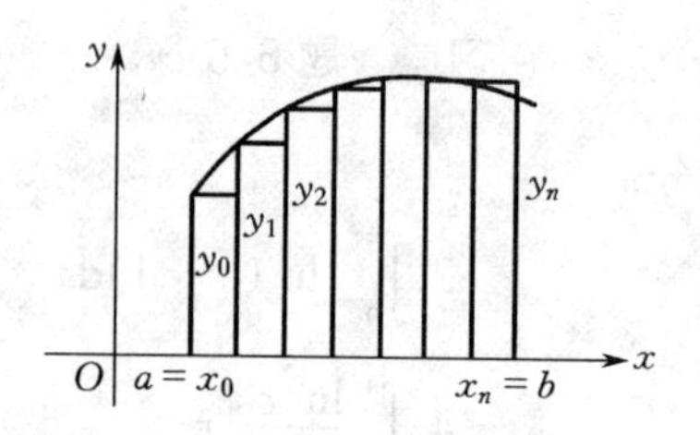

图 6-7

并设 $y=f(x)$ 对应于各分点的函数值依次为 $y_0,y_1,y_2,\cdots,y_{n-1},y_n$.

如果以每个小区间左端点的函数值作为相应窄矩形的高,则得到曲边梯形面积的近似值为

$$\int_a^b f(x)\mathrm{d}x \approx y_0\Delta x + y_1\Delta x + \cdots + y_{n-2}\Delta x + y_{n-1}\Delta x$$

$$= \frac{b-a}{n}(y_0 + y_1 + \cdots + y_{n-1}). \tag{1}$$

如果以每个小区间右端点的函数值作为相应的窄矩形的高,则得到曲边梯形面积的近似值为

$$\int_a^b f(x)\mathrm{d}x \approx y_1\Delta x + y_2\Delta x + \cdots + y_n\Delta x$$

$$= \frac{b-a}{n}(y_1 + y_2 + \cdots + y_n). \tag{2}$$

公式(1)、(2)都叫做**矩形法公式**.

6.6.2 梯形法

如图 6-8 所示,在每个小区间上以窄梯形的面积代替窄曲边梯形的面积就得到**梯形法公式**:

$$\int_a^b f(x)\mathrm{d}x \approx \frac{1}{2}(y_0 + y_1)\Delta x + \frac{1}{2}(y_1 + y_2)\Delta x + \cdots + \frac{1}{2}(y_{n-1} + y_n)\Delta x$$

$$= \frac{b-a}{n}\left[\frac{1}{2}(y_0 + y_n) + y_1 + y_2 + \cdots + y_{n-1}\right]. \tag{3}$$

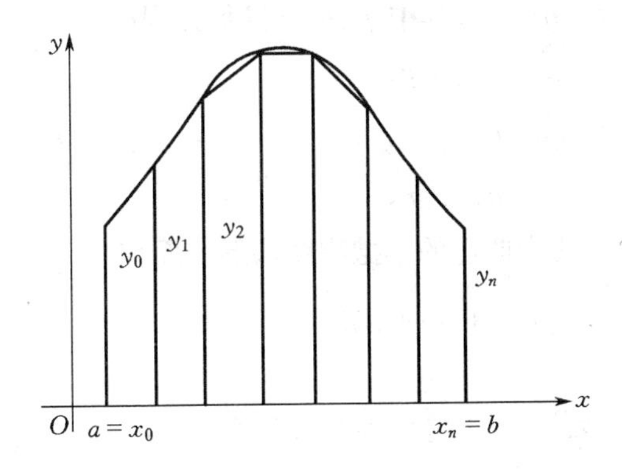

图 6-8

6.6.3 抛物线法

如图 6-9 所示,用小抛物线段代替小曲线段,用小抛物线梯形面积代替小曲边梯形面积可得到**抛物线法公式**.

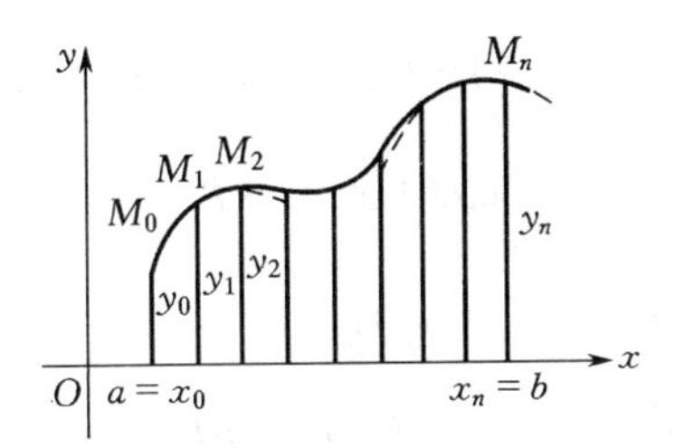

图 6-9

具体做法如下:

用分点 $a=x_0,x_1,x_2,\cdots,x_n=b$ 把区间$[a,b]$分成 n(偶数)个长度相等的小区间,每个小区间的长为

$$\Delta x=\frac{b-a}{n},$$

其分点对应的函数值依次为 $y_0,y_1,y_2,\cdots,y_n$,对应曲线 $y=f(x)$上的分点依次为 $M_0,M_1,M_2,\cdots,M_n$.

过 $M_0(x_0,y_0)$、$M_1(x_1,y_1)$、$M_2(x_2,y_2)$三点可以惟一确定一条

抛物线 $y = px^2 + qx + r$,其中 p、q、r 满足方程组

$$\begin{cases} y_0 = px_0^2 + qx_0 + r, \\ y_1 = px_1^2 + qx_1 + r, \\ y_2 = px_2^2 + qx_2 + r, \end{cases}$$

于是以这条抛物线为曲边的小抛物线梯形的面积

$$A_1 = \int_{x_0}^{x_2} (px^2 + qx + r)\mathrm{d}x$$

$$= \frac{p}{3}(x_2^3 - x_0^3) + \frac{q}{2}(x_2^2 - x_0^2) + r(x_2 - x_0)$$

$$= \frac{1}{6}(x_2 - x_0)[2p(x_2{}^2 + x_2x_0 + x_0^2) + 3q(x_2 + x_0) + 6r]$$

$$= \frac{1}{6}(x_2 - x_0)[(px_0{}^2 + qx_0 + r) + (px_2{}^2 + qx_2 + r)$$
$$+ p(x_0 + x_2)^2 + 2q(x_0 + x_2) + 4r].$$

由于　$x_0 + x_2 = 2x_1,$

$$x_2 - x_0 = (x_2 - x_1) + (x_1 - x_0) = \Delta x + \Delta x = 2\Delta x,$$

所以　$A_1 = \dfrac{1}{6}(x_2 - x_0)[y_0 + y_2 + 4(px_1^2 + qx_1 + r)]$

$$= \frac{\Delta x}{3}(y_0 + 4y_1 + y_2).$$

由这个公式可以推出,过 M_2、M_3、M_4 三点,M_4、M_5、M_6 三点,…,M_{n-2}、M_{n-2}、M_n 三点的抛物线所对应的小抛物线梯形面积依次为

$$A_2 = \frac{\Delta x}{3}(y_2 + 4y_3 + y_4),$$

$$A_3 = \frac{\Delta x}{3}(y_4 + 4y_5 + y_6),$$

……

$$A_{\frac{n}{2}} = \frac{\Delta x}{3}(y_{n-2} + 4y_{n-1} + y_n).$$

把这$\dfrac{n}{2}$个小抛物线梯形面积加起来,并注意到 $\Delta x = \dfrac{b-a}{n}$,就得到定积

分$\int_a^b f(x)\mathrm{d}x$ 的近似值：

$$\int_a^b f(x)\mathrm{d}x \approx \frac{b-a}{3n}[(y_0+y_n)+4(y_1+y_3+\cdots+y_{n-1})+2(y_2+y_4+\cdots+y_{n-2})]. \tag{4}$$

公式(4)叫做抛物线法公式,也叫做辛普生公式.

例　按矩形法、梯形法、抛物线法(取 $n=10$)计算定积分

$$\int_0^1 \mathrm{e}^{-x^2}\mathrm{d}x.$$

解　把区间[0,1]十等分,设分点为

$$0=x_0,x_1,x_2,\cdots,x_8,x_9,x_{10}=1,$$

相应的函数值为

$$y_0,y_1,y_2,\cdots,y_8,y_9,y_{10}$$

列表如下：

x_i			
$x_0=0$	$y_0=1.00000$		
$x_1=0.1$		$y_1=0.99005$	
$x_2=0.2$			$y_2=0.96079$
$x_3=0.3$		$y_3=0.91393$	
$x_4=0.4$			$y_4=0.85214$
$x_5=0.5$		$y_5=0.77880$	
$x_6=0.6$			$y_6=0.69768$
$x_7=0.7$		$y_7=0.61263$	
$x_8=0.8$			$y_8=0.52729$
$x_9=0.9$		$y_9=0.44486$	
$x_{10}=1$	$y_{10}=0.36788$		

按矩形法公式(1)得

$$\int_0^1 \mathrm{e}^{-x^2}\mathrm{d}x \approx (y_0+y_1+\cdots+y_9)\times\frac{1-0}{10}$$
$$=0.1\times(1+0.99005+0.96079+0.91393+0.85214+0.77880+0.69768+0.61263+0.52729+0.44486)$$
$$=0.1\times 7.77817=0.77782.$$

按矩形法公式(2)得

$$\int_0^1 e^{-x^2}\,dx \approx (y_1+y_2+\cdots+y_n)\times\frac{1-0}{10}$$

$$=(0.99005+0.96079+0.91393+0.85214+0.77880+0.69768+0.61263+0.52729+0.44486+0.36788)\times 0.1$$

$$=0.71461.$$

按梯形法公式(3)得

$$\int_0^1 e^{-x^2dx}\approx\left[\frac{1}{2}(y_0+y_{10})+y_1+y_2+\cdots+y_9\right]\times\frac{1-0}{10}$$

$$=\left[\frac{1}{2}(1.00000+0.36788)+0.99005+0.96079+0.91393+0.85214+0.77880+0.69768+0.61263+0.52729+0.44486\right]\times 0.1\approx 0.74621.$$

按抛物线法公式(4)得

$$\int_0^1 e^{-x^2}\,dx \approx \frac{1-0}{3\times 10}\left[(y_0+y_{10})+4(y_1+y_3+y_5+y_7+y_9)+2(y_2+y_4+y_6+y_8)\right]$$

$$=\frac{0.1}{3}\times(1.36788+4\times 3.74027+2\times 3.03790)$$

$$=\frac{0.1}{3}\times 22.40476$$

$$=0.74683.$$

用上述三种方法计算定积分的近似值时,一般说来,n 取得越大,近似程度就越好.在 n 相同时,应用矩形法公式与应用梯形法公式所引起的误差是同级的,而应用抛物线法公式比用上述两个公式所得结果更精确.

6.7 广义积分

前面所讨论的定积分,总是以积分区间为有限闭区间及在该区间函数有界为前提.但在实际中,还有积分区间为无穷区间,或被积函数为无界函数的积分,因此需要对定积分概念从两个方面加以推广.这种推广后的积分叫做广义积分(前面所讨论的积分叫做常义积分).

6.7.1 无穷区间上的广义积分

定义 设函数 $f(x)$在区间$[a,+\infty)$上连续,取 $b>a$.如果极限

$$\lim_{b\to+\infty}\int_a^b f(x)\mathrm{d}x \tag{1}$$

存在,则称此极限为函数 $f(x)$在区间$[a,+\infty)$上的广义积分,记做$\int_a^{+\infty}f(x)\mathrm{d}x$,即

$$\int_a^{+\infty}f(x)\mathrm{d}x=\lim_{b\to+\infty}\int_a^b f(x)\mathrm{d}x.$$

又称广义积分$\int_a^{+\infty}f(x)\mathrm{d}x$ 存在或收敛,如果极限(1)不存在,就称广义积分$\int_a^{+\infty}f(x)\mathrm{d}x$ 不存在或发散.

同样地,设函数 $f(x)$在区间$(-\infty,b]$上连续,取 $a<b$.如果极限

$$\lim_{a\to-\infty}\int_a^b f(x)\mathrm{d}x \tag{2}$$

存在,则称此极限为函数 $f(x)$在区间$(-\infty,b]$上的**广义积分**,记做$\int_{-\infty}^{b}f(x)\mathrm{d}x$,即

$$\int_{-\infty}^{b}f(x)\mathrm{d}x=\lim_{a\to-\infty}\int_a^b f(x)\mathrm{d}x.$$

又称广义积分$\int_{-\infty}^{b}f(x)\mathrm{d}x$ 存在或收敛,如果极限(2)不存在,就称广义积分$\int_{-\infty}^{b}f(x)\mathrm{d}x$ 不存在或发散.

设函数 $f(x)$在区间$(-\infty,+\infty)$连续,如果广义积分

$$\int_{-\infty}^{0}f(x)\mathrm{d}x \text{ 和} \int_0^{+\infty}f(x)\mathrm{d}x$$

都收敛,则称这两个广义积分之和为函数 $f(x)$在区间$(-\infty,+\infty)$上

的**广义积分**,记做$\int_{-\infty}^{+\infty} f(x)\mathrm{d}x$,即

$$\int_{-\infty}^{+\infty} f(x)\mathrm{d}x = \int_{-\infty}^{0} f(x)\mathrm{d}x + \int_{0}^{+\infty} f(x)\mathrm{d}x$$
$$= \lim_{a\to-\infty}\int_{a}^{0} f(x)\mathrm{d}x + \lim_{b\to+\infty}\int_{0}^{b} f(x)\mathrm{d}x. \tag{3}$$

又称广义积分$\int_{-\infty}^{+\infty} f(x)\mathrm{d}x$存在或收敛,否则就称广义积分$\int_{-\infty}^{+\infty} f(x)\mathrm{d}x$不存在或发散.

例1　求广义积分$\int_{0}^{+\infty} x\mathrm{e}^{-x^2}\mathrm{d}x$.

解　$\int_{0}^{+\infty} x\mathrm{e}^{-x^2}\mathrm{d}x = \lim_{b\to+\infty}\int_{0}^{b} x\mathrm{e}^{-x^2}\mathrm{d}x$

$$= \lim_{b\to+\infty}\left[-\frac{1}{2}\int_{0}^{b}\mathrm{e}^{-x^2}\mathrm{d}(-x^2)\right]$$
$$= -\frac{1}{2}\lim_{b\to+\infty}\left(\mathrm{e}^{-x^2}\right)\Big|_{0}^{b} = -\frac{1}{2}\lim_{b\to+\infty}\left(\mathrm{e}^{-b^2}-\mathrm{e}^{0}\right)$$
$$= \frac{1}{2}.$$

例2　讨论广义积分$\int_{-\infty}^{+\infty}\frac{x}{1+x^2}\mathrm{d}x$的敛散性.

解　$\int_{-\infty}^{+\infty}\frac{x\mathrm{d}x}{1+x^2} = \int_{-\infty}^{0}\frac{x\mathrm{d}x}{1+x^2} + \int_{0}^{+\infty}\frac{x\mathrm{d}x}{1+x^2}$.

而　$\int_{0}^{+\infty}\frac{x\mathrm{d}x}{1+x^2} = \lim_{b\to+\infty}\int_{0}^{b}\frac{x\mathrm{d}x}{1+x^2} = \lim_{b\to+\infty}\left[\frac{1}{2}\ln(1+x^2)\right]_{0}^{b}$

$$= \lim_{b\to+\infty}\frac{1}{2}\ln(1+b^2) = +\infty$$

广义积分$\int_{0}^{+\infty}\frac{x}{1+x^2}\mathrm{d}x$发散,所以广义积分$\int_{-\infty}^{+\infty} f(x)\mathrm{d}x$发散.

例3　证明广义积分$\int_{1}^{+\infty}\frac{\mathrm{d}x}{x^p}$当$p>1$时收敛;当$p\leqslant 1$时发散.

证　当$p\neq 1$时,

$$\int_1^{+\infty}\frac{dx}{x^p}=\lim_{b\to+\infty}\int_1^b\frac{dx}{x^p}=\lim_{b\to+\infty}\left[\frac{x^{1-p}}{1-p}\right]_1^b$$

$$=\lim_{b\to+\infty}\left(\frac{b^{1-p}}{1-p}-\frac{1}{1-p}\right)=\begin{cases}\dfrac{1}{p-1}, & p>1,\\ +\infty, & p<1.\end{cases}$$

当 $p=1$ 时,

$$\int_1^{+\infty}\frac{dx}{x^p}=\int_1^{+\infty}\frac{dx}{x}=\lim_{b\to+\infty}\ln b=+\infty.$$

因此,当 $p>1$ 时,广义积分 $\int_1^{+\infty}\frac{dx}{x^p}$ 收敛,其值为 $\frac{1}{p-1}$;当 $p\leqslant 1$ 时,该广义积分发散.

6.7.2 无界函数的广义积分

定义 设函数 $f(x)$ 在 $(a,b]$ 上连续,且 $\lim\limits_{x\to a+0}f(x)=\infty$,取 $\varepsilon>0$,如果极限

$$\lim_{\varepsilon\to 0+0}\int_{a+\varepsilon}^b f(x)dx$$

存在,则称此极限为函数 $f(x)$ 在 $(a,b]$ 上的广义积分,仍然记做 $\int_a^b f(x)dx$,即

$$\int_a^b f(x)dx=\lim_{\varepsilon\to 0+0}\int_{a+\varepsilon}^b f(x)dx. \tag{4}$$

又称广义积分 $\int_a^b f(x)dx$ 存在或收敛,如果极限(4)不存在,就称广义积分 $\int_a^b f(x)dx$ 不存在或发散.

同样地,设 $f(x)$ 在 $[a,b)$ 上连续,且 $\lim\limits_{x\to b-0}f(x)=\infty$,取 $\varepsilon>0$,如果极限

$$\lim_{\varepsilon\to 0+0}\int_a^{b-\varepsilon}f(x)dx$$

存在,则称此极限为 $f(x)$ 在 $[a,b)$ 上的广义积分,仍然记做

$\int_a^b f(x)\mathrm{d}x$,即

$$\int_a^b f(x)\mathrm{d}x = \lim_{\varepsilon \to 0+0} \int_a^{b-\varepsilon} f(x)\mathrm{d}x. \tag{5}$$

又称广义积分$\int_a^b f(x)\mathrm{d}x$ 存在或收敛,如果极限(5)不存在,就称广义积分$\int_a^b f(x)\mathrm{d}x$ 不存在或发散.

设 $f(x)$在$[a,c)(c,b]$上连续,而在点 c 的邻域内无界.如果两个广义积分

$$\int_a^c f(x)\mathrm{d}x \text{ 与} \int_c^b f(x)\mathrm{d}x$$

都收敛,则定义

$$\begin{aligned}\int_a^b f(x)\mathrm{d}x &= \int_a^c f(x)\mathrm{d}x + \int_c^b f(x)\mathrm{d}x \\ &= \lim_{\varepsilon \to 0+0} \int_a^{c-\varepsilon} f(x)\mathrm{d}x + \lim_{\eta \to 0+0} \int_{c+\eta}^b f(x)\mathrm{d}x,\end{aligned} \tag{6}$$

否则就称广义积分$\int_a^b f(x)\mathrm{d}x$ 不存在或发散.

例 4　求广义积分$\int_0^a \frac{\mathrm{d}x}{\sqrt{a^2 - x^2}}$　$(a>0)$.

解　因为

$$\lim_{x \to a-0} \frac{1}{\sqrt{a^2 - x^2}} = +\infty,$$

所以 $x=a$ 是被积函数的无穷间断点.于是

$$\begin{aligned}\int_0^a \frac{\mathrm{d}x}{\sqrt{a^2 - x^2}} &= \lim_{\varepsilon \to 0+0} \int_0^{a-\varepsilon} \frac{\mathrm{d}x}{\sqrt{a^2 - x^2}} = \lim_{\varepsilon \to 0+0} \left[\arcsin \frac{x}{a}\right]_0^{a-\varepsilon} \\ &= \lim_{\varepsilon \to 0+0} \arcsin \frac{a-\varepsilon}{a} = \arcsin 1 = \frac{\pi}{2}.\end{aligned}$$

例 5　证明广义积分$\int_0^1 \frac{\mathrm{d}x}{x^p}$当 $p<1$ 时收敛,当 $p\geqslant 1$ 时发散.

证　当 $p\leqslant 0$ 时,$\int_0^1 \frac{\mathrm{d}x}{x^p}$为常义积分.

当 $p=1$ 时

$$\int_0^1 \frac{\mathrm{d}x}{x^p}=\int_0^1 \frac{\mathrm{d}x}{x}=\lim_{\varepsilon\to 0+0}\int_\varepsilon^1 \frac{\mathrm{d}x}{x}=\lim_{\varepsilon\to 0+0}\left[\ln x\right]_\varepsilon^1$$

$$=\lim_{\varepsilon\to 0+0}\left[-\ln\varepsilon\right]=+\infty.$$

当 $p\neq 1(p>0)$时,

$$\int_0^1 \frac{\mathrm{d}x}{x^p}=\lim_{\varepsilon\to 0+0}\int_\varepsilon^1 \frac{\mathrm{d}x}{x^p}=\lim_{\varepsilon\to 0+0}\left[\frac{x^{1-p}}{1-p}\right]_\varepsilon^1$$

$$=\lim_{\varepsilon\to 0+0}\left(\frac{1}{1-p}-\frac{\varepsilon^{1-p}}{1-p}\right)$$

$$=\begin{cases}\dfrac{1}{1-p}, & 0<p<1,\\ +\infty, & p>1.\end{cases}$$

因此,当 $p<1$ 时,这个广义积分收敛,其值为$\dfrac{1}{1-p}$;当 $p\geqslant 1$ 时,这个广义积分发散.

习　　题　6-7

计算下列各广义积分.

1.$\int_0^1 \ln x\,\mathrm{d}x$.　　　　2.$\int_{-\infty}^{+\infty}\frac{\mathrm{d}x}{1+x^2}$.

3.$\int_0^{+\infty}\mathrm{e}^{-ax}\,\mathrm{d}x\quad(a>0)$.　　　　4.$\int_{-1}^{1}\frac{\mathrm{d}x}{x^2}$.

本　章　总　结

一、学习本章的基本要求

(1)理解定积分概念、几何意义及基本性质.

(2)理解积分上限的函数及其性质,会求简单的积分上限函数的导数.

(3)能熟练地运用牛顿—莱布尼茨公式计算定积分.

(4)熟练地掌握定积分的换元法与分部积分法.

(5)* 了解定积分的近似计算法.

(6)知道广义积分的定义,根据定义会求一些简单的广义积分的值.

二、本章的重点、难点

重点 (1)定积分概念.

(2)牛顿——莱布尼茨公式.

难点 定积分概念的理解.

三、学习中应注意的几个问题

1.定积分概念

从对曲边梯形面积及变速直线运动路程两个实际问题的研究,抛开这些问题的实际意义,在数学上加以抽象就引出了定积分的定义

$$\int_a^b f(x)\mathrm{d}x=\lim_{\lambda\to 0}\sum_{i=1}^n f(\xi_i)\Delta x_i .$$

值得注意的是:

(1)和式$\sum\limits_{i=1}^n f(\xi_i)\Delta x_i$只给出了所求量的近似值.它是一个变量,随着区间$[a,b]$的分割方法和小区间$[x_{i-1},x_i]$上点$\xi_i$的取法不同而变化的.只有通过取极限的过程,才能从所求量的近似值得到精确值.

(2)定义中所说极限存在是指:对于区间$[a,b]$的任意分法及每个小区间$[x_{i-1},x_i]$上点ξ_i的任意取法,当所有小区间长度的最大值$\lambda\to 0$(保证$[a,b]$无限细分,即$n\to\infty$)时,和式$\sum\limits_{i=1}^n f(\xi_i)\Delta x_i$都趋于同一个数值.

2.定积分的计算

(1)积分上限的函数 定积分$\int_a^b f(x)\mathrm{d}x$是一个确定的数值,当积分上限为变量时,定积分就变成了上限的一个函数,即

$$\varphi(x)=\int_a^x f(t)\mathrm{d}t .$$

有时也把$\varphi(x)$叫做变上限的定积分.

注意,上式中的 x 表示积分区间$[a,x]$的右端点,它在区间$[a,b]$上变化,而 t 是积分变量,它在积分区间$[a,x]$上变化.

如果 $f(x)$在$[a,b]$上连续,则 $\varphi(x)$在$[a,b]$上具有导数,即

$$\varphi'(x)=\frac{\mathrm{d}}{\mathrm{d}x}\int_a^x f(t)\mathrm{d}t=f(x).$$

这个式子表明 $\varphi(x)$是连续函数 $f(x)$的一个原函数.如果$F(x)$是 $f(x)$在区间$[a,b]$上的另一个原函数,则

$$F(x)=\int_a^x f(t)\mathrm{d}t+C \qquad (C\text{ 为常数}).$$

因为$\int f(t)\mathrm{d}t$ 是$f(x)$的全体原函数,所以

$$\int f(x)\mathrm{d}x=\int_a^x f(t)\mathrm{d}t+C \quad (C\text{ 为任意常数}).$$

(2)牛顿—莱布尼茨公式

如果 $F(x)$是连续函数 $f(x)$在区间$[a,b]$上的任意一个原函数,则

$$\int_a^b f(x)\mathrm{d}x=F(x)\Big|_a^b=F(b)-F(a).$$

这个公式揭示了定积分与原函数之间的关系:连续函数在积分区间$[a,b]$上的定积分等于它的任意一个原函数在$[a,b]$上的增量.

必须注意牛顿—莱布尼茨公式的使用条件是 $f(x)$在$[a,b]$上连续.当 $f(x)$在$[a,b]$上有有限个第一类间断点时,不妨设为 c,则先利用牛顿—莱布尼茨公式计算$\int_a^c f(x)\mathrm{d}x$、$\int_c^b f(x)\mathrm{d}x$,然后利用定积分的性质$\int_a^b f(x)\mathrm{d}x=\int_a^c f(x)\mathrm{d}x+\int_c^b f(x)\mathrm{d}x$ 便可得出结果.

测试作业题(五)

1.计算下列各定积分.

(1)$\int_0^{\frac{\pi}{4}}\sec^4 x\mathrm{d}x$; (2)$\int_{-5}^{5}\frac{x^2\sin^3 x}{x^4+1}\mathrm{d}x$;

(3) $\int_0^1 \frac{x\mathrm{d}x}{1+x^4}$;　　(4) $\int_0^1 x^2 \arctan x\mathrm{d}x$;

(5) $\int_0^4 x\ln(x+1)\mathrm{d}x$;　　(6) $\int_0^{\frac{\pi}{2}} x\sin^2 x\cos x\mathrm{d}x$;

(7) $\int_0^{\pi} \sqrt{1+\cos 2x}\mathrm{d}x$;　　(8) $\int_1^{\sqrt{3}} \frac{\mathrm{d}x}{x\sqrt{x^2+1}}$.

2. 设 $\begin{cases} x(t)=\int_0^t \sin u^2 \mathrm{d}u, \\ y(t)=t\cos t^2, \end{cases}$ 求 $\frac{\mathrm{d}y}{\mathrm{d}x}$.

3. 求 $\lim\limits_{x\to 0} \frac{\int_0^x \ln(1+2t^2)\mathrm{d}t}{x^3}$.

4. 证明 $\int_0^1 xf(1-x)\mathrm{d}x = \int_0^1 (1-x)f(x)\mathrm{d}x$.

5. 设 $f''(x)$ 在 $[a, b]$ 上连续，且 $f(a)=f(b)=0$, $f'(a)=f'(b)=1$，求 $\int_a^b xf''(x)\mathrm{d}x$.

第7章 定积分的应用

定积分的应用很广泛,本章主要介绍定积分在几何、物理方面的一些应用,并介绍用元素法将具体问题表示成定积分的分析方法.

7.1 定积分的元素法

在定积分的应用中,经常采用所谓元素法,这种方法实际上是由定积分的定义简化而成的.下面以求曲边梯形的面积为例来说明这种方法.

我们知道,如果函数 $f(x)$在区间$[a,b]$上连续,且 $f(x)\geqslant 0$,则以曲线 $y=f(x)$为曲边,底为$[a,b]$的曲边梯形的面积 S 可表示为定积分

$$S=\int_a^b f(x)\mathrm{d}x.$$

由定积分的定义知,曲边梯形的面积 S 与被积函数$f(x)$和积分区间$[a,b]$有关.当将区间$[a,b]$分成 n 个小区间时,曲边梯形的面积 S 也分成n 个小曲边梯形的面积 ΔS_i 之和,即

$$S=\sum_{i=1}^{n}\Delta S_i.$$

这一性质称为面积 S 对于区间$[a,b]$具有可加性.以矩形面积 $f(\xi_i)\Delta x_i$近似代替小曲边梯形面积 ΔS_i,当 $\max\{\Delta x_1,\Delta x_2,\cdots,\Delta x_n\}\to 0$ 时,它们只相差一个比 Δx_i 高阶的无穷小.这时,我们说 ΔS_i 可以用$f(\xi_i)\Delta x_i$ 来近似代替.

确定小曲边梯形面积 ΔS_i 的近似值$f(\xi_i)\mathrm{d}x_i$,是将曲边梯形面积 S 表示成定积分的关键.在实用时,是在区间$[a,b]$上任取一小区间$[x,x+\mathrm{d}x]$,ΔS 表示该区间上小曲边梯形的面积.取左端点 x 为ξ_i,以点 x 处的函数值$f(x)$为高、底为 $\mathrm{d}x$ 的矩形面积$f(x)\mathrm{d}x$为 ΔS 的近

似值(图 7-1 中的阴影部分),即

$$\Delta S \approx f(x)\mathrm{d}x.$$

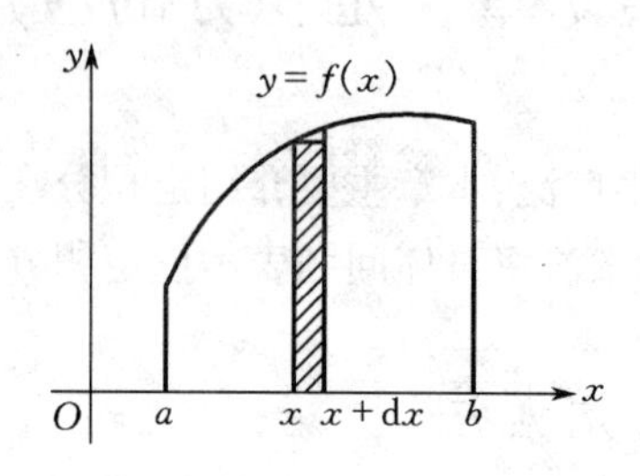

图 7-1

上式右端 $f(x)\mathrm{d}x$ 叫做面积元素,记做 $\mathrm{d}S = f(x)\mathrm{d}x$,于是

$$S = \lim \sum f(x)\mathrm{d}x = \int_a^b f(x)\mathrm{d}x.$$

一般地,如果所求量 I 符合下列条件:

(1)I 与一个变量 x 的变化区间$[a,b]$有关;

(2)I 对于区间$[a,b]$具有可加性;

(3)部分量 ΔI_i 的近似值可表示为 $f(\xi_i)\Delta x_i$,那么,这个量 I 就可以表示成定积分.

通常把 I 表示成定积分的步骤是:

(1)根据具体问题,选取一个变量例如 x,并确定它的变化区间$[a,b]$.

(2)在区间$[a,b]$上任取小区间$[x,x+\mathrm{d}x]$,求出相应于$[x,x+\mathrm{d}x]$的部分量 ΔI 的近似值.如果 ΔI 的近似值可表示为连续函数 $f(x)$与 $\mathrm{d}x$ 的乘积,就把 $f(x)\mathrm{d}x$ 叫做**量 I 的元素**,记做

$$\mathrm{d}I = f(x)\mathrm{d}x.$$

(3)以 $f(x)\mathrm{d}x$ 为被积式,在区间$[a,b]$上做定积分,则得到 I 的积分表示式

$$I = \int_a^b f(x)\mathrm{d}x.$$

这种方法通常叫做**元素法**.下面应用这种方法讨论几何、物理中的一些问题.

7.2 平面图形的面积

7.2.1 在直角坐标系中的计算法

1. 计算由连续曲线 $y=f(x)$ $(f(x)\geqslant 0)$、x 轴及二直线 $x=a$、$x=b$ 所围成的曲边梯形面积 S

已知所求面积

$$S=\int_a^b f(x)\mathrm{d}x, \tag{1}$$

其中被积式 $f(x)\mathrm{d}x$ 是直角坐标系下的面积元素，即 $\mathrm{d}S=f(x)\mathrm{d}x$. 它表示高为 $f(x)$、底为 $\mathrm{d}x$ 的一个矩形面积.

2. 在区间 $[a,b]$ 上，连续曲线 $y=f(x)$ 位于连续曲线 $y=g(x)$ 的上方，这两条曲线及 $x=a$、$x=b$ 所围成的平面图形面积 S 的计算

取 x 为积分变量，它的变化区间为 $[a,b]$. 在 $[a,b]$ 上任取小区间 $[x,x+\mathrm{d}x]$. 相应于 $[x,x+\mathrm{d}x]$ 上的部分面积 ΔS 的近似值可表示为高为 $f(x)-g(x)$、底为 $\mathrm{d}x$ 的矩形面积(图 7-2 中的阴影部分)，从而得到面积元素

$$\mathrm{d}S=[f(x)-g(x)]\mathrm{d}x.$$

以 $[f(x)-g(x)]\mathrm{d}x$ 为被积式，在 $[a,b]$ 上做定积分，得到所求面积

$$S=\int_a^b [f(x)-g(x)]\mathrm{d}x. \tag{2}$$

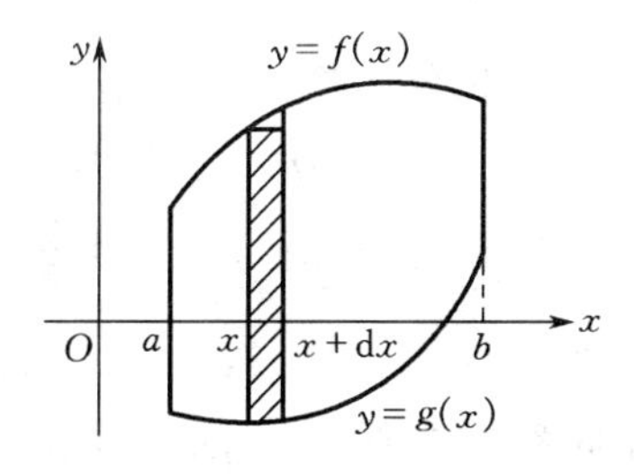

图 7-2

类似地，可以得到下面图形面积的计算公式.

3. 在区间$[c,d]$上，曲线 $x=f(y)$ 位于曲线 $x=g(y)$ 的右方，由这两条曲线及二直线 $y=c$、$y=d$ 所围图形面积(图 7-3)的计算

$$S=\int_c^d[f(y)-g(y)]\mathrm{d}y. \tag{3}$$

例 1 计算两条抛物线 $y^2=x$、$y=x^2$ 所围图形的面积.

解 这两条抛物线所围成的图形如图 7-4 所示. 为了确定出这个图形的所在范围，必须求出这两条抛物线的交点. 解方程组

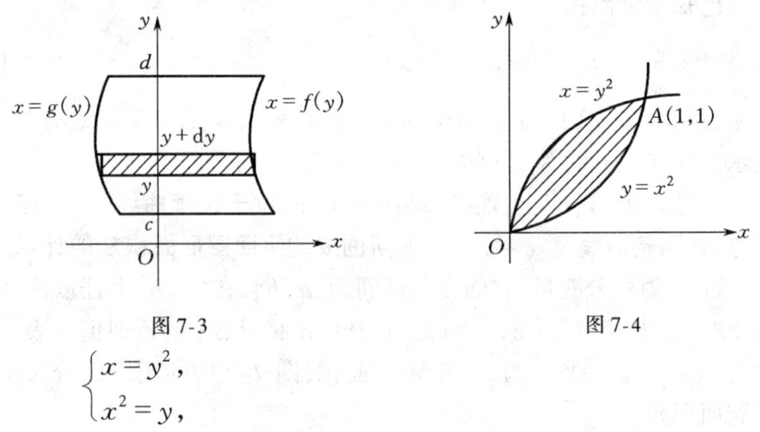

图 7-3　　图 7-4

$$\begin{cases}x=y^2,\\x^2=y,\end{cases}$$

得到交点的坐标为 $O(0,0)$、$A(1,1)$.

选取 x 为积分变量，它的变化区间为$[0,1]$，这时，抛物线 $x=y^2$ 位于抛物线 $y=x^2$ 的上方. 利用公式(2)，得到所求面积

$$S=\int_0^1(\sqrt{x}-x^2)\mathrm{d}x=\left[\frac{2}{3}x^{\frac{3}{2}}-\frac{x^3}{3}\right]_0^1=\frac{2}{3}-\frac{1}{3}=\frac{1}{3}.$$

例 1 也可以选取 y 为积分变量，y 的变化区间为$[0,1]$. 抛物线 $y=x^2$ 位于抛物线 $y^2=x$ 的右方. 利用公式(3)，得到所求面积

$$S=\int_0^1(\sqrt{y}-y^2)\mathrm{d}y=\left[\frac{2}{3}y^{\frac{3}{2}}-\frac{y^3}{3}\right]_0^1=\frac{2}{3}-\frac{1}{3}=\frac{1}{3}.$$

例 2 计算抛物线 $y^2=2x$ 与直线 $x-y=4$ 所围成图形的面积.

解 所围图形如图 7-5 所示. 先求出抛物线 $y^2=2x$ 与直线 $x-y=4$ 的交点，解方程组

$$\begin{cases} y^2 = 2x, \\ x - y = 4, \end{cases}$$

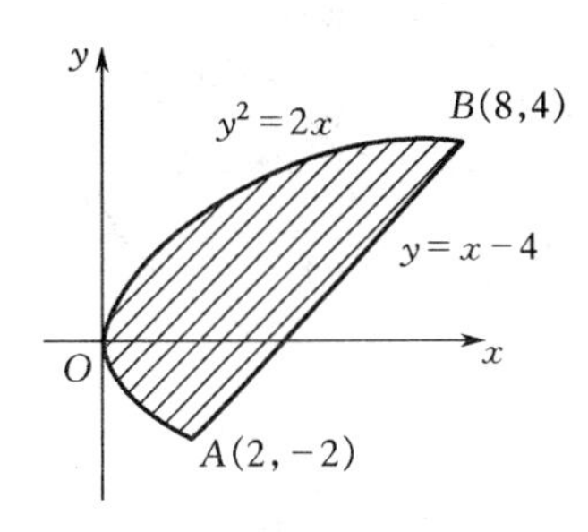

图 7-5

得到交点为 $A(2,-2)$、$B(8,4)$.

由图形可知,直线 $x-y=4$ 位于抛物线 $y^2=2x$ 的右方,所以选取 y 为积分变量,它的变化区间为$[-2,4]$.利用公式(3),得所求图形的面积

$$S=\int_{-2}^{4}\left[(y+4)-\frac{1}{2}y^2\right]dy=\left[\frac{y^2}{2}+4y-\frac{1}{6}y^3\right]_{-2}^{4}=18.$$

本例如果选取 x 为积分变量,由于 x 从 0 到 2 与 x 从 2 到 8 这两段中的情况是不同的,因此需要把图形的面积分成两部分来计算,最后两部分面积加起来才是所求图形的面积,这样计算不如上述方法简便.

如果曲边梯形的曲边由参数方程

$$\begin{cases} x=\varphi(t), \\ y=\psi(t) \end{cases}$$

给出,且当变量 x 从 a 变到 b 时,参数 t 相应地从 α 变到 β.做代换 $x=\varphi(t)$,得所求曲边梯形面积

$$S=\int_a^b y\,dx=\int_\alpha^\beta \psi(t)\varphi'(t)dt. \tag{4}$$

例 3 计算椭圆 $\frac{x^2}{a^2}+\frac{y^2}{b^2}=1$ 的面积 S.

解 由于椭圆关于 x 轴、y 轴对称(图 7-6),所以

$S=4S_1$,

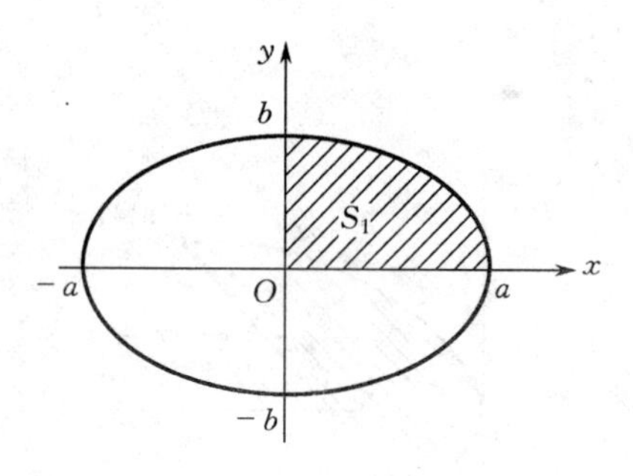

图 7-6

其中 S_1 是这个椭圆在第一象限的面积.

这个椭圆的参数方程为

$$\begin{cases} x = a\cos t, \\ y = b\sin t, \end{cases}$$

当 $x=0$ 时, $t=\dfrac{\pi}{2}$;当 $x=a$ 时, $t=0$.

按公式(4),得所求面积

$$S = 4S_1 = 4\int_0^a y\mathrm{d}x = 4\int_{\frac{\pi}{2}}^0 b\sin t(-a\sin t)\mathrm{d}t$$

$$= 4ab\int_0^{\frac{\pi}{2}} \sin^2 t\mathrm{d}t = 4ab\cdot\frac{1}{2}\cdot\frac{\pi}{2} = \pi ab.$$

例 4 计算摆线 $\begin{cases} x = a(t-\sin t), \\ y = a(1-\cos t) \end{cases}$ 的一拱($0\leqslant t\leqslant 2\pi$)与 x 轴所围图形的面积(图 7-7).

解 由摆线的参数方程可知,当 t 从 0 变到 2π 时,x 从 0 变到 $2\pi a$.

因此,按公式(4),得所求面积

$$S = \int_0^{2\pi a} y\mathrm{d}x = \int_0^{2\pi} a^2(1-\cos t)^2\mathrm{d}t$$

$$= a^2\int_0^{2\pi}(1-2\cos t+\cos^2 t)\mathrm{d}t$$

$$= a^2\int_0^{2\pi}\left(\frac{3}{2}-2\cos t+\frac{1}{2}\cos 2t\right)\mathrm{d}t$$

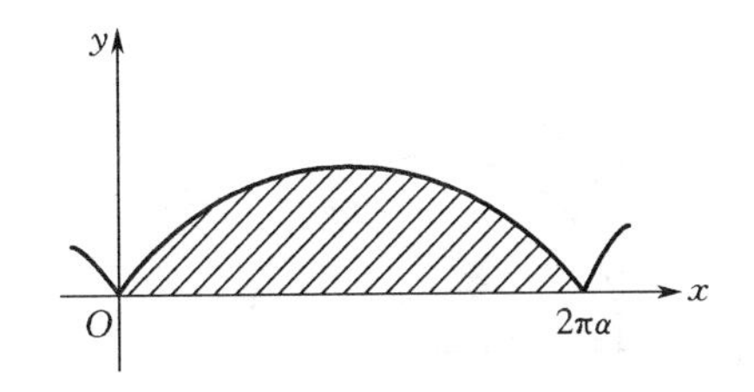

图 7-7

$$=a^2\left[\frac{3}{2}t-2\sin t+\frac{1}{4}\sin 2t\right]_0^{2\pi}=3\pi a^2.$$

7.2.2 在极坐标系中的计算法

有些平面图形的面积,用极坐标计算比较简便.

设由平面曲线 $r=r(\theta)(r(\theta)\geqslant 0)$ 及两条射线 $\theta=\alpha,\theta=\beta$ $(\beta>\alpha)$围成一平面图形(图 7-8),这个图形叫做曲边扇形.现在计算它的面积.

取 θ 为积分变量,它的变化区间为$[\alpha,\beta]$.在$[\alpha,\beta]$上任取小区间$[\theta,\theta+\mathrm{d}\theta]$,用中心角为 $\mathrm{d}\theta$,半径为 $r=r(\theta)$的圆扇形(图 7-8 中的阴影部分)近似代替相应于$[\theta,\theta+\mathrm{d}\theta]$的窄曲边扇形,从而得到这窄曲边扇形面积的近似值,即曲边扇形的面积元素

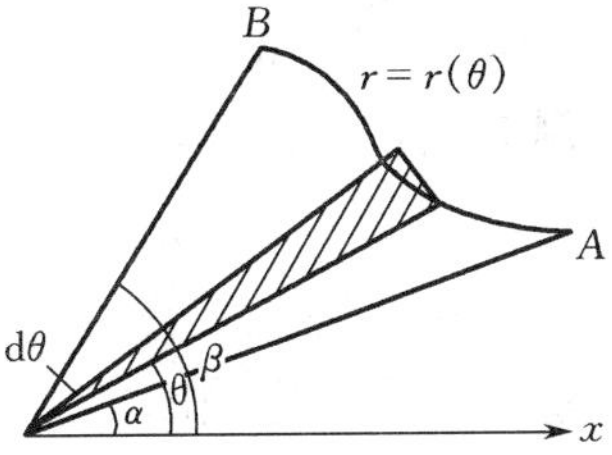

图 7-8

$$\mathrm{d}S=\frac{1}{2}[r(\theta)]^2\mathrm{d}\theta.$$

以$\frac{1}{2}[r(\theta)]^2\mathrm{d}\theta$ 为被积式,在$[\alpha,\beta]$上做定积分,得到所求曲边扇形的面积

$$S=\int_\alpha^\beta\frac{1}{2}[r(\theta)]^2\mathrm{d}\theta. \tag{5}$$

例 5 计算圆 $r=2a\cos\theta(a>0)$介于 x 轴与射线$\theta=\frac{\pi}{6}$间的图形

的面积.

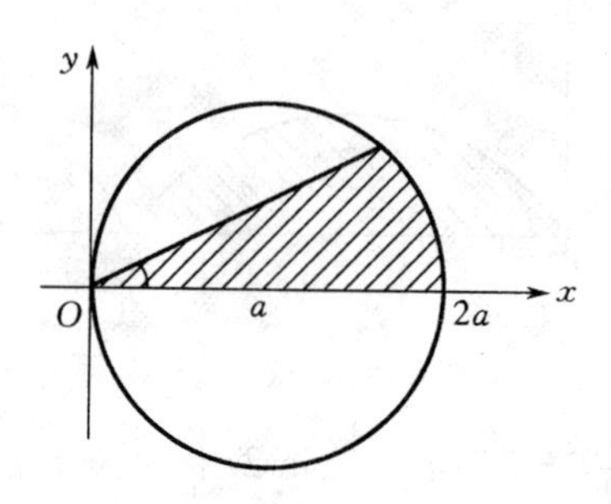

图 7-9

解　这个图形如图 7-9 所示,利用公式(5)

$$S=\int_0^{\frac{\pi}{6}}\frac{1}{2}(2a\cos\theta)^2\mathrm{d}\theta=2a^2\int_0^{\frac{\pi}{6}}\cos^2\theta\mathrm{d}\theta$$

$$=a^2\int_0^{\frac{\pi}{6}}(1+\cos 2\theta)\mathrm{d}\theta=a^2\left[\theta+\frac{1}{2}\sin 2\theta\right]_0^{\frac{\pi}{6}}$$

$$=a^2\left(\frac{\pi}{6}+\frac{\sqrt{3}}{4}\right).$$

例 6　计算心形线

$$r=a(1+\cos\theta)(a>0)$$

所围图形的面积.

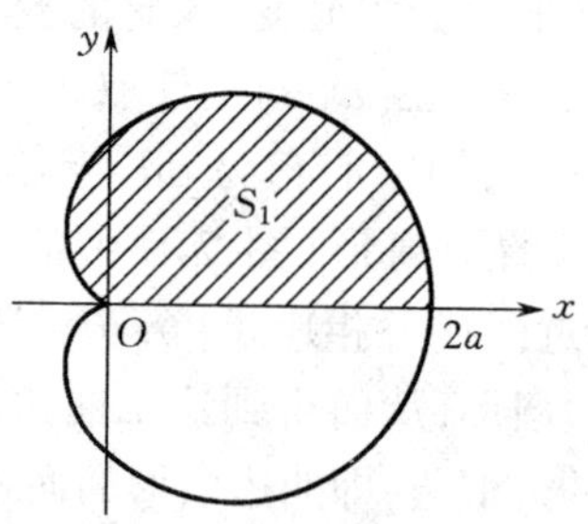

图 7-10

解　这个图形如图7-10所示. 它对称于极轴,因此所求图形的面积 S 是极轴上方图形面积S_1 的两倍.

对于极轴上方部分图形,θ 的变化区间为〔0,π〕. 利用公式(5)

$$S=2S_1=2\int_0^{\pi}\frac{1}{2}[a(1+\cos\theta)]^2\mathrm{d}\theta$$

$$=\int_0^{\pi}a^2(1+2\cos\theta+\cos^2\theta]\mathrm{d}\theta$$

$$=a^2\int_0^{\pi}\left(\frac{3}{2}+2\cos\theta+\frac{1}{2}\cos 2\theta\right)\mathrm{d}\theta$$

$$=a^2\left[\frac{3}{2}\theta+2\sin\theta+\frac{1}{4}\sin 2\theta\right]_0^{\pi}=\frac{3}{2}\pi a^2.$$

习　　题 7-2

1. 求由下列各曲线所围成的图形面积.

(1) $y=x^2, x+y=2$;

(2) $y=e^x, y=e^{-x}$ 与直线 $y=e^2$;

(3) $y=3-2x-x^2$ 与 x 轴;

(4) $y=\sqrt{2x-x^2}$ 与直线 $y=x$.

2. 求抛物线 $y^2=2px$ 及其在点 $\left(\frac{p}{2}, p\right)$ 处的法线所围成图形的面积.

3. 求由下列各曲线所围成的图形的面积.

(1) $r=4\cos\theta$;

(2) $r=2\sin\theta$.

4. 求星形线 $x=a\cos^3 t$, $y=a\sin^3 t$ 所围成图形的面积(图 7-11).

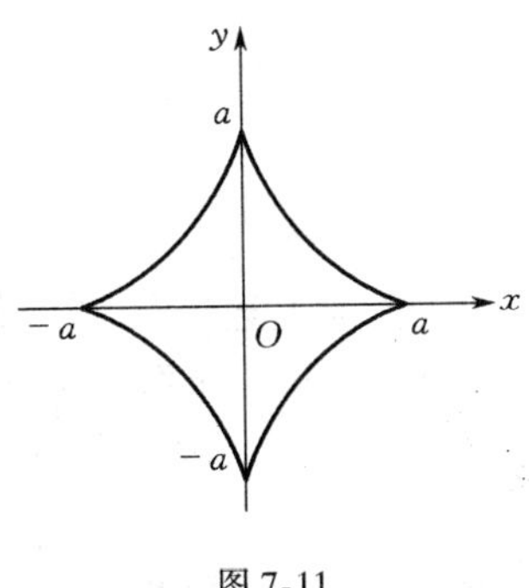

图 7-11

7.3 体　　积

本节仅考虑两种特殊几何形体体积的求法:一种是旋转体的体积;另一种是平行截面面积为已知的几何形体的体积.

7.3.1 旋转体的体积

由一个平面图形绕这平面内的一条直线旋转一周所成的立体叫做旋转体,平面内的这条直线叫做旋转轴.例如,圆柱、圆锥、球体可以分别看成是由矩形绕它的一条边、直角三角形绕它的直角边、半圆绕它的直径旋转一周而成的立体,它们都是旋转体.下面计算旋转体的体积.

1. 由连续曲线 $y=f(x)(f(x)\geqslant 0)$、x 轴及直线 $x=a$、$x=b(a<b)$ 所围成的曲边梯形绕 x 轴旋转而成的旋转体体积的计算

容易看出，该旋转体(图 7-12)的任一个垂直于 x 轴的截面都是圆，半径为 $y=f(x)$. 选取 x 为积分变量，它的变化区间为$[a,b]$. 在$[a,b]$上任取小区间$[x,x+\mathrm{d}x]$，相应于$[x,x+\mathrm{d}x]$的薄旋转体的体积近似于以$f(x)$为底半径，$\mathrm{d}x$ 为高的圆柱体的体积(图 7-12 中的阴影部分)，即体积元素

$$\mathrm{d}V=\pi[f(x)]^2\mathrm{d}x,$$

以 $\pi[f(x)]^2\mathrm{d}x$ 为被积式，在$[a,b]$上作定积分，得所求旋转体的体积

$$V=\int_a^b\pi[f(x)]^2\mathrm{d}x. \qquad (1)$$

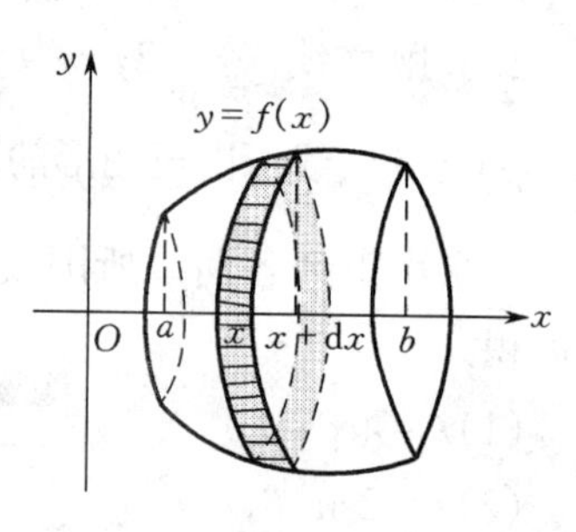

图 7-12

显然，求上述旋转体的体积，只需求出它在点 x 处垂直于x 轴的截面圆的半径$f(x)$，将它代入公式(1)就可以了.

例 1　计算由抛物线 $y=\sqrt{2px}$、x 轴及 $x=a$ 所围成的曲边梯形绕 x 轴旋转而成的旋转体的体积.

解　这个旋转体如图 7-13 所示.

取 x 为积分变量，它的变化区间为$[0,a]$. 这个旋转体在$[0,a]$的任一点 x 处垂直于x 轴的截面圆的半径为$\sqrt{2px}$. 利用公式(1)，得所求旋转体的体积

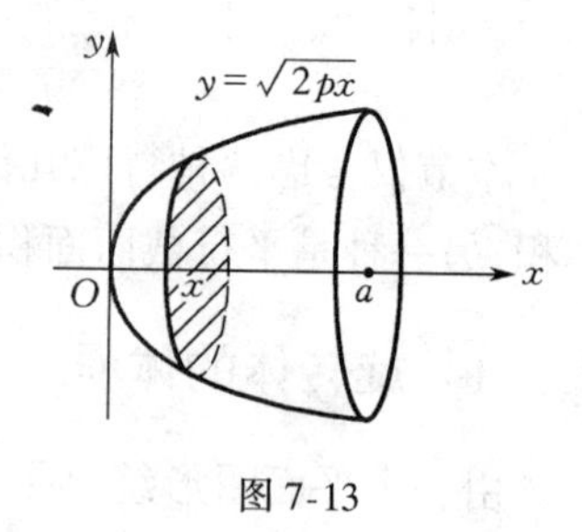

图 7-13

$$\begin{aligned}V&=\int_0^a\pi(\sqrt{2px})^2\mathrm{d}x\\&=\int_0^a 2\pi px\mathrm{d}x=\left[\pi px^2\right]_0^a\\&=\pi pa^2.\end{aligned}$$

例 2　计算由椭圆$\dfrac{x^2}{a^2}+\dfrac{y^2}{b^2}=1$ 所围成的图形绕 x 轴旋转而成的旋

转体的体积.

解 这个旋转体的图形如图 7-14 所示.

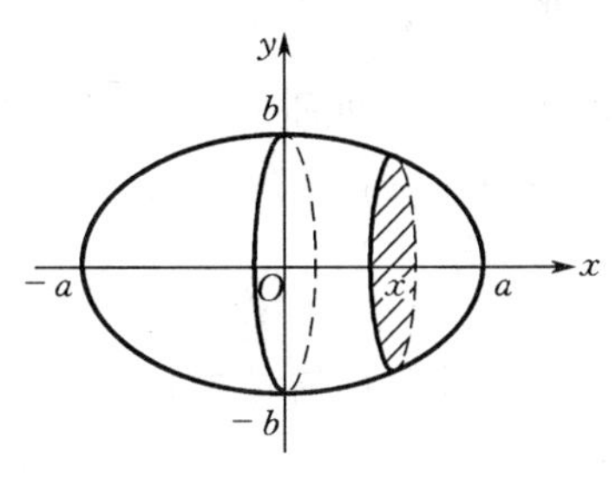

图 7-14

取 x 为积分变量,它的变化区间为$[-a,a]$.这旋转体在$[-a,a]$的任一点 x 处垂直于 x 轴的截面圆的半径为$\frac{b}{a}\sqrt{a^2-x^2}$,利用公式(1),得所求旋转体的体积

$$V=\int_{-a}^{a}\pi\left(\frac{b}{a}\sqrt{a^2-x^2}\right)^2\mathrm{d}x=\pi\frac{b^2}{a^2}\int_{-a}^{a}(a^2-x^2)\mathrm{d}x$$

$$=\pi\frac{b^2}{a^2}\left[a^2x-\frac{x^3}{3}\right]_{-a}^{a}=\frac{4}{3}\pi ab^2.$$

类似地,可以用定积分计算下面旋转体的体积.

2. 由连续曲线 $x=\varphi(y)(\varphi(y)\geqslant0)$、$y$ 轴及直线 $y=c$、$y=d$ $(c<d)$所围成的曲边梯形绕 y 轴旋转而成的旋转体的体积

其体积(图7-15)为

$$V=\int_{c}^{d}\pi[\varphi(y)]^2\mathrm{d}y. \tag{2}$$

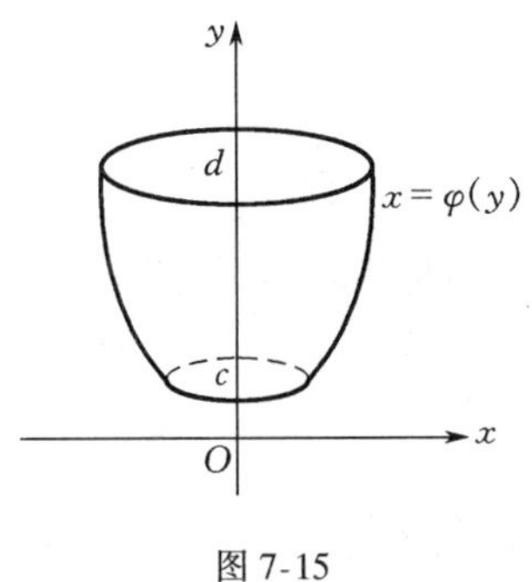

图 7-15

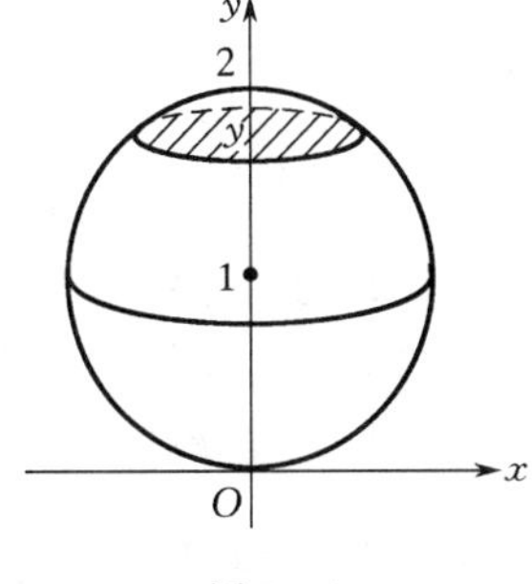

图 7-16

例 3 计算由圆 $x^2+y^2-2y=0$ 所围成的图形绕 y 轴旋转而成的旋转体的体积.

解 这个旋转体的图形如图 7-16 所示.

取 y 为积分变量，它的变化区间为[0,2]. 在[0,2]上任取点 y，这旋转体在点 y 处垂直于 y 轴的截面圆的半径为 $\sqrt{2y-y^2}$. 利用公式(2)，得所求旋转体的体积

$$V=\int_0^2 \pi(2y-y^2)\mathrm{d}y=\pi\left[y^2-\frac{y^3}{3}\right]_0^2=\pi\left(4-\frac{8}{3}\right)=\frac{4}{3}\pi.$$

我们计算旋转体的体积：就是求出旋转体在点 x(或 y)处垂直于 x(或 y)轴的截面面积，以它为被积函数，在 x(或 y)的积分区间上做定积分.

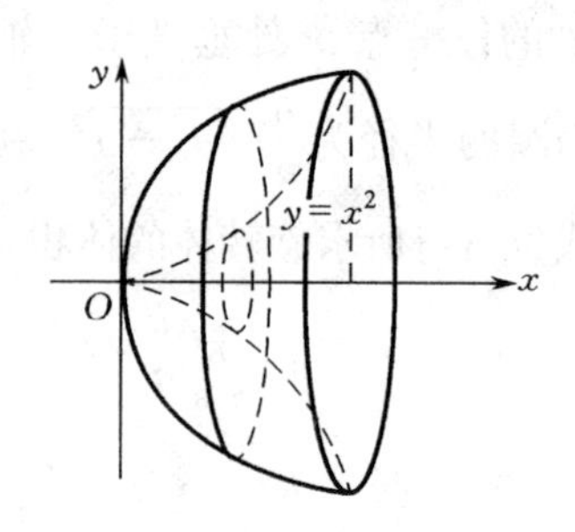

图 7-17

例 4 计算由曲线 $y=x^2$ 及 $x=y^2$ 所围成的图形绕 x 轴旋转而成的旋转体的体积.

解 这个旋转体的图形如图 7-17 所示.

取 x 为积分变量，解方程组

$$\begin{cases} y=x^2, \\ y^2=x, \end{cases}$$

得交点(0,0)、(1,1)，于是得到 x 的变化区间为[0,1]. 在[0,1]上任取点 x，该旋转体在点 x 处垂直于 x 轴的截面面积为 $\pi(x-x^4)$. 利用公式(1)，得所求体积

$$V=\int_0^1 \pi(x-x^4)\mathrm{d}x=\pi\left[\frac{x^2}{2}-\frac{x^5}{5}\right]_0^1=\pi\left(\frac{1}{2}-\frac{1}{5}\right)=\frac{3}{10}\pi.$$

从上面的讨论可以看出，如果一个立体不是旋转体，但能够求出这个立体的垂直于 x(或 y)轴的各个截面面积，那么，这个立体的体积也可以用定积分来计算.

7.3.2 平行截面面积为已知的立体的体积

设立体在垂直于 x 轴的两个平面 $x=a$、$x=b$ $(a<b)$ 之间，并设垂直于 x 轴的平面与该立体相交的截面面积 $S(x)$ 是 x 的已知函数. 现在来计算它的体积(图 7-18).

选取 x 为积分变量，它的变化区间为$[a,b]$. 在$[a,b]$上任取小区间$[x,x+\mathrm{d}x]$. 相应于$[x,x+\mathrm{d}x]$的薄立体片体积的近似值，等于这个立体在以点 x 处垂直于 x 轴的截面为底，$\mathrm{d}x$ 为高的薄柱体的体积，即体积元素为

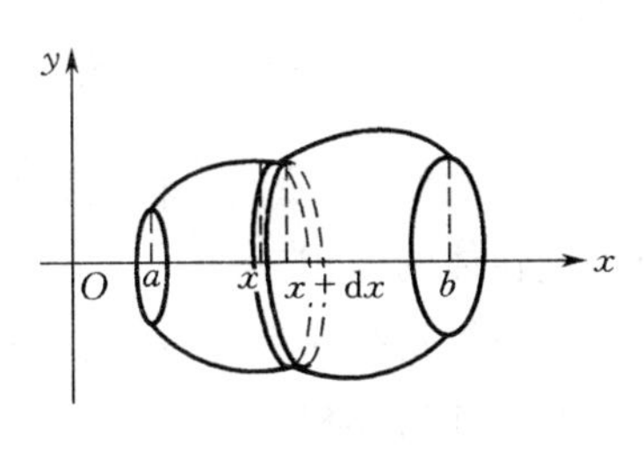

图 7-18

$$\mathrm{d}V=S(x)\mathrm{d}x.$$

以 $S(x)$为被积函数，在$[a,b]$上做定积分，得到所求立体的体积

$$V=\int_a^b S(x)\mathrm{d}x. \tag{3}$$

例 5 一平面经过半径为 R 的圆柱体的底圆中心，并与底面的交角为 α，计算这平面截该圆柱体所得立体的体积.

解 这个立体如图 7-19 所示. 如图建立坐标系 xOy. 底圆的方程为

$$x^2+y^2=R^2.$$

取 x 为积分变量，它的变化区间为$[-R,R]$. 这立体在$[-R,R]$的任一点 x 处垂直于 x 轴的截面是直角三角形，它的两条直角边为$\sqrt{R^2-x^2}$、$\sqrt{R^2-x^2}\tan\alpha$，因此这直角三角形的面积为

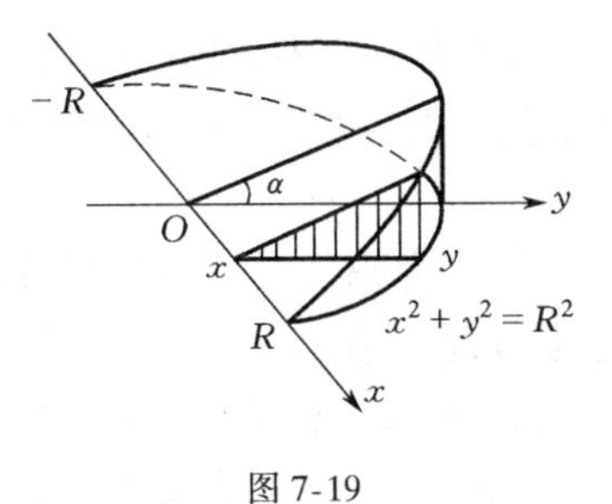

图 7-19

$$S(x)=\frac{1}{2}(R^2-x^2)\tan\alpha.$$

利用公式(3)，得所求立体的体积

$$\begin{aligned}V&=\int_{-R}^{R}\frac{1}{2}(R^2-x^2)\tan\alpha\mathrm{d}x=\frac{1}{2}\tan\alpha\left(R^2x-\frac{x^3}{3}\right]_{-R}^{R}\\&=\frac{2}{3}R^2\tan\alpha.\end{aligned}$$

习　题　7-3

1. 将曲线 $y=x^2$、x 轴及直线 $x=2$ 所围成的图形绕 x 轴旋转，求所得旋转体的体积.

2. 将抛物线 $x=5-y^2$ 与直线 $x=1$ 所围成的图形绕 y 轴旋转，求所得旋转体的体积.

3. 把曲线 $y=\sqrt{2x-x^2}$ 与 $y=\sqrt{x}$ 所围成的图形绕 x 轴旋转，求所得旋转体的体积.

4. 把两曲线 $x=\sqrt{1-y^2}$ 与 $x=1-\sqrt{1-y^2}$ 所围成的图形绕 y 轴旋转，求所得旋转体的体积.

7.4　平面曲线的弧长

7.4.1　在直角坐标系中的计算法

设曲线 $y=f(x)$ 具有一阶连续导数. 计算在这条曲线上相应于 x 从 a 到 b 的一段弧(图 7-20)的长度.

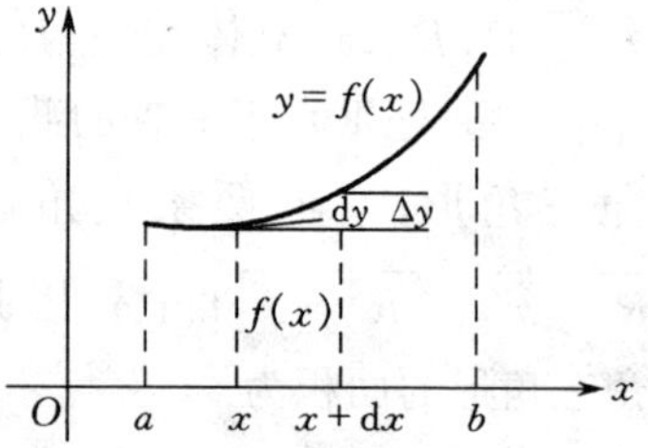

取 x 为积分变量，它的变化区间为 $[a,b]$. 在 $[a,b]$ 上任取小区间 $[x,x+\mathrm{d}x]$，曲线 $y=f(x)$ 相应于 $[x,x+\mathrm{d}x]$ 的一段弧的长度，可以用它在点 $(x,f(x))$ 处的切线上相应的直线段的长度来近似代替.

图 7-20

由 4.9 弧微分公式(1)得，该切线上相应小段的长度，即弧长元素为

$$\mathrm{d}s=\sqrt{1+[f'(x)]^2}\,\mathrm{d}x.$$

以 $\sqrt{1+[f'(x)]^2}\,\mathrm{d}x$ 为被积式，在 $[a,b]$ 上做定积分，得所求弧长

$$s=\int_a^b \sqrt{1+[f'(x)]^2}\,\mathrm{d}x. \tag{1}$$

例 1 计算曲线 $y=\frac{1}{3}x^{\frac{3}{2}}$ 上相应于 x 从 0 到 12 的一段弧的长度.

解 弧长元素

$$ds=\sqrt{1+[f'(x)]^2}dx=\sqrt{1+\frac{1}{4}x}dx.$$

利用公式(1),得所求弧长

$$\begin{aligned}s&=\int_0^{12}\sqrt{1+\frac{1}{4}x}dx=4\int_0^{12}\sqrt{1+\frac{1}{4}x}d(1+\frac{1}{4}x)\\&=4[\frac{2}{3}(1+\frac{1}{4}x)^{\frac{3}{2}}]_0^{12}=\frac{8}{3}(4^{\frac{3}{2}}-1)=\frac{8}{3}(8-1)=\frac{56}{3}.\end{aligned}$$

7.4.2 曲线以参数方程给出时的计算法

设曲线弧的参数方程为

$$\begin{cases}x=\varphi(t),\\y=\psi(t)\end{cases}\quad(\alpha\leqslant t\leqslant\beta),$$

其中 $\varphi(t)$、$\psi(t)$ 具有一阶连续导数,下面计算该曲线弧的长度.

选取 t 为积分变量,它的变化区间为 $[\alpha,\beta]$. 在 $[\alpha,\beta]$ 上任取小区间 $[t,t+dt]$,相应于 $[t,t+dt]$ 的小弧段长度 Δs 的近似值是弧微分,即弧长元素

$$\begin{aligned}ds&=\sqrt{(dx)^2+(dy)^2}=\sqrt{[\varphi'(t)dt]^2+[\psi'(t)dt]^2}\\&=\sqrt{\varphi'^2(t)+\psi'^2(t)}dt.\end{aligned}$$

因此,所求弧长为

$$s=\int_\alpha^\beta\sqrt{\varphi'^2(t)+\psi'^2(t)}dt. \tag{2}$$

例 2 计算摆线(图 7-21) $\begin{cases}x=a(t-\sin t),\\y=a(1-\cos t),\end{cases}$

一拱 $(0\leqslant t\leqslant 2\pi)$ 的长度.

解
$$\begin{aligned}ds&=\sqrt{a^2(1-\cos t)^2+a^2\sin^2 t}dt=a\sqrt{2(1-\cos t)}dt\\&=2a\sin\frac{t}{2}dt.\end{aligned}$$

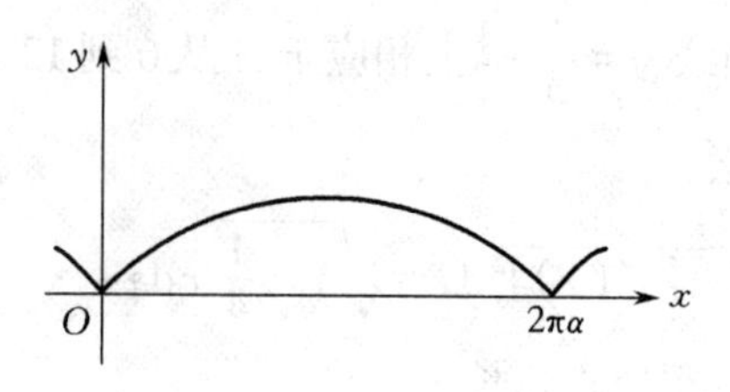

图 7-21

利用公式(2),得所求弧长

$$s=\int_0^{2\pi}2a\sin\frac{t}{2}\mathrm{d}t=2a\left[-2\cos\frac{t}{2}\right]_0^{2\pi}=8a.$$

习　　题　7-4

1. 计算曲线 $y=\sqrt{1-x^2}$ 相应于 $0\leqslant x\leqslant\frac{1}{2}$ 的一段弧的长度.

2. 计算曲线 $y=\frac{2}{3}(x-1)\sqrt{x-1}$ 相应于 $1\leqslant x\leqslant 4$ 的一段弧的长度.

3. 计算星形线 $x=a\cos^3 t, y=a\sin^3 t$ 的全长.

7.5　功　液体压力　平均值

7.5.1　功

我们知道,若常力 F 的方向与物体运动的方向一致,物体运动了距离 S,这时,常力 F 对物体所做的功为

$$W=F\cdot S.$$

如果物体在直线运动过程中受变力 F 的作用,那么,变力 F 所做的功又该如何计算呢?下面通过具体的例子来说明如何用定积分计算变力所做的功.

例 1　一弹簧原长 0.1 m,有一力 P 把它由原长拉长 0.06 m,计算力 P 所作的功.

解 选取坐标系如图 7-22.

根据胡克定律可知，力 P 与弹簧的伸长量 x 成正比，即

$$P = kx,$$

显然 P 随 x 的变化而变化，它是一个变力.

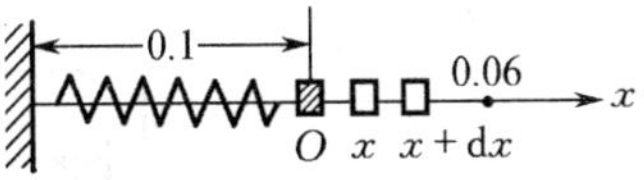

图 7-22

取伸长量 x 为积分变量，它的变化区间为$[0,0.06]$. 在$[0,0.06]$上任取小区间$[x,x+\mathrm{d}x]$，相应于$[x,x+\mathrm{d}x]$的变力所做的功近似于 $kx\mathrm{d}x$，即功元素为

$$\mathrm{d}W = kx\mathrm{d}x.$$

以 $kx\mathrm{d}x$ 为被积式，在$[0,0.06]$上做定积分，得力 P 做作的功

$$W = \int_0^{0.06} kx\mathrm{d}x = \frac{k}{2}x^2 \Big|_0^{0.06} = 18 \times 10^{-4}\ k\ \mathrm{J}.$$

注意 如果按图 7-23 选取坐标系，那么，伸长量为 $x-0.1$，x 的变化区间为$[0.1,0.16]$. 力 P 为

$$P = k(x-0.1).$$

于是得到功元素为

$$\mathrm{d}W = k(x-0.1)\mathrm{d}x.$$

图 7-23

因此，所求的功为

$$W = \int_{0.1}^{0.16} k(x-0.1)\mathrm{d}x = \frac{k}{2}(x-0.1)^2 \Big|_{0.1}^{0.16} = 18 \times 10^{-4}\ k\ \mathrm{J}.$$

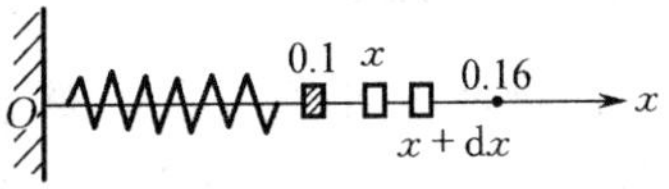

例 2 一个圆柱形的水桶高 5 m，底圆半径为 3 m，桶内盛满了水. 试计算把桶内的水全部吸出所做的功.

解 如图 7-24 所示.

取 x 为积分变量，它的变化区间为$[0,5]$. 在$[0,5]$上任取小区间$[x,x+\mathrm{d}x]$，相应于$[x,x+\mathrm{d}x]$的一薄层水的高度为 $\mathrm{d}x$，水的比重为 $\gamma = 9800(\mathrm{N/m^3})$，因此这薄层水的重力为 $9800\pi \cdot 3^2 \cdot \mathrm{d}x$. 把这一薄层水

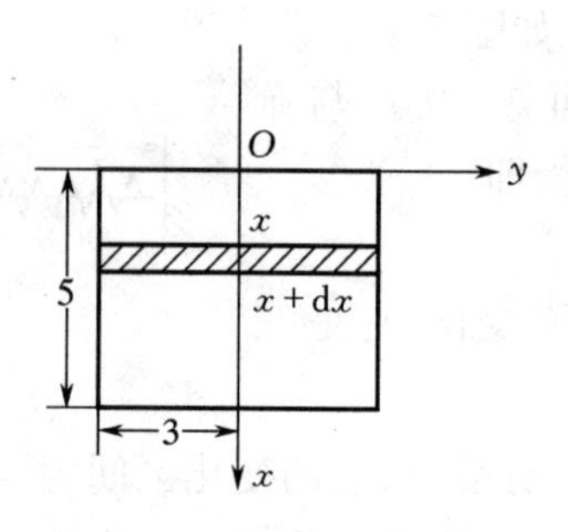

图 7-24

吸出桶外所做功的近似值为 $88200\pi x\mathrm{d}x$，即功元素为

$$\mathrm{d}W = 88200\pi x\mathrm{d}x$$

以 $88200\pi x\mathrm{d}x$ 为被积式，在[0,5]上做定积分，得所求功为

$$W = \int_0^5 88200\pi x\mathrm{d}x = 44100\pi(x^2)\Big|_0^5 = 1.1025\times10^6\pi \text{ J}.$$

7.5.2* 液体压力

由物理学知道，在液体深为 h 处的压强 $p = h\cdot\gamma$，这里 γ 是液体的比重. 在 h 深处水平放置一面积为 S 的平板，它的一侧所受的压力

$$P = p\cdot S$$

下面通过例子说明，将平板垂直放置在液体中，平板的一侧所受压力的计算.

例 3　有一矩形闸门直立水中，闸门高 3 m，宽 2 m，水面超过门顶 2 m，计算这闸门的一侧所受的水压力.

解　选取坐标系如图 7-25.

取 x 为积分变量，它的变化区间为[2,5]. 在[2,5]上任取小区间$[x, x+\mathrm{d}x]$，相应于$[x, x+\mathrm{d}x]$的小横条的面积为 $2\mathrm{d}x$，这横条各点的压强近似于 γx，水的比重 $\gamma = 9800 \text{ N/m}^3$，因此，这横条的一侧所受水压力的近似值，即压力元素为

$$\mathrm{d}P = 9800\cdot 2x\mathrm{d}x$$

以 $9800\cdot 2x\mathrm{d}x$ 为被积式,在[2,5]上做定积分,得闸门一侧所受水压力

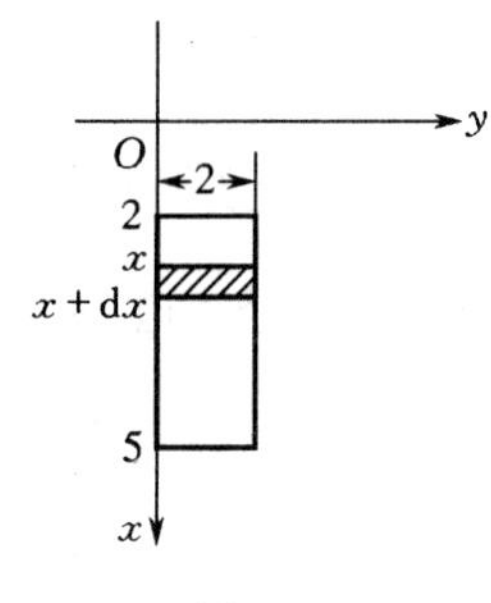

图 7-25

$$P=\int_2^5 19600x\mathrm{d}x=\left(19600\cdot\frac{x^2}{2}\right)\Big|_2^5$$

$$=205800\ \mathrm{N}.$$

例 4 有一等腰梯形闸门直立在水中,它的上底为 6 m,下底为 2 m,高为 10 m,且上底与水面相齐,计算这闸门的一侧所受的水压力.

解 选取坐标系如图 7-26.

取 x 为积分变量,它的变化区间为[0,10].在[0,10]上任取小 区 间$[x,x+\mathrm{d}x]$,相应于$[x,x+\mathrm{d}x]$的小横条的面积近似于 $2y\mathrm{d}x$,各点的压强近似于 γx,水的比重 $\gamma=9800(\mathrm{N/m^3})$,因此,这小横条的一侧所受水压力的近似值,即压力元素

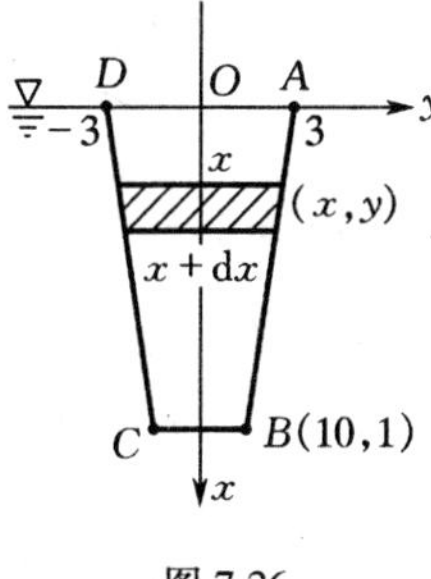

图 7-26

$$\mathrm{d}P=19600xy\mathrm{d}x \tag{1}$$

下面建立直线 AB 的方程.由于 A、B 两点的坐标分别为$A(0,3)$、$B(10,1)$,所以,利用直线的两点式方程,可得 AB 的方程为

$$\frac{y-3}{x}=\frac{3-1}{0-10},$$

即
$$y=-\frac{1}{5}x+3 \tag{2}$$

将式(2)代入式(1),得压力元素

$$\mathrm{d}P=19600x\left(-\frac{1}{5}x+3\right)\mathrm{d}x.$$

以 $19600x\left(-\frac{1}{5}x+3\right)\mathrm{d}x$ 为被积式,在[0,10]上做定积分,得闸门的一侧所受的水压力

$$P=\int_0^{10}19600x\left(-\frac{1}{5}x+3\right)\mathrm{d}x=19600\left[3x^2-\frac{2}{15}x^3\right]_0^{10}$$

$$=\frac{49}{3}\times 10^5\ \text{N}.$$

7.5.3* 连续函数的平均值

我们已经知道,n 个数值 $y_1,y_2,\cdots,y_n$ 的算术平均值为

$$\bar{y}=\frac{y_1+y_2+\cdots+y_n}{n}=\frac{\sum_{i=1}^{n}y_i}{n}.$$

下面计算一个连续函数 $f(x)$ 在区间 $[a,b]$ 上所取得的一切值的平均值.

首先,把区间 $[a,b]$ 分成 n 等分,设分点为

$$a=x_0<x_1<x_2<\cdots<x_n=b.$$

每个小区间的长度为 $\Delta x_i=\frac{b-a}{n}\quad(i=1,2,\cdots,n)$,各分点 x_i 所对应的函数值 $f(x)$ 依次为 $f(x_1),f(x_2),\cdots,f(x_n)$. 可以用 $f(x_1)$, $f(x_2),\cdots,f(x_n)$ 的平均值

$$\frac{f(x_1)+f(x_2)+\cdots+f(x_n)}{n}=\frac{\sum_{i=1}^{n}f(x_i)}{n}$$

近似地表达 $f(x)$ 在 $[a,b]$ 上所取得的一切值的平均值. 显然 n 越大,分点越多,这个平均值就越接近于 $f(x)$ 在 $[a,b]$ 上所取值的平均值,因此,我们称极限

$$\lim_{n\to\infty}\frac{\sum_{i=1}^{n}f(x_i)}{n}$$

为 $f(x)$ 在 $[a,b]$ 上的平均值,下面把这个极限转化为定积分来计算.

由于 $f(x)$ 在 $[a,b]$ 上连续,所以

$$\int_a^b f(x)\mathrm{d}x=\lim_{n\to\infty}\sum_{i=1}^{n}f(x_i)\Delta x_i,$$

因此,
$$\lim_{n\to\infty}\frac{\sum_{i=1}^{n}f(x_i)}{n}=\lim_{n\to\infty}\frac{1}{b-a}\left[\sum_{i=1}^{n}f(x_i)\frac{b-a}{n}\right]$$

$$=\frac{1}{b-a}\lim_{n\to\infty}\sum_{i=1}^{n}f(x_i)\Delta x_i=\frac{1}{b-a}\int_a^b f(x)\mathrm{d}x.$$

这就是说,连续函数 $f(x)$ 在区间 $[a,b]$ 上的平均值,等于函数 $f(x)$ 在 $[a,b]$ 上的定积分除以区间的长度 $b-a$.

例 5 正弦交流电的电流 $i=I_{\mathrm{m}}\sin\omega t$,其中 I_{m} 是电流的最大值,ω 叫角频率(I_{m}、ω 都是常数),求 i 在半周期 $[0,\frac{\pi}{\omega}]$ 内的平均值 $\bar{I}$.

解 $$\bar{I}=\frac{1}{\frac{\pi}{\omega}}\int_0^{\frac{\pi}{\omega}}I_{\mathrm{m}}\sin\omega t\,\mathrm{d}t=\frac{I_{\mathrm{m}}\omega}{\pi}\int_0^{\frac{\pi}{\omega}}\sin\omega t\,\mathrm{d}t$$

$$=\frac{I_{\mathrm{m}}}{\pi}(-\cos\omega t)\Big|_0^{\frac{\pi}{\omega}}=\frac{2}{\pi}I_{\mathrm{m}}.$$

习　　题 7-5

1. 设有一弹簧,原长 15 cm,假定 5 N 的力能使弹簧伸长 1 cm,求把这弹簧拉长 10 cm 所做的功.

2. 一圆锥形容器,深 3 m、底圆半径为 2 m,容器内盛满了水,试求把该容器内的水全部吸出所做的功.

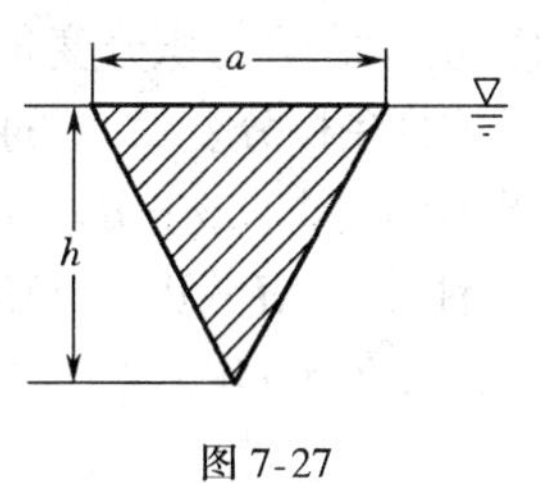

图 7-27

3. 有一个等腰三角形闸门直立于水中,它的底边与水面相齐,已知三角形的底边长 a m,高 h m,求这闸门的一侧所受的水压力(图 7-27).

4. 一物体以速度 $v=3t^2+2t$(m/s)做直线运动,计算它在 $t=0$ 到 $t=3$ s 一段时间内的平均速度.

本　章　总　结

一、学习本章的基本要求

(1)理解用元素法将实际问题表达成定积分的分析方法.

(2)熟练掌握平面图形的面积、旋转体的体积的计算方法.

(3)会求简单的已知平行截面面积的立体体积,会求平面曲线的弧长.

(4)能用定积分解决简单的变力做功问题.

二、本章的重点、难点

重点 应用定积分计算平面图形的面积、旋转体的体积.

难点 定积分的元素法.

三、学习中应注意的几个问题

1.定积分的元素法

定积分的元素法是应用定积分求具有可加性几何量和物理量的一种数学方法,应用时应注意以下两点:

(1)根据实际问题,选择适当的坐标系,画出其草图,然后选取合适的变量(如 x)为积分变量,并确定出积分变量的变化区间$[a,b]$.

(2)在积分变量 x 的变化区间$[a,b]$上任取小区间$[x,x+\mathrm{d}x]$,求出相应于$[x,x+\mathrm{d}x]$上部分量 ΔI 的近似值$\mathrm{d}I=f(x)\mathrm{d}x$.

注意 $\Delta I-\mathrm{d}I$ 必须是比 $\mathrm{d}x$ 的高阶无穷小,以 $\mathrm{d}I=f(x)\mathrm{d}x$ 为被积式,在区间$[a,b]$上做定积分,就得到所要求的量

$$I=\int_a^b f(x)\mathrm{d}x.$$

2.定积分应用中注意的几个问题

(1)结合元素法,熟记定积分在几何应用方面相应的计算公式.

(2)对于给定的实际问题,认真分析,选择合适的积分变量确定被积表达式及积分区间,按题意画出所给定的图形有助于做到这一点.

(3)计算时要注意利用图形的对称性.

测验作业题(六)

1.求由曲线 $y=\dfrac{4}{x}$ 与直线 $y=x$,$x=1$ 所围成的平面图形的面积.

2. 利用极坐标计算曲线 $x=\sqrt{4y-y^2}$, $y=\sqrt{3}x$ 所围成的平面图形的面积.

3. 把抛物线 $x=4-y^2$ 与 $x=y^2$ 所围成的平面图形分别绕 x 轴与 y 轴旋转,计算所得两个旋转体的体积.

4. 计算曲线 $y=\ln(1-x^2)$,从点 $(0,0)$ 到点 $(\frac{1}{2},\ln\frac{3}{4})$ 的一段弧的长度.

5. 有一个深 3 m 的长方体贮水槽盛满了水,贮水槽的底长5 m,宽 4 m,求把水槽内的水全部吸出所做的功.

习题答案

第 1 章

习 题 1-1

1. (1) $(2,6]$； (2) $[3,+\infty),(-\infty,1]$；
 (3) $(-1,7)$； (4) $(-2,1)$.
2. (1)不相同； (2)不相同；
 (3)不相同； (4)相同.
3. (1)$x\geqslant 2$ 或 $x\leqslant -2$,即$(-\infty,-2],[2,+\infty)$；
 (2)$(0,1]$； (3)$(-\infty,1),(1,2),(2,+\infty)$；
 (4)$x>2$ 或 $x<1$,即$(-\infty,1),(2,+\infty)$.
4. (1)$f(0)=-2$, $f(1)=-\frac{1}{2}$, $f(-\frac{1}{2})=-5$,
 $f(a)=\frac{a-2}{a+1}$；
 (2)$f(-x)=\frac{1+x}{1-x},f(x+1)=-\frac{x}{x+2},f(\frac{1}{x})=\frac{x-1}{x+1}$；
 (3)$g(x)=a$.
5. $f(x)=x^2+x+3,f(x-1)=x^2-x+3$.
7. (1)非奇、非偶函数； (2)偶函数；
 (3)奇函数； (4)偶函数；
 (5)非奇、非偶函数； (6)偶函数.
9. (1)4π； (2)π； (3)π.
10. (1)$y=x^3-1$； (2)$y=\lg x-1$；
 (3)$y=\frac{1-x}{1+x}$, $(x\neq -1)$.

习　题　1-2

1. (1) $y=\arcsin(1-x)^2$，　$0\leqslant x\leqslant 2$；

(2) $y=\ln(1-x^2)$，　$-1<x<1$；

(3) $y=\dfrac{1}{2}\sqrt{\log_a^2\sqrt{x^2+2x}}$，　$x>0, x<-2$.

2. $f[\varphi(x)]=4^x$，　　$\varphi[f(x)]=2^{x^2}$.

6. $\dfrac{x}{\sqrt{1+nx^2}}$.

习　题　1-3

1. $A=b\sqrt{900-b^2}(\text{cm}^2)$　$(0<b<30)$.

2. $y=\begin{cases} t, & 0\leqslant t\leqslant 1, \\ 2-t, & 1<t\leqslant 2. \end{cases}$

3. $m=\dfrac{1}{2}x^2$　$(0\leqslant x\leqslant l)$，其中 l 是 OB 的全长.

第　2　章

习　题　2-1

1. (1)0；　(2)2；　(3)1；　(4)没有极限.

习　题　2-2

2. $\lim\limits_{x\to 0-0}\dfrac{x}{x}=1$，　$\lim\limits_{x\to 0+0}\dfrac{x}{x}=1$，　$\lim\limits_{x\to 0}\dfrac{x}{x}=1$，

$\lim\limits_{x\to 0-0}\dfrac{|x|}{x}=-1$，　$\lim\limits_{x\to 0+0}\dfrac{|x|}{x}=1$，　$\lim\limits_{x\to 0}\dfrac{|x|}{x}$不存在.

3. 不存在.

4. (2) $\lim\limits_{x\to 1-0}f(x)=1$，　$\lim\limits_{x\to 1+0}f(x)=2$；

(3)不存在.

习　题　2-3

1. (1)不正确；　(2)正确；　(3)不正确；　(4)不正确；

(5)不正确.

2.(1)无穷小；(2)无穷小；(3)无穷小；(4)无穷大.

3.(1)∞；(2)0；(3)0.

习 题 2-4

1.(1)2；(2)0；(3)8；(4)12；(5)$2x$；(6)2；(7)-1；(8)0；(9)2；(10)2.

2.(1)0；(2)0.

3.(1)$\frac{1}{4}$；(2)$\frac{3}{2}$；(3)0；(4)1；(5)1.

习 题 2-5

1.(1)k；(2)$\frac{5}{3}$；(3)$\frac{1}{2}$；(4)2；(5)$\frac{1}{2}$；(6)$\frac{1}{2a}$.

2.(1)e^{-2}；(2)e^{2}；(3)e^{-2}；(4)e.

习 题 2-6

1.$x\to 0$时，x^2-x^3是比$2x-x^2$高阶无穷小.

3.(1)$\frac{3}{2}$；(2)$\frac{1}{2}$；

(3)0($m<n$时)，1($m=n$)，∞($m>n$)；

(4)$\frac{a}{b}$；(5)$\frac{1}{2}a^2$.

习 题 2-7

3.在$x=1$点连续.

4.(1)$x=1$，是可去间断点，$x=2$是第二类间断点；

(2)$x=\pm 1$，是第二类间断点；

(3)$x=0$，是第二类间断点；

(4)$x=0$，是第一类间断点.

5.$f(0)=e$.

6.$A=\frac{5}{2}$.

习 题 2-8

1.连续区间$(-\infty,-3)$，$(-3,2)$，$(2,+\infty)$，$\lim\limits_{x\to 0} f(x)=\frac{1}{2}$，

$\lim\limits_{x\to -3} f(x)=-\frac{8}{5}$， $\lim\limits_{x\to 2} f(x)=\infty$.

2. (1) $-\frac{1}{2}(\frac{1}{e^2}+1)$；　(2) 1；　(3) 0；　(4) $-\frac{\sqrt{2}}{2}$.

3. (1) 0，　(2) a，　(3) $\frac{1}{a}$　(4) e.

第 3 章

习 题 3-1

1. -200.

2. a.

3. (1) $f'(x_0)$；　(2) $-f'(x_0)$；
   (3) $f'(x_0)$；　(4) $f'(0)$.

4. $v=12$(m/s)

习 题 3-2

1. (1) $\frac{1}{2\sqrt{x}}$；　(2) $-\frac{1}{x^2}$, $y'(2)=-\frac{1}{4}$；　(3) $-\sin x$.

2. (1) $15x^{14}$；　(2) $-3x^{-4}$；　(3) $-\frac{2}{x^3}$；　(4) $-\frac{2}{3}x^{-\frac{5}{3}}$.

3. (4,8).

4. 切线方程　$x-ey=0$，
   法线方程　$ex+y-(e^2+1)=0$.

习 题 3-3

1. (1) $6x+\frac{4}{x^3}$；　(2) $4x+\frac{5}{2}x^{3/2}$；
   (3) $2x-\frac{5}{2}x^{-\frac{7}{2}}-3x^{-4}$；　(4) $8x-4$.

2. (1) $\ln x+1$；
   (2) $e^x(\sin x+\cos x)$；
   (3) $\tan x+x\sec^2 x-2\sec x\tan x$；

(4) $\sin x \ln x + x\cos x \ln x + \sin x$;

(5) $\log_2 x + \frac{1}{\ln 2}$; (6) $\frac{1}{\sqrt{1-x^2}} + \frac{1}{1+x^2}$.

3. (1) $-\frac{1}{x^2}(\frac{2\cos x}{x} + \sin x)$; (2) $\frac{1-2\ln x}{x^3}$;

(3) $\frac{-2e^x}{(1+e^x)^2}$; (4) $\frac{1}{1+\cos x}$;

(5) $\frac{2\sqrt{x}(1+\sqrt{x})\csc^2 x + \cot x}{-2\sqrt{x}(1+\sqrt{x})^2}$;

(6) $\frac{(\sin x + x\cos x)(1+\tan x) - x\sin x\sec^2 x}{(1+\tan x)^2}$.

4. (1) $6\ln a - 3$; (2) $-\frac{1}{18}$.

5. (1) $12 - gt$; (2) $\frac{12}{g}$.

6. $a = \frac{1}{3}$; $b = -\frac{2}{3}$.

习 题 3-4

1. (1) $y = u^{3/2}$, $u = 1 + x$;

(2) $y = u^2$, $u = \cos v$, $v = 3x + \frac{\pi}{4}$;

(3) $y = e^u$, $u = x^2$;

(4) $y = \ln u$, $u = \sin v$, $v = x + 1$.

2. (1) $4(2x+1)$; (2) $\frac{3}{2(3x-5)^{1/2}}$;

(3) $\frac{\sec^2 \frac{x}{2}}{4\sqrt{\tan \frac{x}{2}}}$; (4) $\tan^3 x \cdot \sec^2 x$;

(5) $3e^{\sin^3 x} \cdot \sin^2 x \cos x$; (6) $\frac{6\ln^2 x^2}{x}$;

(7) $4\sin(2x+1)\cos(2x+1)$; (8) $\frac{3}{x} + \frac{x}{1+x^2}$.

3. (1) $\frac{1}{\sqrt{(1-x^2)^3}}$; (2) $\frac{x}{\sqrt{(a^2-x^2)^3}}$;

(3) $2x\sin\frac{1}{x}-\cos\frac{1}{x}$; (4) $\frac{-e^{-x}}{2\sqrt{1+e^{-x}}}$;

(5) $\frac{a^2-2x^2}{2\sqrt{a^2-x^2}}$; (6) $\frac{1}{\sqrt{x^2+a^2}}$;

(7) $\frac{3^{\sqrt{\ln x}}\cdot\ln 3}{2x\sqrt{\ln x}}$; (8) $\frac{2x+1}{(x^2+x+1)\ln a}$.

4. $\frac{f(x)f'(x)+g(x)g'(x)}{\sqrt{f^2(x)+g^2(x)}}$.

5. (1) $2xf'(x^2)$,

(2) $\sin 2x[f'(\sin^2 x)-f'(\cos^2 x)]$.

习 题 3-5

1. $\frac{2x}{1+x^4}$. 2. $\frac{1}{2\sqrt{x}}\arctan x+\frac{\sqrt{x}}{1+x^2}$.

3. $\frac{2\arcsin x}{\sqrt{1-x^2}}$. 4. $\arccos(\ln x)+\frac{1}{\sqrt{1-\ln^2 x}}$.

5. $\frac{1}{2\sqrt{x}(1+x)}e^{\arctan\sqrt{x}}$. 6. $\arccos x$.

7. $\frac{a}{(ax+b)[1+\ln^2(ax+b)]}$.

8. $-12\cos 3x\sin^3 3x\cdot a^{1-\sin^4(3x)}\cdot\ln a$.

习 题 3-6

1. $-\frac{1}{x\sqrt{1-x^2}(\sqrt{1-x^2}+x)}$. 2. $\frac{4}{4+x^2}\arctan\frac{x}{2}$.

3. $\frac{1}{t^2-1}$. 4. $1-(\frac{e^t-e^{-t}}{e^t+e^{-t}})^2$.

5. $6\sec^3(e^{2x})\tan(e^{2x})\cdot e^{2x}$. 6. $-\frac{1}{x^2}\sin\frac{2}{x}\cdot e^{\sin^2\frac{1}{x}}$.

7. $e^{2t}(2\cos 3t-3\sin 3t)+2^t\ln 2\cdot\cos(2^t)$.

8. $-\dfrac{x}{\sqrt{4x-x^2}}$.

习　题　3-7

1. (1) $-\dfrac{1}{4(1+x)^{3/2}}$;　　(2) $2e^{x^2}(3x+2x^3)$;

(3) $-(2\sin x+x\cos x)$;　　(4) $\dfrac{3x}{(1-x^2)^{5/2}}$;

(5) $\dfrac{2}{(1-x^2)^{3/2}}(\sqrt{1-x^2}+x\arcsin x)$;

(6) $-\dfrac{2(1+x^4)}{(1-x^4)^{3/2}}$.

2. (1) $2f'(x^2)+4x^2f''(x^2)$;　　(2) $\dfrac{f''(x)f(x)-[f'(x)]^2}{[f(x)]^2}$.

3. (1) $(-1)^n e^{-x}$;

(2) $\dfrac{(-1)^n(n-2)!}{x^{n-1}}\quad(n\geqslant 2)$;

(3) ne^x+xe^x.

习　题　3-8

1. (1) $\dfrac{2a}{3(1-y^2)}$;　　(2) $\dfrac{e^y}{1-xe^y}$;

(3) $\dfrac{-1-y\sin(x-y)}{x\sin(xy)}$;　　(4) $\dfrac{\cos x-\sin(x-y)}{1-\sin(x-y)}$.

2. 切线方程　$x+y-\dfrac{\sqrt{2}}{2}a=0$,

法线方程　$x-y=0$.

3. (1) $(\ln x)^x\left(\ln(\ln x)+\dfrac{1}{\ln x}\right)$;

(2) $(\sin x)^{\cos x}[\cos x\cot x-\sin x\ln(\sin x)]$;

(3) $\dfrac{\sqrt{x+1}\sin x}{(x^3+1)(x+2)}\left[\dfrac{-x}{2(x+1)(x+2)}+\dfrac{\cos x}{\sin x}-\dfrac{3x^2}{1+x^2}\right]$;

(4) $\frac{x^2}{1-x}\sqrt[3]{\frac{3-x}{(3+x)^2}}\left[\frac{54-36x+4x^2+2x^3}{3x(1-x)(9-x^2)}\right]$.

4. (1) $\frac{2}{t^2}$; (2) $\frac{b(t^2+1)}{a(t^2-1)}$;

(3) $\frac{(1+t^2)(\sqrt{1-t^2}-1)}{2t\sqrt{1-t^2}}$.

5. (1) 切线方程 $x-y+(2-\frac{\pi}{2})a=0$,

法线方程 $x+y-\frac{\pi}{2}a=0$;

(2) 切线方程 $4x+3y-12a=0$,

法线方程 $3x-4y+6a=0$.

6. (1) $-\frac{b}{a^2}\csc^3 t$; (2) $-\frac{2}{(1-t)^{3/2}}$.

习 题 3-9

1. $\Delta y=0.0302$, $dy=0.03$.

2. 4.

3. (1) $dy=\frac{2x}{3\sqrt[3]{(1+x^2)^2}}dx$; (2) $dy=\frac{5}{2x}dx$;

(3) $dy=(3x^2+6x+2)dx$; (4) $dy=-\frac{2x}{1+x^4}dx$;

(5) $dy=e^{ax}(a\cos bx-b\sin bx)dx$.

4. (1) $2x+c$ (2) $\frac{3}{2}x^2+c$

(3) $\sin t+c$ (4) $-\frac{1}{2}e^{-2x}+c$

(5) $2\sqrt{x}+c$

5. $2\pi R_0 h$.

6. (1) 0.87476; (2) 0.01.

第 4 章

习 题 4-1

1. $\xi=0$.

2. 有分别位于区间(1,2)、(2,3)、(3,4)内的三个根.

3. $\xi=\mathrm{e}-1$.

习 题 4-2

1. (1) $\frac{5}{3}$;　(2) 1;　(3) ∞;　(4) 1;

(5) 3;　(6) 0;　(7) 2;　(8) $+\infty$;

(9) -1;　(10) $-\frac{1}{2}$;　(11) 1;　(12) 1;

(13) $\frac{1}{2}$;　(14) $\mathrm{e}^{-\frac{2}{\pi}}$.

习 题 4-3

1. $$\cos x=1-\frac{x^2}{2!}+\frac{x^4}{4!}-\cdots+(-1)^n\frac{x^{2n}}{(2n)!}+\frac{\cos[\xi+(n+1)\pi]}{(2n+2)!}x^{2n+1},$$ 其中 ξ 在 0 与 x 之间,

$$|R_{2n+1}(x)|\leqslant\frac{|x|^{2n+2}}{(2n+2)!}.$$

2. $f(x)=x^6-9x^5+30x^4-45x^3+30x^2-9x+1$.

3. $\tan x=x+\frac{1+2\sin^2\xi}{3\cos^4\xi}x^3$($\xi$ 在 0 与 x 之间).

4. $x\mathrm{e}^x=x+x^2+\frac{x^3}{2!}+\frac{x^4}{3!}+\frac{x^5}{4!}+\frac{x^6}{5!}+\frac{(6+\xi)}{6!}\mathrm{e}^{\xi}x^7$,其中 ξ 在 0 与 x 之间.

5. $$(1+x)^\alpha=1+\alpha x+\frac{\alpha(\alpha-1)}{2!}x^2+\cdots+\frac{\alpha(\alpha-1)\cdots(\alpha-n+1)}{n!}x^n$$

$$+\frac{\alpha(\alpha-1)\cdots(\alpha-n)}{(n+1)!}(1+\xi)^{\alpha-n-1}x^{n+1},$$

其中 ξ 在 0 与 x 之间.

6. $\frac{1}{x}=-[1+(x+1)+(x+1)^2+\cdots+(x+1)^n]$

$$+\frac{(-1)^{n+1}(x+1)^{n+1}}{\xi^{n+2}},$$其中 ξ 在 -1 与 x 之间.

习 题 4-4

1. 单调增加.

2. 单调减少.

3. (1)在 $(-\infty,-1]$ 上单调减少;在 $[-1,+\infty)$ 上单调增加;

(2)在 $(-\infty,-1]$、$[1,+\infty)$ 上单调增加;在 $[-1,1]$ 上单调减少;

(3)在 $(-\infty,1)$、$(1,2]$ 上单调增加,在 $[2,3)$、$(3,+\infty)$ 上单调减少;

(4)在 $(-\infty,\frac{1}{2}]$ 上单调减少,在 $[\frac{1}{2},+\infty)$ 上单调增加.

6. 提示:设 $f(x)=\sin x-x$. 证明 $f(x)$ 单调,且当 $x>0$, $f(x)<0$;当 $x<0$ 时, $f(x)>0$.

习 题 4-5

1. (1)极小值 $y(-1)=-2$;　(2)极大值 $y(0)=-1$;

(3)极小值 $y(0)=1$;　(4)极小值 $y(\frac{3}{2})=-\frac{27}{16}$;

(5)极大值 $y(3)=108$,极小值 $y(5)=0$;

(6)极大值 $y(0)=0$,极小值 $y(\frac{2}{5})=-\frac{3}{25}\sqrt[3]{20}$.

2. 没有极值.

3. $a=2$, $f(\frac{\pi}{3})=\sqrt{3}$ 为极大值.

习 题 4-6

1. (1)最大值 $y(0)=y(2)=0$,最小值 $y(\frac{3}{2})=-\frac{27}{16}$;

(2)最大值 $y(-1)=10$,最小值 $y(-4)=-71$;

(3)最大值 $y(\frac{3}{4})=\frac{5}{4}$,最小值 $y(-5)=-5+\sqrt{6}$.

2. 当 $x=0$ 时,y 的值最小,最小值为 0.

3. $p=-2, q=4$.

4. 当 $x=1$ 时,函数有最大值$\frac{1}{2}$.

5. 长为 10 m,宽为 5 m.

6. 高为 $2\sqrt[3]{\frac{25}{\pi}}$ m,底半径为$\sqrt[3]{\frac{25}{\pi}}$ m.

7. 高 $y=\sqrt{\frac{2}{3}}d$,宽 $x=\sqrt{\frac{1}{3}}d$.

8. 5 小时.

习 题 4-7

1. (1)是凸的; (2)是凹的.

2. (1)在$(-\infty,\frac{1}{3}]$上是凸的,在$[\frac{1}{3},+\infty)$上是凹的,拐点$(\frac{1}{3},\frac{16}{27})$;

(2)在$(-\infty,-3)$、$(-3,6]$上是凸的,在$[6,+\infty]$上是凹的,拐点$(6,\frac{11}{3})$;

(3)在$(-\infty,-1]$、$[1,+\infty)$上是凹的,在$[-1,1]$上是凸的,拐点$(-1,e^{-\frac{1}{2}})$、$(1,e^{-\frac{1}{2}})$;

(4)在$(-\infty,-1)$、$(1,+\infty)$内是凸的,没有拐点.

2. $a=1, b=-3, c=-24, d=16$.

习 题 4-8

1. 在$(-\infty,-\frac{1}{3})$、$(1,+\infty)$内单调增加,在$(-\frac{1}{3},1)$内单调减少;在$(-\infty,\frac{1}{3})$内是凸的,在$(\frac{1}{3},+\infty)$内是凹的;极大值$f(-\frac{1}{3})=\frac{32}{27}$,极小值 $f(1)=0$,拐点$(\frac{1}{3},\frac{16}{27})$.

2. 在$(-\infty,-2)$、$(0,+\infty)$内单调减少，在$(-2,0)$内单调增加；在$(-\infty,-3)$内是凸的，在$(-3,0)$、$(0,+\infty)$内是凹的；拐点$\left(-3,-\frac{26}{9}\right)$，极小值$f(-2)=-3$.

3. 在$(-\infty,-2)$、$(0,+\infty)$内单调增加，在$(-2,-1)$、$(-1,0)$内单调减少；在$(-\infty,-1)$内是凸的，在$(-1,+\infty)$内是凹的；极大值$f(-2)=-4$，极小值$f(0)=0$.

4. 在$(-\infty,-3)$、$(3,+\infty)$内单调减少，在$(-3,3)$内单调增加；在$(-\infty,-3)$、$(-3,6)$内是凸的，在$(6,+\infty)$内是凹的；极大值$f(3)=4$，拐点$\left(6,\frac{11}{3}\right)$.

5. 对称于y轴；在$(-\infty,0)$内单调减少，在$(0,+\infty)$内单调增加；在$(-\infty,-1)$、$(1,+\infty)$内是凸的，在$(-1,1)$内是凹的；极小值$f(0)=0$，拐点$(-1,\ln 2)$、$(1,\ln 2)$.

习 题 4-9

1. $k=2$.

2. $k=1,\rho=1$.

第 5 章

习 题 5-1

1. (1) $\frac{3}{13}x^4\sqrt[3]{x}+C$;

(2) $\frac{1}{5}x^5+\frac{3}{2}x^2+2x+C$;

(3) $\frac{1}{2}x^2+\frac{4}{3}x\sqrt{x}+x+C$;

(4) $-\frac{2}{\sqrt{x}}-2\sqrt{x}+C$;

(5) $\frac{2^x}{\ln 2}+2\arcsin x+C$;

(6) $\frac{2}{7}x^3\sqrt{x}+\frac{1}{3}x^3-\frac{2}{3}x\sqrt{x}-x+C$;

(7) $3x-\frac{3^x}{4^x\ln\frac{3}{4}}+C$;

(8) $\tan x+\sec x+C$;

(9)$2\arctan x+\frac{1}{3}x^3+C$;　(10)$\frac{1}{2}\tan x+C$;

(11)$\tan x+x+C$;　(12)$\sin x-\cos x+C$.

2. $y=\frac{3}{2}x^2+1$.

习　题　5-2

1. (1) $\frac{1}{2}$　(2) 4　(3) $-\frac{1}{3}$　(4) -2

(5) $\frac{1}{2}$　(6) -1　(7) $-\frac{1}{2}$　(8) -1

(9) $-\frac{1}{\ln 3}$　(10) $\frac{1}{2}$　(11) $-\frac{1}{2}$　(12) -1

(13) $\frac{1}{2}$　(14) $\frac{1}{2}$

2. (1)$\frac{1}{2}e^{2x}+C$;

(2)$-\frac{1}{3}(1-2x)\sqrt{1-2x}+C$;

(3)$-\frac{1}{3}\cos(3x+2)+C$;　(4)$\frac{1}{12}(1+x^2)^6+C$;

(5)$2\arcsin x+\sqrt{1-x^2}+C$;

(6)$3\arctan x+\ln(1+x^2)+C$;

(7)$\frac{1}{4}\sin(2x^2-1)+C$;　(8)$-2\cos\sqrt{x}+C$;

(9)$\frac{1}{4}\sin^4 x+C$;　(10)$\frac{1}{2}x+\frac{1}{8}\sin 4x+C$;

(11)$\frac{1}{3}\sec^3 x+C$;

(12)$-\ln|\cos x|-\sec x+C$;

(13)$\frac{1}{2}(1+\ln x)^2+C$;

(14)$\frac{1}{5}\tan^5 x+\frac{1}{3}\tan^3 x+C$;

(15) $-\frac{3^{-x}}{\ln 3}-\pi x+C$;

(16) $\frac{1}{4}\ln(1+x^4)-\frac{1}{2}\arctan x^2+C$;

(17) $\frac{1}{2}\arctan(\sin^2 x)+C$;

(18) $\frac{1}{3}x^3-x+\arctan x+C$;

(19) $\ln\left|\frac{x}{x+1}\right|+C$;　　(20) $2\arcsin\sqrt{x}+C$.

3. (1) $\frac{1}{2}\arcsin x+\frac{1}{2}x\sqrt{1-x^2}+C$;

(2) $\frac{\sqrt{2}}{2}\arctan\frac{\sqrt{2}(x+1)}{2}+C$;

(3) $\sqrt{x^2-9}-3\arccos\frac{3}{x}+C$;

(4) $\frac{1}{3}(1+x^2)\sqrt{1+x^2}+C$.

习 题 5-3

1. $-xe^{-x}-e^{-x}+C$.　　2. $-x\cos x+\sin x+C$.

3. $\frac{1}{2}(x-1)^2\ln x-\frac{1}{4}x^2+x-\frac{1}{2}\ln x+C$.

4. $x\log_3(x+1)-\frac{x}{\ln 3}+\frac{\ln(x+1)}{\ln 3}+C$.

5. $x\arctan x-\frac{1}{2}\ln(1+x^2)+C$.

6. $x\tan x+\ln|\cos x|+C$.　　7. $\frac{x}{\ln 3}\cdot 3^x-\frac{1}{\ln^2 3}\cdot 3^x+C$.

8. $\frac{x}{2}\sin 2x+\frac{1}{4}\cos 2x+C$.　　9. $x\ln^2 x-2x\ln x+2x+C$.

10. $x\ln(x^2+1)-2x+2\arctan x+C$.

11. $(x^2-2x+3)e^x+C$.

12. $-\frac{1}{x}\arctan x+\ln|x|-\frac{1}{2}\ln(1+x^2)+C$.

习 题 5-4

1. (1) $5\ln|x-3|-3\ln|x-2|+C$;

(2) $\frac{1}{2}\ln(x^2+2x+3)-\frac{3}{2}\sqrt{2}\arctan\frac{x+1}{\sqrt{2}}+C$;

(3) $\ln|x|-\frac{2}{x-1}+C$;

(4) $\ln\frac{(1-x)^2}{1+x^2}-2\arctan x+C$.

2. (1) $\frac{1}{3}\tan^3 x+C$; (2) $-\frac{1}{x}\ln x-\frac{1}{x}+C$;

(3) $x\ln(x+\sqrt{1+x^2})-\sqrt{1+x^2}+C$;

(4) $2\sqrt{x}-2\ln(1+\sqrt{x})+C$;

(5) $2\sqrt{x-1}-2\arctan\sqrt{x-1}+C$;

(6) $\arctan e^x+C$;

(7) $2\sqrt{x}\arctan\sqrt{x}-\ln|1+x|+C$;

(8) $\frac{1}{2}\tan^2 x+\ln|\tan x|+C$;

(9) $-\sqrt{1-x^4}-\frac{1}{2}\arcsin x^2+C$;

(10) $\frac{1+x^2}{2}\ln(1+x^2)-\frac{x^2}{2}+C$;

(11) $-2\sqrt{x}\cos\sqrt{x}+2\sin\sqrt{x}+C$;

(12) $x+\ln|x|-\arctan x-\frac{1}{2}\ln(1+x^2)+C$;

(13) $2\arcsin\frac{x}{2}-\frac{1}{2}x\sqrt{4-x^2}+C$;

(14) $\ln(x^2-4x+5)+9\arctan(x-2)+C$;

(15) $x\sec x-\ln|\sec x+\tan x|+C$;

(16) $\frac{1}{8(1+x^2)^4}-\frac{1}{6(1+x^2)^3}+C$.

第 6 章

习 题 6-1

2.(1)2π;　　(2)2π.

习 题 6-2

1.(1)$\int_1^2 x^3\mathrm{d}x$ 较大;　　(2)$\int_0^1 \mathrm{e}^x\mathrm{d}x$ 较大;

(3)$\int_3^4 (\ln x)^2\mathrm{d}x$ 较大;　　(4)$\int_0^{\frac{\pi}{2}} x\mathrm{d}x$ 较大.

2.(1)不对;　　(2)对.

3.(1)$4\leqslant\int_1^3 (x^3+1)\mathrm{d}x\leqslant 56$;

(2)$0\leqslant\int_{-1}^2 (4-x^2)\mathrm{d}x\leqslant 12$.

习 题 6-3

1.(1)$\ln(1+x^2)$,　　(2)$\frac{1}{3}$.

2.(1)$3\sqrt[3]{4}-\frac{3}{4}$;　　(2)$\frac{4}{3}$;

(3)2;　　(4)$\frac{\pi}{3}-2$;

(5)$\frac{\pi}{4}+1$;　　(6)$1-\frac{\pi}{4}$;

(7)$\frac{4}{3}\sqrt{2}-\frac{2}{3}-\frac{2}{\ln 3}$;　　(8)4.

3.(1)不对,$\frac{1}{x^2}$ 在$[-1,1]$上无界;

(2)不对,$\int_0^{\frac{\pi}{2}}\sqrt{(\sin x-\cos x)^2}\mathrm{d}x=\int_0^{\frac{\pi}{2}}|\sin x-\cos x|\mathrm{d}x$.

在$[0,\frac{\pi}{4}]$上，$|\sin x-\cos x|=\cos x-\sin x$；

在$[\frac{\pi}{4},\frac{\pi}{2}]$上，$|\sin x-\cos x|=\sin x-\cos x$，

$$\int_0^{\frac{\pi}{2}}\sqrt{1-\sin 2x}\,dx=\int_0^{\frac{\pi}{4}}(\cos x-\sin x)dx+\int_{\frac{\pi}{4}}^{\frac{\pi}{2}}(\sin x-\cos x)dx$$

$$=(\sin x+\cos x)\Big|_0^{\frac{\pi}{4}}+(-\cos x-\sin x)\Big|_{\frac{\pi}{4}}^{\frac{\pi}{2}}=2\sqrt{2}-2.$$

习　题　6-4

1. (1)$\frac{3}{16}$；　(2)$\frac{\pi^2}{32}$；

(3)$4-2\ln 3$；　(4)$2(\sqrt{2}-1)$；

(5)$\frac{\pi}{6}$；　(6)$\ln\frac{\sqrt{2}+1}{\sqrt{3}+2}$.

2. (1)0；　(2)$\frac{\pi^3}{324}$.

习　题　6-5

1. $1-\frac{2}{e}$.　2. 1.

3. $(\frac{1}{4}-\frac{\sqrt{3}}{9})\pi+\frac{1}{2}\ln\frac{3}{2}$.　4. $4(2\ln 2-1)$.

5. -2.　6. $\frac{5}{9}\pi-\frac{\sqrt{3}}{3}$.

习　题　6-7

1. -1.　2. π.

3. $\frac{1}{a}$.　4. 发散.

第 7 章

习 题 7-2

1.(1)$\frac{9}{2}$；　(2)$2e^2+2$；

(3)$10\frac{2}{3}$；　(4)$\frac{\pi}{4}-\frac{1}{2}$.

2.$\frac{16}{3}p^2$.

3.(1)4π；　(2)π.

4.$\frac{3}{8}\pi a^2$.

习 题 7-3

1.$\frac{32}{5}\pi$.　2.$\frac{832}{15}\pi$.

3.$\frac{\pi}{6}$.　4.$\frac{2}{3}\pi^2-\frac{\sqrt{3}}{2}\pi$.

习 题 7-4

1.$\frac{\pi}{6}$.　2.$\frac{14}{3}$.　3.$6a$.

习 题 7-5

1.0.25 J.　2.92.4×10^3 J.

3.$1633ah^2$ N.　4.12 m/s.